AF330364

VOYAGE AGRICOLE

EN

NORMANDIE

DANS LA

MAYENNE, EN BRETAGNE

DANS

L'ANJOU, LA TOURAINE

LE

BERRI, LA SOLOGNE ET LE BEAUVOISIS

PAR

LE COMTE CONRAD DE GOURCY

PARIS

Mme Vᵉ BOUCHARD-HUZARD
5, rue de l'Éperon.

E. LACROIX
15, quai Malaquais.

LIBRAIRIE AGRICOLE
DE LA MAISON RUSTIQUE
26, rue Jacob.

J. LOUVIER
23, quai des Grands-Augustins.

1862

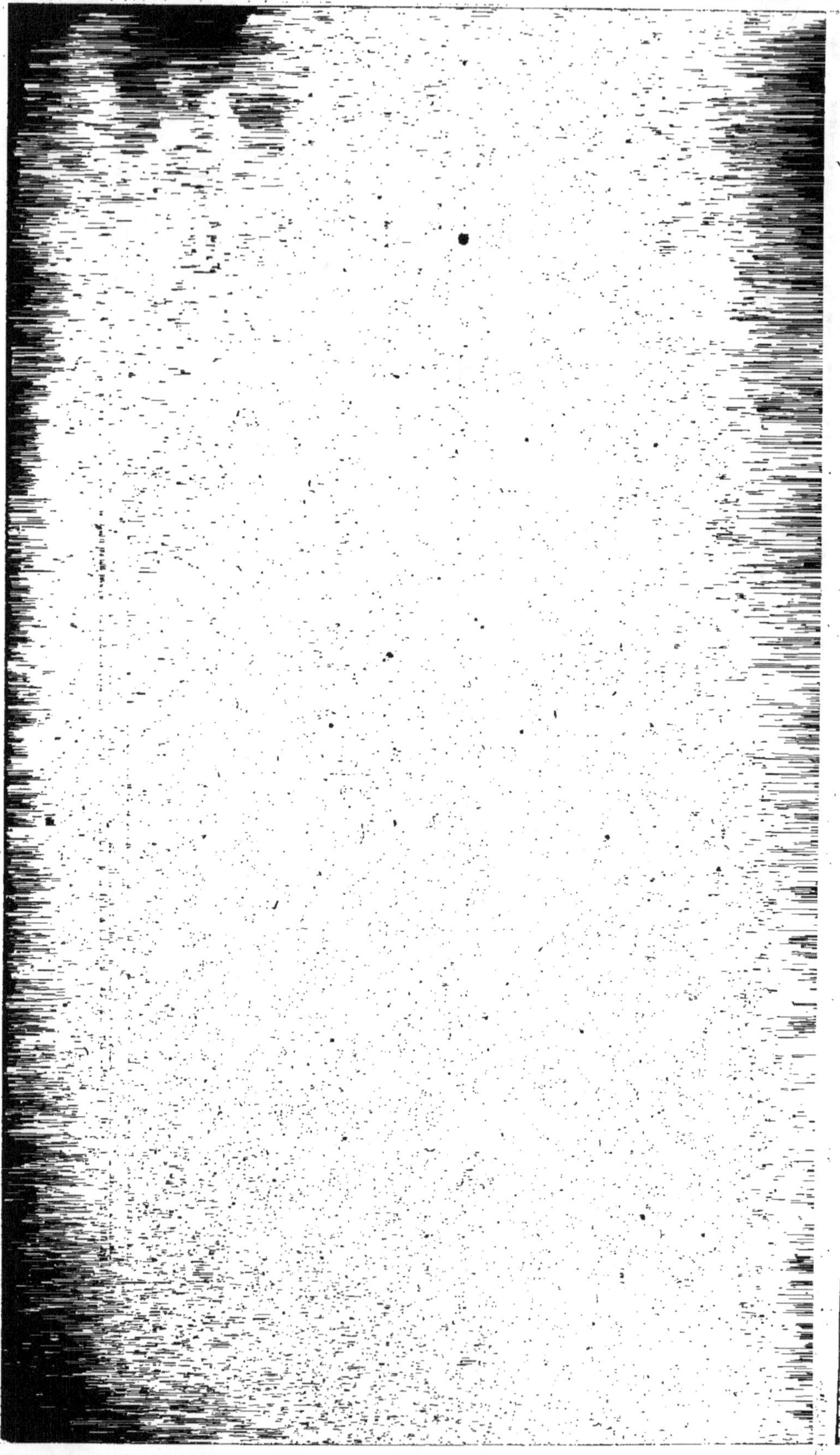

VOYAGE AGRICOLE.

C.

Metz. — F. BLANC, imprimeur de l'Académie impériale.

VOYAGE AGRICOLE

EN

NORMANDIE

DANS LA

MAYENNE, EN BRETAGNE

DANS

L'ANJOU, LA TOURAINE

LE

BERRI, LA SOLOGNE ET LE BEAUVOISIS

PAR

LE COMTE CONRAD DE GOURCY

PARIS

Mme Ve BOUCHARD-HUZARD	LIBRAIRIE AGRICOLE
5, rue de l'Éperon.	DE LA MAISON RUSTIQUE
	26, rue Jacob.
E. LACROIX	J. LOUVIER
15, quai Malaquais.	23, quai des Grands-Augustins.

1862

VOYAGE AGRICOLE.

Parti le 3 mai, je me rendis à la colonie de la maison centrale de Gaillon, à environ quatre kilomètres de la station du chemin de fer de Paris à Rouen. Cette colonie fait valoir trois fermes et y emploie pendant l'été deux cents jeunes colons, et l'hiver cent vingt. Le directeur de la colonie ne l'habite pas ; il est logé à la maison centrale, à plus de deux kilomètres. Les colons sont ici sous les ordres de quatre surveillants, dont deux dans le grand bâtiment et un à la tête de chacune des deux fermes ; le seul surveillant qui fût à son poste, car c'était un dimanche, était un brave sous-officier des vétérans. Les dortoirs étaient fort propres ; les jeunes garçons, bien tenus, avaient l'air de la santé. Cette colonie est fixée sur le premier plan d'un plateau couvert d'une mauvaise forêt appartenant à la maison centrale. On a commencé, il y a une vingtaine d'années, à défricher une partie de ces mauvais bois, et l'on en défriche encore tous les ans ; mais on n'y emploie point de noir animal ; on n'emploie pas non plus le guano sur les terres cultivées depuis longtemps ; on ne draine point ce fonds à sous-sol imperméable, qui a le plus grand besoin de calcaire, marne ou chaux ; aussi les récoltes ont-elles une chétive apparence ;

ce qui n'est pas étonnant dans une position pareille; les terres ne reçoivent qu'une petite quantité de fumier, venant de vaches et élèves mal nourris.

Ces vaches, au nombre de quarante, sont d'espèces Hollandaises, Flamandes, Cotentines, Choletaises et Bretonnes, elles ont dû être fort belles; mais leur état de maigreur et leur mauvais poil fait peine à voir; leur nourriture ne se compose que d'une botte de foin de cinq kilogrammes avec un peu de betteraves en hiver, ces dernières sont remplacées maintenant par des choux-vaches montés en fleurs; les veaux étant sevrés, âgés de deux mois, et peu nourris après, ne pourront devenir beaux; il faudrait à ce bétail maigre plus de racines et de tourteaux, et puisque leur nourriture est peu abondante, on devrait faire passer le foin et la paille par le hache-paille, les mettre ensuite dans des tonneaux défoncés ou plutôt dans des citernes; là, ce fourrage serait arrosé d'eau bouillante, dans laquelle on aurait fait dissoudre au moins deux kilogrammes de tourteaux de colza ou d'œillette par tête de bétail; il est reconnu maintenant, en Angleterre, que les tourteaux de colza, cuits, ne donnent pas de mauvais goût au lait, et en augmentent infiniment la quantité; ils ont encore le grand mérite d'améliorer sensiblement le fumier.

Les seigles, semés sur défrichements récents, n'étaient pas mauvais; le champ, trop peu considérable de betteraves, était très-bien préparé; la colonie ne possède qu'un troupeau de métis peu nombreux. Son directeur aurait beaucoup à gagner en visitant la colonie de Mettray et *celle de Fontevrault,* en France, puis celle de Russelède, près de Bruges, en Belgique; la culture y est sur un très-bon pied. J'ai été fort étonné de voir encore dans cette belle vallée de la Seine de mauvais taillis, plus garnis de bruyères que de bois, sur des fonds qui, s'ils ne sont pas fertiles, pourraient le devenir par une bonne culture. Revenu à Vernon, j'y ai pris un cabriolet qui m'a conduit à Guitry; M. Legrand a exploité pendant de longues années, sa propriété d'environ quatre cents hectares d'étendue; son fils ancien élève de Grignon, en est devenu le fermier.

Il est un des concurrents pour la prime d'honneur qui va se donner au Concours d'Evreux. Ce jeune cultivateur a monté une distillerie, commandée pour râper quatorze mille kilogrammes de betteraves par vingt-quatre heures, mais qui ne peut en distiller que huit mille, ce qui prolonge beaucoup trop cette opération.

Les résidus sont employés à l'engraissement de vaches Normandes, et à nourrir un troupeau de deux cents métis mérinos, croisés par des béliers Dishley; les cochons sont d'espèce Berkshire. Les charrues Dombasle sont construites ici tout en fer. Les récoltes de betteraves m'ont paru très-soignées, celles en céréales et les prairies artificielles fort belles. Je suis rentré très-tard à Vernon, pour en repartir avant le jour, par un temps très-piquant, afin de me rendre à Évreux, où j'ai trouvé MM. de Sainte-Marie, de Caumont, Dargent, Mabyre, maire de Neufchâtel, Louvel, directeur de la ferme-école de Domfront, Masson, directeur de la vacherie impériale du Pin, Pichon-Premelé, maire de la ville de Say, le baron de Montreuil, de Fontette, et le baron Legay; ces messieurs composaient le jury. Parmi les exposants, j'ai trouvé le marquis de Verdun, MM. de Saint-Pierre, Anysson, Durécut, Juelles, un des concurrents pour la prime d'honneur, ainsi que MM. de Beausse et Legrand, MM. Allier, Poutrel, Donné, Leroux, comte de Chaponet. L'essai des instruments de culture m'a paru manqué; il se faisait dans des terres tellement pierreuses, que les bonnes charrues pour terres ordinaires ne pouvaient y bien fonctionner, pas plus que les semoirs et les scarificateurs. On a essayé les moissonneuses de Mac Cormic et du docteur Mazier; elles ont bien fauché du seigle en vert et de la luzerne; la faneuse et le râteau de Smith de Stamford, et le râteau de Howard ont bien fonctionné.

Le soir, M. de Caumont, dont la vie entière, ainsi que sa fortune, sont employées, depuis longues années, à répandre l'instruction et les connaissances utiles et agréables dans toutes les parties de la France, nous a convoqués dans la salle des assises. M. le Préfet du département de l'Eure, a bien voulu présider la séance pendant toute la soirée, on ne s'y est occupé que d'agriculture. Elle a été des plus intéressantes et des plus instructives.

L'orateur que j'ai écouté le plus volontiers, et qui n'a rien dit que dans mon for intérieur, je n'aie complétement approuvé, était M. de Beausse; un autre orateur, M. Brunier, ingénieur civil à Rouen, s'est exprimé avec une grande facilité, et nous a dit les meilleures choses sur les industries qui se lient avec grand avantage, aux opérations agricoles. Il nous a parlé plus particulièrement des sucreries et distilleries. Il venait de parcourir les départements du Nord de la France, pour y étudier ces industries.

M. Legrand de Guitry, le père, et M. Donné, ancien élève de Grignon et directeur d'une grande culture chez le comte des Brosses, non loin de l'Aigle, ont pris plusieurs fois la parole et nous ont prouvé, par les bonnes choses qu'ils ont dites, qu'ils sont d'excellents cultivateurs. Un apiculteur habitant du Calvados, nous a fort intéressé en nous parlant de son industrie, qui consiste à faire voyager quatre cents ruches; de cette manière il les tient tout l'été à portée de cultures qui, par leurs abondantes floraisons, fournissent aux abeilles la cire et le miel dont elles ont besoin pour subsister, tout en faisant aussi les affaires de leur propriétaire. Elles sont partagées en quarante ruchers de dix ruches, placés assez loin les uns des autres pour que ces insectes, si intelligents et si actifs, ne s'affament pas.

Les positions sont assez bien choisies, exposées et abritées, pour que dans les temps froids du printemps, elles aient moins à souffrir, et pour permettre aux abeilles de butiner sur les énormes cultures de colza qui existent dans la plaine de Caen. Lorsque la fleur de cette plante si productive est passée, on emballe les ruches dans des sacs, et on les transporte dans une partie de ce pays, où l'on cultive beaucoup de sainfoin; après cette fleur, viennent celles du trèfle et de la luzerne; plus tard les ruches sont transportées dans un pays où le sarrasin se cultive en grand.

Lorsque le temps de châtrer les ruches est arrivé, on sépare les rayons de miel provenant de la fleur de sarrasin, pour le vendre à part aux pharmaciens, ainsi qu'aux vétérinaires; mais, ajoutait le propriétaire des ruches, les fabricants de pain d'épice en tirent aussi parti. Il nous assura qu'un rucher bien dirigé ainsi, peut donner un revenu de 30 à 35 fr. par ruche. J'oubliais de citer M. Mabyre, qui a pris plusieurs fois la parole avec talent.

Le lendemain matin je suis allé de bonne heure à l'Exposition, pour y étudier et admirer la grande et fort belle collection d'instruments aratoires et de machines agricoles qui s'y trouvait réunie. Parmi les exposants, M. Ganneron, le Matériel agricole, MM. Laurent et Malingre, figuraient de la manière la plus avantageuse. La grande quantité de machines à battre, laissait dans l'embarras du choix celui qui aurait voulu en acheter une; si j'avais eu à choisir, c'eût été celle de Pilz de Boufallo, exécutée par M. Nicolay, de la rue Traverse, à Paris, que j'aurais prise. Elle est peu compliquée et bat bien, trois fois autant que les meillures des autres.

L'exposition du bétail était aussi fort remarquable. M. de Saint-Pierre avait un très-beau taureau, le marquis de Verdun une très-belle génisse Durham; cette excellente race ne figurait pas en grand nombre; M. Durécu avait de jolies bêtes du comté d'Ayr. Les bêtes Cotentines et Normandes y dominaient.

M. Allier y avait amené plusieurs de ses admirables Southdown et Cotswold; il s'y trouvait beaucoup de métis mérinos; les Dishley en petit nombre, mais très-bons, appartenaient à M. Poutrel de Bavant, du Calvados, qui, depuis fort longtemps, a importé et élevé des New-Leicester et des Southdown. Mais ce qu'il y a eu de plus remarquable assurément, c'est l'exposition chevaline composée d'environ cent cinquante étalons de demi-sang et de gros trait. MM. de Saint-Germain et de Béhague y sont venus, le premier comme juré et le second comme amateur. M. Durécu, de Thuit-Simer, qui exposait des cochons New-Leiceister fort beaux, m'a dit qu'il s'était monté en vaches d'espèce Ayrshire, après avoir causé avec moi au Concours universel de 1855, et qu'il était fort content du résultat de cette acquisition. Dans l'exposition des produits, j'ai remarqué une très-nombreuse et fort belle collection de céréales, épis et paille, présentée par M. Lailler, maître de poste à Bon-Hôtel, près Lisieux; une autre, de très-belles pommes de terre, exposées par M. Rasset fils, à Monterolier (Seine-Inférieure). Le sieur Môge, qui nous avait si bien fait connaître la veille, sa manière de diriger les abeilles, m'a fait voir et goûter de très-beau miel de sainfoin, qui m'a paru excellent; il exposait aussi de fort beaux plateaux de cire; il m'a dit qu'on ne pouvait obtenir que 5 ou au plus $5\frac{1}{2}$ p. % de cire du poids d'une ruche; il a ajouté qu'avec quatre cents ruches il ne pouvait compter que sur moitié des paniers comme devant fournir en moyenne quinze kilogrammes de miel et cire;

il tire, de l'eau dans laquelle a bouilli la cire, une espèce
d'eau-de-vie à vingt-six degrés.

M. Dargent, propriétaire et excellent cultivateur à
St-Léonard, près Fécamp, avait exposé deux toisons lavées
à dos, de son beau troupeau de pure race mérinos. Ce
troupeau existe dans sa ferme depuis 1795, époque où
son père l'avait acheté en Espagne. Ces deux toisons pesaient chacune quatre kilogrammes, et le kilogramme
s'était vendu en 1856, 7 fr. 50 c.; son troupeau de trois
cents têtes, est nourri sur cinquante hectares, à la vérité,
cultivés admirablement, je puis le dire, l'ayant visité en
1848. M. Lecouteux de Caumont, lieutenant de vaisseau,
avait exposé des tiges de maïs portant jusqu'à quatre beaux
épis fort longs, de couleur jaune et blanche; il en avait
apporté la graine il y a plusieurs années de New-York,
et la cultive avec succès depuis lors à Serquigny (Eure).
M. Anysson du Perron, qui cultive au château d'Écros-
ville (Eure), avait exposé plusieurs espèces de très-beaux
froments, entre autres un froment blanc de Russie, pesant quatre-vingt kilogrammes et demi l'hectolitre, dont
quatre-vingt-dix ares lui avaient rendu vingt-sept hectolitres; du froment Prince-Albert pesant soixante-dix-neuf
kilogrammes et ayant donné trente-deux hectolitres à
l'hectare; il exposait des carottes récoltées dans un champ
de trois hectares cinquante ares, qui avait produit quarante-cinq mille kilogrammes par hectare; il avait aussi
de belles betteraves globes jaunes, dont il avait fait trois
hectares; il exposait encore de fort beaux cochons de races
Anglaises, de belles vaches Cotentines et un lot de brebis
Dishley mérinos.

La séance pour la distribution des primes, a été honorée
par la présence de monseigneur l'Évêque et par celle des
autorités du département, des officiers de la garnison et
enfin d'un grand nombre de belles dames et de messieurs.

M. Janvier, préfet de l'Eure, a parfaitement présidé cette remarquable solennité, le discours qu'il a prononcé, a paru à tout le monde fort bien tourné, n'oubliant rien, faisant ressortir l'immense avantage d'une bonne agriculture, celui de chacune des parties les plus remarquables de cette belle exposition, enfin, le mérite de chacun des trois concurrents à la prime d'honneur.

C'est M. de Beausse, ancien officier de cavalerie et propriétaire cultivateur depuis quinze ans, à Rély, près Montreuil-l'Argell (Eure), que le jury a choisi et reconnu le plus méritant, par les grandes difficultés vaincues, et les beaux résultats obtenus. M. le Préfet a ajouté que le jury avait trouvé la culture de M. Legrand de Guitry, si remarquable, qu'il avait demandé au Ministre la grande médaille d'or pour lui, et comptait, si sa demande était accordée, offrir à M. Juelles, cultivateur très-capable, près des Andelys, la grande médaille d'argent. On a distribué ensuite une immense quantité de primes et médailles; il n'y a eu que les grands fabricants d'instruments aratoires qui, je pense, n'ont pas été bien traités, eux qui avaient fait de si grandes dépenses pour transporter cet énorme matériel de Paris à Evreux et retour; ils n'ont eu que des rappels de médailles d'or. L'exposition des étalons avait été organisée par le département de l'Eure, par la Société d'agriculture, et par un grand nombre de souscripteurs.

Un premier prix, de 1000 fr., a été accordé, pour les étalons de demi-sang, et un premier prix, de 500 fr., pour les étalons de travail; on a encore distribué beaucoup d'autres prix, dont les moindres furent de 100 fr.

Nous avons eu, après la distribution des prix, un excellent dîner pour trois cents couverts, servi par Potel, de Paris. Après le dîner, un beau bal à la préfecture a terminé d'une manière fort gaie, cette très-remarquable exposition.

M. Anysson du Perron, après avoir emballé et réexpédié chez lui, sa nombreuse et belle exposition, qui lui a valu un grand nombre de médailles, est venu me prendre pour m'emmener chez lui. Il cultive cent quinze hectares dont 15 sont en pâtures et vergers; son chef de culture est un laboureur venu du pays de Caux, ce qui a fait adopter à M. Anysson, les méthodes de culture cauchoises; il engraisse donc une quarantaine de vaches attachées à des piquets, sur des champs de trèfle rouge, fort épais, mais encore peu haut ; elles vont bientôt achever de consommer tout ce qui était dans ce champ et passeront ensuite dans un trèfle incarnat, qui commence à fleurir; après cela, on les ramènera sur le trèfle ordinaire, qui aura repoussé; on vend ces vaches aussitôt qu'elles conviennent aux bouchers d'Evreux, et on les remplace par d'autres. M. Anysson a acheté au Concours international de 1856, un taureau Durham et une génisse; celle-ci, d'un des meilleurs éleveurs de la Grande-Bretagne, M. Douglas, fermier écossais; mais cette superbe bête n'a pas encore vêlé; M. Anysson la fait maigrir, espérant qu'alors elle deviendrait féconde.

Il a aussi acheté deux beaux béliers et cinq brebis Dishley; il croise ces béliers avec de grosses brebis Cauchoises, ayant un peu de sang mérinos; il compte créer ainsi une forte race de bêtes à laine, qui produiront beaucoup de viande.

Les froments sont généralement beaux.

M. Anysson a construit des citernes à purin; il achète du guano, excellent exemple, donné au département de l'Eure, où ces engrais liquides et pulvérulents, si estimés par tous ceux qui les connaissent, sont encore à peine connus.

Il a une pompe à purin et un grand tonneau monté sur des roues à larges jantes, au moyen duquel il arrose les gazons qui entourent le château et certains champs.

M. Anysson compte drainer une certaine étendue de terres, dont la position est assez élevée, pour pouvoir en diriger les eaux de drainage, sur deux grandes pièces d'eau, qui se trouvent à peu de distance de sa très-belle habitation. Une avenue bordée d'arbres magnifiques conduit chez lui.

M. Anysson a de fort beaux cochons de race Hampshire.

Il m'a fait conduire le lendemain à la station de Beaumont, sur le chemin de fer de Paris à Caen ; j'y ai rejoint comme nous en étions convenus, M. Ulric de Beausse qui venait de gagner la prime d'honneur à Evreux ; il amenait avec lui M. Lecouteux, l'ancien directeur de la culture du parc de Versailles, lors de l'existence de l'Institut d'agriculture.

J'ai parcouru, pour arriver à Beaumont, quarante-cinq kilomètres sur un plateau qui m'a paru fertile en général, et assez bien cultivé, surtout du côté de Neufbourg, petite ville, assez mal bâtie, qui, m'a-t-il été dit, est le marché de céréales le plus considérable de ce pays.

On cultive dans ces environs, du lin et beaucoup de colzas, qui étaient beaux, ainsi que les froments ; les avoines souffrent infiniment des vents froids et de la grande sécheresse qui règne déjà depuis longtemps ; j'ai vu dans ce parcours beaucoup de vergers, mais j'ai été étonné de trouver dans un si bon pays, des villages si mal bâtis.

Le chemin de fer nous a fait longer une charmante vallée et passer près de la belle habitation du marquis de Croix, habile éleveur de chevaux bons trotteurs.

M. de Beausse prit à Bernay, une calèche qui nous conduisit à travers une contrée dont la culture nous a paru bien arriérée et les terres peu fertiles, au château de Rély, son habitation.

Il nous dit que les vingt-cinq kilomètres que nous avions faits depuis Bernay, avaient partout la marne à une certaine profondeur; c'est un moyen puissant d'arriver à l'amélioration de ces terres qui paraissent en avoir grand besoin.

M. de Beausse, ancien officier de dragons, en se retirant du service, s'est mis à améliorer la ferme de cent-vingt hectares qu'il cultive depuis quinze ans, de manière à obtenir partout de fort belles récoltes de froment, escourgeon, avoine, trèfle, luzerne, minette; il ne fait encore que deux hectares de betteraves, il laboure profondément.

Ayant trouvé sur sa ferme lorsqu'il s'est mis à cultiver, vingt-huit bâtiments faits en torchis couverts en paille et éparpillés sur la propriété, comme c'est assez l'usage en Normandie, il en a grandement réduit le nombre en les remplaçant successivement par de bons et commodes bâtiments, servant à loger ses gens, son beau et nombreux bétail, ainsi que ses récoltes et sa machine à battre, qui marche par la vapeur. Ses bâtiments sont construits en briques fabriquées dans ses champs, par des briquetiers belges; les toitures des bâtiments neufs sont en tuiles et sont toutes garnies de gouttières, qui conduisent à volonté une eau potable dans les citernes, ou bien dans les réservoirs à purin. Son troupeau qui s'élève au nombre de trois cent cinquante têtes, provient des croisements suivants: il a donné d'abord à des brebis du Perche, des béliers métis mérinos, plus tard des béliers Dishley, et aux Antenaises croisées Dishley, des métis mérinos, après quoi il est revenu aux Dishley.

Il compte maintenant se servir de béliers d'Alfort, pour améliorer sa laine sans trop diminuer la beauté des formes. M. de Beausse est parvenu, en nourrissant bien ses brebis, à leur faire produire trois agneaux en deux années, il s'en trouve fort bien.

Il a un taureau, deux vaches et deux veaux Durham de pur sang, et quarante bêtes croisées Durham et Cotentin.

M. de Beausse venait de vendre, lors du Concours d'Evreux, quatre jeunes bœufs croisés Durham, dont le poids vivant était en moyenne de onze cents kilogrammes.

Il a planté des haies autour des nombreux herbages qu'il a établis : ce sont trois lignes parallèles sur un ados formé par la terre sortie de deux fossés, à deux mètres l'un de l'autre, la première haie du côté extérieur, est en ajoncs, *ulex europeus,* celle du milieu en saules, dont les branches ont été entrelacées, on les tond tous les cinq ans comme bois de chauffage ; enfin la troisième ligne est en aubépine, qui plusieurs années après sa plantation a été recépée, et dont les rejets de deux ans ont été adroitement entrelacés, puis greffés par approche, ce qui rend la haie impénétrable. Les ajoncs qui poussent très-vite, servent à empêcher les moutons de venir brouter les haies lorsqu'elles sont encore jeunes. M. de Beausse va cultiver le lin en grand, car on a formé non loin de chez lui, une fabrique de rouissage et teillage, qui achète le lin en paille, et la facilité de se procurer du guano, permet de s'occuper avec avantage de la culture des plantes commerciales.

J'ai visité le 12 mai M. Hette, fabricant de sucre à Bresle, entre Beauvais et Clermont (Oise). Il m'a conduit dans quatre des six fermes qu'il cultive ; ses blés sont si beaux qu'il sera obligé de les faire épamprer, ses prairies artificielles sont très-belles. L'ensemencement des cinq cents hectares de betteraves qu'il fait pour sa sucrerie et sa distillerie, sera terminé la semaine prochaine. Cette opération est en avance de quinze jours sur les années ordinaires ; la levée se fait bien depuis que le temps s'est un peu réchauffé.

M. Hette ayant besoin de plus d'emplacement à la

sucrerie, va transporter sa grande porcherie dans une
ferme composée de cinquante hectares d'anciennes tourbières épuisées, qu'il est parvenu à dessécher en faisant
de larges et profonds fossés. Les trois quarts de ces
terres, qui étaient en joncs et broussailles, sont déjà
défrichés; il y a fait l'an dernier une assez belle récolte
de betteraves, qui n'étant pas bonnes pour la sucrerie,
ont été distillées et ont donné plus de 4 p. %o d'alcool,
ce qu'on n'osait pas espérer d'une récolte faite en pareil
terrain.

Ce sol tourbeux ne pouvant pas produire de céréales,
fournira des betteraves et des prés. M. Hette a nettoyé une
belle fontaine alimentant deux grandes pièces d'eau, qu'il
pourra toujours tenir pleines, au même niveau. Il vient
d'y mettre pour 500 fr. de sangsues; il a toujours un
assez grand nombre de vieux chevaux, achetés pour servir de nourriture, dans la proportion d'un cinquième, à
l'immense quantité de cochons qu'il élève et engraisse;
ces chevaux nourris sur une pâture qui entoure les deux
pièces d'eau, seront attachés les uns après les autres dans
l'eau, afin d'alimenter les sangsues, en attendant que leur
tour d'aller à l'abattoir de la porcherie soit arrivé.

M. Hette cultive aussi dans ses terres tourbeuses des
topinambours destinés à être distillés; il s'est aperçu que
là où les topinambours étaient cultivés, les joncs, pous-
sant abondamment avant cette culture, étaient complète-
ment détruits. M. Hette ayant vu chez MM. Fievé, fabricants de sucre près de Douai, ainsi que chez plusieurs
autres sucriers, la manière dont ils conservent depuis
longtemps leurs betteraves, s'est décidé à les imiter. Elles
sont amoncelées en tas immenses, placés sur un terrain
garni de rigoles correspondant avec des cheminées posées
de distance en distance dans les tas; on empêche ainsi
l'échauffement des racines; ces rigoles servent aussi à

l'écoulement de l'eau de pluie, car elles ne sont couvertes que d'un peu de paille; l'agglomération des betteraves les garantit du froid. M. Hette a reconnu que cette
méthode de conservation est infiniment moins chère que
la mise en silos.

Il a aussi adopté la méthode de conservation des pulpes
de sucrerie et résidus de distillerie, qui consiste à les
mélanger dans un immense silo, au fond duquel existent
aussi des rigoles, mais recouvertes de planches. Ces rigoles amènent le jus ou l'eau dans un puisard d'où une
pompe les déverse dans un ruisseau. M. Hette a établi
dans les cours de la sucrerie, plusieurs petits chemins de
fer qui servent à amener là où l'on en a besoin, le charbon, le noir animal, les betteraves, il emmène les pulpes
et résidus au grand silo, et les boues de lavage des racines
et les écumes de défécations, auprès des composts qu'elles
doivent améliorer. Les petits wagons de ces chemins de
fer facilitent singulièrement tous ces transports; deux
hommes les poussent vers leur destination.

La petite machine à vapeur, de la force de dix chevaux,
que M. Hette a fait faire chez M. Flaud, rue Jean Gou-
geon, aux Champs-Élysées, et qui, sans le générateur, n'a
coûté que 2 500 fr., marche à merveille depuis trois ans,
sans avoir eu besoin de réparations.

Je n'ai vu nulle part, dans les nombreuses fermes que
je visite chaque année, un arrangement aussi bien entendu et aussi commode : une paire de meules d'un mètre
fait la farine consommée dans les fermes, et aussi un peu
pour les habitants voisins. La machine à battre de Duvoir,
à laquelle M. Hette a appliqué diverses améliorations qu'il
avait remarquées dans les expositions de 1855 et 1856,
entre autres une chaine à palettes remonte les épillons
et ôtons sur le tablier de la machine, afin de les y faire
passer une seconde fois; une chaîne à godets prend le

grain sortant du tarare placé sous la machine, pour le monter dans le second tarare, et ensuite dans le grenier au-dessus, où le grain est passé au trieur-vachon ; le hache-paille coupe tous les fourrages ; un cylindre sert à passer le foin coupé, un autre cylindre passe les balles ; un laveur de racines ; un tire-sac pour monter les sacs de grain au grenier ou les descendre sur les voitures pour les emmener ; un aplatisseur d'avoine ; un concasseur de tourteaux ; une pompe fournit l'eau pour la ferme et celle pour le jardin ; tout cela est desservi par la vapeur dans la grande ferme de Bresle.

On se sert de la vapeur perdue pour cuire la nourriture d'une partie des cochons. Voilà bien des choses ou machines desservies par la vapeur. J'oubliais encore une scie rotative pour scier les os de cheval, qui sont destinés à la tabletterie, et le bois de chauffage ; enfin une presse hydraulique qui sert à différents usages ; ainsi à faire du cidre.

M. Hette monte des fours à reverbère pour la fabrication de salpêtre, et il vient enfin de compléter des ateliers de forge, de chaudronnerie, de tonnellerie, de charronnage, de menuiserie, de bourrelerie et de raccommodage de sacs.

Il est parvenu, au moyen de croisements entre diverses races de porcs anglais, telles que Manchester, New-Leicester, Berkshire, Essex et Hampshire, à se procurer des truies qui produisent habituellement de huit à douze petits par portée. On sèvre à six semaines ou à deux mois ; on tient ensuite les petits en bandes d'une vingtaine, appareillés en force, jusqu'à l'âge de quatre à cinq mois ; ils sont mis alors dans des toits, au nombre de cinq, et sont vendus gras, âgés de sept à neuf mois. Ses chevaux, bœufs et vaches restent sur leur litière pendant quinze jours ou un mois ; mais pour cela on égalise deux fois par jour cette litière en mettant sur les parties humides des cendres de houille ou de tourbe, ou à défaut, de la poussière de tourbe et un peu de paille par-dessus.

M. Hette vient de semer un hectare de *sorgho de la Chine* et un hectare de sorgho à balais; il a planté dix-huit hectares en semenceaux de betteraves. Il n'a maintenant que deux mille cinq cents moutons à l'engrais.

Les récoltes, depuis Paris jusqu'à Beauvais et Frocourt, m'ont paru fort belles.

La culture de M. Gibert, ancien receveur général de l'Oise, s'étend sur cent-quatre-vingt hectares, dont 51 sont en froment, 3 en seigle, 3 en escourgeon, 15 en avoine, 33 en betteraves, 2 en maïs, 1 en sorgho-fourrage; le reste est en prés et en prairies artificielles. Celles-ci sont fort belles, ainsi que les céréales.

Le troupeau, d'environ huit cents têtes, dont trois cents agneaux, provient de brebis métis-mérinos ou Picardes, avec béliers Southdown. Je regrette, pour mon beau-frère, qu'il ait pris deux espèces de brebis pour commencer son troupeau, car il se passera bien du temps avant de parvenir à le rendre homogène. Le croisement avec des métis-mérinos produit une meilleure toison, mais les bêtes ont une moins bonne conformation. On a commencé à croiser avec Southdown en 1852; on a conservé un certain nombre de jeunes béliers croisés; ils sont plus gros que leurs pères. Des moutons croisés, âgés de trois ans, viennent d'être vendus 67 fr. pièce; on va hiverner quatre cent cinquante brebis. Sa belle vacherie se compose de quarante bêtes Cotentines et huit élèves croisées Durham. Les chevaux de culture sont au nombre de seize, avec huit bœufs de trait.

La porcherie contient douze truies anglaises et leurs petits, qui sont vendus, à la ferme de Bresle, après sevrage.

A Beauvais, j'ai assisté à une leçon d'agriculture que
M. Gossin donne chaque semaine à une soixantaine d'élèves, environ moitié de l'École normale ; les autres sont
des pensionnaires de la maison des frères de la doctrine
chrétienne, si bien dirigée par le frère Menée. J'ai beaucoup admiré M. Gossin, propriétaire fort à l'aise qui,
après avoir cultivé longtemps une de ses fermes, s'est fait
professeur par zèle pour les progrès de l'agriculture ;
depuis longues années il enseigne, avec le plus grand
succès, à Beauvais, deux fois par semaine, puis aussi à
Compiègne et encore dans quelques autres villes. M. Gossin
vient de publier un superbe volume in-folio, intitulé :
*Principes d'agriculture appliqués aux diverses parties de
la France,* ouvrage qui prouve tout le savoir de son au-
teur. Le frère Menée a bien voulu nous conduire, mon
beau-frère et moi, à sa petite ferme, près la ville. Nous
y avons vu d'excellents prés et quelques champs fort bien
cultivés ; j'y ai vu deux beaux béliers, quelques brebis
Southdown, d'un très-beau choix, et un certain nombre
de brebis de plusieurs races, qui reçoivent les béliers
Southdown. On y voit encore une petite vacherie de
bêtes de diverses espèces ; des cochons de plusieurs
races, donnés à la maison des frères par des éleveurs,
tels que le prince Albert, le duc de Bedfort, le capitaine
Gunter. On les vend 100 fr. la paire, âgés de six semaines, mais comme il y a beaucoup d'amateurs pour
ces belles et bonnes races, il faut s'inscrire assez longtemps d'avance pour en obtenir. La basse-cour est rem-
plie des plus belles volailles, telles que Brahma - Poutra,
Cochinchinoises, Crève-Cœur ; des oies de Toulouse et
de très-gros canards. La ferme s'étend sur vingt hectares,
dont nous n'avons vu qu'une partie ; l'autre est plus
éloignée, et la chaleur étant très-forte, nous sommes
revenus en ville enchantés de notre excursion, et en

remerciant beaucoup le digne et très-remarquable frère Menée.

Je n'ai réellement commencé mon voyage agricole de cette année que le 17 mai, par le château de Villiers, près de la Ferté-Aleps. Le marquis de Selves vient de remettre l'ancien château de ses aïeux dans un état parfait, tant pour son aspect extérieur que pour le confortable et le luxe à l'intérieur. Le parc est délicieux et contient une très-belle futaie, des sources admirables et des plus abondantes.

Le marquis possède une douzaine d'hectares de marais tourbeux qu'il est en train d'assainir et de transformer en potager et en jardins maraîchers, destinés à produire des légumes pour Paris. M. de Selves a une trentaine d'hectares, faisant partie de sa réserve, en terres sablonneuses; il y a semé, pour essai, un petit champ de lupins jaunes qu'il compte cultiver plus en grand sur ses terres siliceuses. Il a défriché, il y a une douzaine d'années, une vaine pâture de cinquante hectares, située sur un plateau dont le fonds est en terres calcaires assez consistantes. Elles ont cela de particulier qu'il y existe des taches assez nombreuses, ayant jusqu'à un are d'étendue, qui, au milieu des plus belles récoltes de froments, avoines et prairies artificielles, ne produisent rien. Les mauvaises herbes même y périssent. La terre y est d'une couleur blanchâtre, différente de celle du reste du plateau; ces taches sont très-humides en hiver et brûlantes en été. Les gens du pays disent qu'elles sont salées. J'ai vu sur ce plateau de bon froment qui avait reçu une très-petite fumure en fumier et deux cents kilogrammes de guano par hectare; des avoines qui avaient reçu deux cents kilogrammes de guano à côté d'autres qui avaient reçu pour la même valeur de chair desséchée et pulvérisée d'Aubervilliers; les premières étaient infiniment plus belles. M. de Selves a

construit au milieu de ce plateau une ferme où il a mis
un maître-valet avec sa famille. Il est très-zélé pour les
améliorations agricoles et fait venir les meilleurs instruments; j'en ai vu plusieurs chez lui, entre autres une
machine à vapeur locomobile. Il va cultiver des betteraves
à sucre sur son plateau calcaire, et si elles y réussissent
bien, il montera une distillerie. Il a fait venir d'Angleterre
une avoine qui est infiniment plus belle dans les champs
que celles du pays; elle est aussi bien plus lourde en grain.
Le marquis cultive plusieurs espèces de froments, comparativement, afin de pouvoir conserver les meilleures. Je
me souviens des variétés suivantes : froment Red-White-
shaff, froment tendre Bouricha, venu d'Algérie, froment
frasère, froment barbu à paille très-longue, venant de
M. de Saint-Marsault; celui-ci est cultivé dans le midi
sous le nom de froment du champ d'asile. Il y a encore
du seigle de Rome, des pommes de terre Chardon, etc.

Je suis reparti pour aller coucher à la Motte-Beuvron
presque toutes les récoltes que j'ai aperçues jusqu'à une
couple de lieues au delà d'Orléans, m'ont paru belles.

Le lendemain j'ai été prier M. Laverge, chef de la
culture du château de la Motte, de me faire voir ses récoltes; il a été longtemps au service du grand-père de
M. Dailly, maître de poste actuel de Paris. M. Laverge,
dont j'ai visité déjà souvent les travaux, m'a toujours paru
être un fort bon cultivateur, il tire un aussi bon parti
que possible des pauvres terres de Sologne. Il est grand
partisan du drainage, ensuite du marnage, enfin des
bonnes fumures de fumier et guano par moitié ou de
guano seul lorsque le fumier vient d'être tout employé.
M. Laverge m'a fait voir une grande étendue de froments,
presque tous fort beaux, et si l'on avait pu appliquer, ce
printemps, aux parties faibles du guano à raison de deux
cents kilogrammes par hectare, toute la pièce eût été

plus belle que des froments que je venais de voir dans la Beauce, d'Étampes à Orléans ; mais cette partie des mauvaises terres sablonneuses de la Motte, avait été drainée et marnée à raison de cinquante mètres cubes l'hectare ; cette marne prise à la station du chemin de fer n'avait coûté que 125 fr., grâce à l'indemnité que le gouvernement accorde à la Compagnie du chemin de fer, pour qu'elle puisse la livrer à ce prix réduit. On prétend dans ce pays, que vingt-cinq à trente mètres de marne sont suffisants pour bien marner un hectare en Sologne ; les cultivateurs qui n'en donnent pas davantage à leurs terres, le font pour éviter l'augmentation de dépense, car je puis dire d'après ma propre expérience et celle de beaucoup d'excellents cultivateurs, qu'il faut cinquante mètres de bonne marne par hectare pour bien marner, et qu'il y a des espèces de marnes, comme celles de la terre de l'Espinasse, près Châtellerault, dont il faut de deux à trois cents mètres par hectare, pour obtenir de bons résultats.

Ces cultivateurs qui consentent à conduire des marnes si peu effectives et dont le transport est ruineux, ceux encore qui viennent de deux et même cinq ou six lieues, souvent par de mauvais chemins, chercher de la marne aux stations du chemin de fer d'Orléans, ne savent pas que, dans leur position, il leur en coûterait infiniment moins, de chauler leurs terres, pourvu qu'ils puissent se procurer de la chaux à un prix raisonnable, c'est-à-dire depuis 1 fr. à 1 fr. 50 c. l'hectolitre ; il faudrait seulement acheter une petite carrière de pierre à chaux sur les bords de la Loire, ou sur ceux de la Saudre ou du Cher ; je connais plusieurs personnes qui se procurent la chaux à ce prix et même à 50 ou 60 c., après avoir construit un four coûtant 400 fr., ou même sans four, cuisant la chaux dans des trous creusés dans la carrière, à la manière belge, connue sous le nom de fours dormants.

Il est à regretter que la plupart des personnes qui ont
écrit sur l'amélioration de la culture de la Sologne, n'aient
pas demandé au gouvernement ou à des industriels, d'établir de grands fours à chaux à portée du chemin de fer,
pour y faire de la chaux à bon marché. Les produits seraient demandés par les propriétaires ou fermiers, demeurant à plus de quatre kilomètres des stations où se
trouvent des dépôts de marne; les fabricants dont les
fours seraient placés dans une carrière de pierre à chaux
grasse, et qui ne seraient pas trop éloignés d'un cours
d'eau qui leur apporterait l'anthracite ou du petit coke,
et d'une station de chemin de fer, pourraient vendre le
mètre de chaux à 7 fr. 50 c. et gagner raisonnablement
sur cette fabrication faite sur une assez grande échelle;
mais pour arriver à ce but, il faut faire connaître d'avance
aux bons cultivateurs des pays à culture arriérée, les excellents effets de la chaux. Cent hectolitres de chaux dont
le transport se ferait sur un chemin praticable par dix
chevaux, attelés chacun à un tombereau contenant un
mètre de chaux, seraient appliqués à chacun des hectares
de leur culture après les avoir drainés, si cela était utile,
et avoir reçu une fumure de trois à quatre cents kilogrammes de guano du Pérou, faute d'une bonne fumure
de fumier, produiraient au moins une récolte de vingt à
vingt-cinq hectolitres de froment, au lieu d'un pitoyable
seigle, et l'année suivante un beau trèfle, qu'on transfor-
merait en fumier pour continuer l'amélioration. Il est
sous-entendu que la jachère faite pour le premier froment,
eût détruit le chiendent souvent si abondant dans ces pauvres terres de Sologne.

J'ai vu avec regret que les belles races de cochons
New-Leicester et Berkshire, que j'avais admirées il y a une
couple d'années dans la basse-cour de la Motte, ont complétement dégénéré par suite de l'insuffisance de nour-

riture ; ils n'ont que très-peu de son, avec de l'herbe de
prés.

M. Laverge m'a fait voir un superbe champ de trèfle ;
il s'occupe de la création de quarante hectares de prés
sur les bords du Beuvron, qui, débordant souvent, détruit
ainsi les belles récoltes que ces terres d'alluvion peuvent
donner. La vacherie ne contient pour le moment, en attendant que les prés du Beuvron soient productifs, que
deux vaches Normandes, trois vaches et un taureau Berrichon, et cinq vaches Bretonnes avec leur taureau.

Je pense que cette dernière race dont tant de personnes sont engouées, ne convient pas dans son état de
pureté, partout où l'on a de quoi nourrir son bétail ; j'ai
engagé M. Laverge à se procurer, si cela dépend de lui,
un taureau Ayrshire en place des deux qu'il a.

Les chevaux sont au nombre de six, plus six bœufs ; les
bêtes à laine sont de l'espèce du pays ; il y en a quatre
cent cinquante dont un tiers sont des agneaux. J'ai été
encore étonné d'y voir de pauvres béliers Solognots au
lieu de bons Southdown. Cette pauvre race Solognote ne
donne que des toisons jarreuses, pesant deux kilogrammes
au plus ; les moutons, âgés de quatre ans, ne donnent,
lorsqu'on est parvenu avec peine à les engraisser, que
quinze à dix-sept kilogrammes de viande, bonne, il est
vrai, si elle est grasse. Cette race, ainsi que celle des
vaches Bretonnes, ne convient que dans des fermes couvertes en grande partie de bruyères, et dont les misérables terres ne donnent qu'un peu de seigle et de sarrasin
pour tout produit ; mais elles ne conviennent nullement
dans une ferme bien cultivée, drainée, marnée, qu'on
peut bien fumer, et au cheptel de laquelle, on peut fournir
du tourteau.

Depuis ma dernière visite au château de la Motte, il y
a été construit un grand hangar pour servir de grange ;

il est à une certaine distance de la ferme et sur le bord d'un ruisseau fournissant une chute qui fait tourner une machine à battre de Cumming, à l'aide d'une roue hydraulique d'un grand diamètre. Cette machine, dont on est fort content, coûte près de 5000 fr.

M. le Directeur par intérim voulait absolument m'emmener au château de la Grillière, pour m'y faire voir les améliorations que le ministère de la liste civile y fait faire. Ces travaux sont dirigés par M. Poilescaut, ancien élève de Grignon et régisseur de cette terre, mais qui est cependant soumis au sous-inspecteur des forèts de la liste civile, lequel est ordinairement à la tête de ces deux propriétés. J'ai beaucoup regretté de ne pouvoir accepter cette aimable invitation. Je suis parti à midi pour Salbris, voulant visiter le comte de Gomigny ; le château n'est qu'à une petite distance du bourg, dont le comte est maire. Je l'ai rencontré près de la mairie, où il me fit entrer pour éviter l'extrème chaleur, en attendant sa calèche. M. de Gomigny m'entretint de ce qu'il avait fait, depuis cinq ans qu'il a acheté une partie de cette terre. Elle était composée d'environ quatre mille hectares que les héritiers de l'ancien propriétaire s'étaient partagés. Il acheta le château entouré de quinze cents hectares, dont 150 étaient en bois, et le reste formait six fermes. On ne cultivait, dans chacune, qu'une très-petite étendue ; le surplus était en prés, pâtureaux et bruyères. M. de Gomigny, grand propriétaire dans les environs de Maubeuge, passionné sylviculteur, vint se fixer en Sologne pour pouvoir y semer et planter des bois, ce dont il s'occupe sérieusement depuis qu'il y est.

Son château était presque inhabitable, il le remit en fort bon état, sans y rien faire pour le luxe, voulant d'abord s'occuper des choses utiles ; il remit à une autre époque ses projets d'embellissements, auxquels les environs de son habitation devaient fort bien se prêter. Le château est posé au faîte d'une vallée parcourue par la Sandre ; cette rivière, venant d'un pays calcaire assez fertile, est bordée d'assez bons prés garnis de beaux arbres. Les prés sont améliorés par les débordements, qui déposent un limon calcaire ; ils sont parsemés de beaux arbres, dont de beaux bouquets entourent le château. M. de Gomigny a commencé par distraire les plus mauvaises terres de ses fermes, ne leur laissant qu'une étendue d'environ soixante-dix hectares. Il a démoli tous les bâtiments des six fermes les uns après les autres, afin de les placer plus convenablement au milieu de leur nouvelle étendue et de manière que ses fermiers et leur bétail fussent bien logés, car les anciens bâtiments tombaient en ruines. Il dépensa de 10 à 12 000 fr. pour chaque ferme, suivant qu'il s'y trouvait plus ou moins d'anciens matériaux à utiliser. M. de Gomigny a donné à chacune de ses six fermes dix hectares de prés, venant en bonne partie de la réserve du château. Il n'a laissé qu'à deux de ses fermiers le droit d'avoir des bêtes à laine, parce que ces deux fermiers se trouvaient placés avec leurs troupeaux, loin des taillis qu'il plantait ou semait et qui, avec les bois existant, formeront mille hectares. Sa réserve qui doit former son parc, et les six fermes, comprendront cinq cents hectares. Il a proposé à ses fermiers les conditions suivantes : ils n'auraient rien à payer pendant les trois premières années de leur nouveau bail, mais devraient mener dans cet espace de temps, mille mètres de marne qu'il leur fournirait, prise à la station du chemin de fer de Salbris, dans leurs terres, dont les plus éloignées sont au plus à quatre kilomètres.

Le comte prenait de son côté l'engagement, de faire conduire cinquante mètres de marne sur chacun des hectares de terre formant les deux tiers de leurs fermes, aussi

dans l'espace de trois ans; il voulait ensuite qu'ils pris-
sent, ainsi que lui, des experts pour fixer alors la valeur
de location de chacune des fermes. Deux fermiers seulement sur six, acceptèrent ces conditions; l'un prit une
ferme sans moutons, l'autre une ferme à bêtes à laine.
M. de Gomigny a trouvé un fermier étranger au°pays, qui
a loué deux de ses fermes à un prix dont j'ai oublié le
chiffre. Ces deux fermes sont les plus rapprochées de la
station du chemin de fer. Le fermier monte une distillerie
et plante des topinambours qu'il enveloppe de chiffons de
laine, faute de fumier.

M. de Gomigny a déjà planté ou semé plus de sept
cents hectares de bois, en pins Sylvestres et pins des
Landes, en chênes et en châtaigniers; tout cela mis ensemble; mais lorsque les pins des Landes gêneront les
autres essences, ils seront supprimés.

Il n'a point planté de bouleaux, parce que les grands
bouleaux qui se trouvent dans ses bois ou dans les haies,
fournissent une immense quantité de graines que le vent
se charge de répandre dans ses nouvelles plantations.
Lorsque les bois seront tous plantés, il s'occupera de son
parc, dans lequel il a disposé des massifs et semé de la
graine de prés; mais il ne réussira que lorsque ces terres
usées auront été nettoyées de chiendent, marnées, et bien
fumées, ou faute de fumier, fertilisées avec au moins
cinq cents kilogrammes de guano par hectare.

M. de Gomigny m'a dit : je ne me plais plus à Paris,
je n'ai plus rien à améliorer dans ma terre du département du Nord ; j'ai beaucoup voyagé pendant que j'étais
attaché à des ambassades. Au lieu de dépenser mes revenus en objets de luxe, en chevaux de 4 à 5000 fr. la
pièce et d'en avoir plusieurs, je n'en ai plus que deux
qui m'ont coûté 3600 fr. la paire. Je plante mes mauvaises terres en bois, je rebâtis mes fermes, je marne mes

meilleures terres afin de les rendre productives, et je cherche à transformer mes pauvres fermiers solognots en bons cultivateurs ; ils pourront s'ils m'écoutent, devenir plus à leur aise, au lieu de rester misérables.

J'ai repris le chemin de fer à sept heures du matin ; j'ai eu la bonne chance d'entrer dans un wagon où se trouvait M. Paul Malingié, qui m'apprit que le produit des huit hectares en pommes de terre Chardon, que je lui avais vu mettre en silos l'automne dernier, n'avait pas été atteint de la maladie ; cette culture, sur une si grande étendue, avait été faite de compte à demi avec M. Dugrip, propagateur de cette variété de pommes de terre ; elles sont très-productives, et on assure qu'elles ne sont point sujettes à la maladie. M. Dugrip, qui en a beaucoup de demandes, les a vendues 10 fr. l'hectolitre.

M. Malingié m'a dit que ses récoltes étaient fort belles, et que son beau troupeau de bêtes Charmoises continuait à prospérer.

Arrivés à Vierson, nous avons été rejoints par M. Charles Malingié, qui est grand fermier à deux lieues de Bourges, route de Saint-Amand, à Verrières ; il y avait avec lui M. Massé, le fameux éleveur de Charollais, et M. Poisson, directeur de la ferme-école d'Aubussay, à deux lieues de Vierzon ; nous avons fait le trajet de soixante-quatre kilomètres qui nous séparaient de Châteauroux, sans nous en apercevoir, tant la conversation de tous ces bons agriculteurs fut intéressante.

M. Massé nous dit qu'ayant eu il y a trois ans la pleuropneumonie exsudative dans les deux fermes qu'il cultive, il avait fait inoculer ses bêtes avec le meilleur résultat ; mais qu'il avait été obligé de faire abattre plusieurs bêtes qui en étaient atteintes, entre autres six veaux superbes ; il ajouta qu'il avait fait venir l'année suivante chez lui, des bêtes d'une de ses fermes éloignée du point infecté,

et où il n'avait pas introduit l'inoculation ; ces bêtes arrivées dans la ferme où la maladie avait sévi l'année précédente, gagnèrent la pleuro-pneumonie ; mais s'étant sou-
venu de ce qu'un médecin lui avait raconté avoir sauvé
plusieurs poitrinaires condamnés par la faculté, en leur
donnant des doses répétées d'émétique, M. Massé avait essayé ce remède sur ses bêtes atteintes, il les a aussi sai-
gnées, enfin il leur a donné des purgations ; ces remèdes
ont réussi, et il a ajouté qu'il avait gagné à Poissy des
primes avec des bêtes guéries de cette maladie ; il a suivi
ensuite à l'abattoir ces bœufs guéris, et il a remarqué
qu'ils avaient un des poumons un peu tuméfié et cica-
trisé.

Cette conversation m'a rappelé ce que m'avait dit dans
mon voyage de 1855, M. Charles Malingié, de son beau
troupeau de bêtes Charmoises, qui s'était trouvé fortement atteint du sang de rate sur le sol très-calcaire qu'il
cultive ; il avait déjà perdu plus de trente de ses plus
belles brebis, et était très-effrayé de ce triste événement,
lorsqu'un de ses voisins, fermier du duc de Rivière, lui
apprit qu'un vétérinaire de Bourges, M. Perraut, avait
guéri de cette terrible affection son troupeau, ainsi que
ceux de bien d'autres cultivateurs du Berry, depuis un certain nombre d'années. De suite après cet avis, M. Malingié
s'était rendu chez M. Perraut ; celui-ci le prévint que pour
arrêter cette maladie, il fallait saigner et donner une
médecine à chacune de ses quatre cents bêtes à laine, et
que cela coûterait 50 c. par bête et le voyage. M. Perraut
ayant traité ainsi son troupeau, avait arrêté le sang de rate
qui n'avait pas reparu depuis chez lui ; histoire qui fut
confirmée par M. Charles Malingié.

Arrivés à Châteauroux, nous avons visité l'Exposition,
où M. Massé avait amené deux fort beaux taureaux de la
race Charollaise qu'il a singulièrement perfectionnée de-

puis une trentaine d'années ; il y avait exposé aussi une vache très-remarquable. M. le comte de Bouillé était son concurrent pour cette même race.

M. Tachard de la Guerche, voisin de M. Massé, avait là un beau taureau, trois vaches et deux veaux de pur sang Durham ; il possède une quarantaine de têtes de cette race dans sa ferme près la Guerche.

M. Adolphe Salvat, du château de Nozieu, près Blois, exposait une superbe vache prête à vêler, et un jeune taureau, aussi de pur sang Durham ; il a chez lui une vingtaine de très-belles vaches Durham et des élèves.

MM. de Béhague, de Bondy, Lejeune et Masquellier, avaient amené des lots de fort beaux Southdown. M. Pavy avait plusieurs cochons de la plus belle race Anglaise, provenant, il y a quelques années, du capitaine Gunter, qui les vend sous le nom de Middlesex.

Il y avait une belle et nombreuse exposition d'instruments et machines agricoles. M. Castillon, propriétaire à Sainte-Thérèse, en Brennes, en avait une fort belle pour un cultivateur qui n'est pas fabricant.

Il s'y trouvait bien des machines à battre ; celles qui m'ont paru les plus remarquables, étaient au nombre de trois, différant les unes des autres ; elles étaient exposées par Gérard, fabricant à Vierzon.

Ayant égaré bonne partie des notes que j'avais prises sur l'Exposition de Châteauroux, je suis obligé de m'arrêter ici, et regrette beaucoup de ne pouvoir citer une quantité d'objets de mérite que j'y avais remarqués.

Mon ami M. Durand et moi, nous sommes allés visiter pendant le dernier jour de l'Exposition, M. Masquellier, ancien et fort riche fabricant du département du Nord, qui est venu se fixer auprès de Châteauroux, et y a acheté il y a six ou sept ans, une très-grande propriété, de l'amélioration de laquelle il s'occupe depuis lors avec suite.

M. Masquellier se trouvait encore à Châteauroux; un maître-valet nous fit visiter une partie de la terre; il nous a fait voir deux fort grandes bergeries nouvellement construites. M. Masquellier ne tient que peu de vaches à lait, mais il a au moins deux milles bêtes à laine d'espèce Berrichonne. Il va leur donner de très-beaux béliers Southdown, qui viennent de lui arriver d'Angleterre.

Les attelages de cette très-grande culture sont composés de seize chevaux et d'une vingtaine de bœufs; en fait de bêtes porcines il n'y a que des cochons à l'engrais.

Nous avons vu deux machines à battre à manége, elles sont de Renaud et Lotz, de Nantes. Deux petits rouleaux Croskyll et plusieurs autres en bois, des scarificateurs, dont un de Coleman, enfin de bonnes charrues et herses.

M. Masquellier a fait des défrichements de bois, et a encore le mérite d'avoir créé et amélioré des chemins, à travers sa propriété.

Nous avons ensuite visité un gros fermier venu des environs de Caen, qui était aussi au Concours. M. Goupy avait déjà fait valoir une ferme pendant douze ans près de la ville de Vatan.

Il vient de louer récemment quatre fermes considérables, faisant partie de la grande et fertile terre de Diors. Nous avons vu une assez grande partie de ses froments et trèfles, qui nous ont paru beaux.

Nous sommes partis, M. Durand et moi, le 22 mai pour nous rendre au château de la Bruyère, propriété du baron de Larochefoucault, qui ne l'habite jamais. M. Saulnier, le régisseur, y est né et administre cette terre depuis plus de quarante ans.

Il y a planté un parc contenant beaucoup d'arbres rares; il a créé, dans des sables trop maigres pour être cultivés avec profit, vingt-cinq hectares de bois de châ-

taigniers, bouleaux, pins Sylvestres et pins des Landes.
M. Saulnier cultive la ferme de la Basse-Cour; il y occupe
six chevaux Bretons et une douzaine de bœufs; il a cinq
ou six vaches, dont deux Normandes et les autres Bretonnes. Sa culture s'étend sur environ cent cinquante
hectares, dont 20 sont en prés, d'une qualité médiocre,
et qui ont été fortement envasés l'an dernier. Le troupeau de M. Saulnier provient d'un croisement datant de
1844, de brebis Berrichonnes avec béliers New-Kent, que
M. Malingié lui avait vendus, ainsi que deux brebis de
même race, et il a encore des bêtes à laine New-Kent
qui n'ont jamais été croisées. Quant à son troupeau, qui
se compose de six cents bêtes les agneaux compris, il
était resté demi-sang jusqu'à l'année dernière; il a jugé
alors convenable de lui redonner des béliers New-Kent
pour une fois. Il nous a dit qu'on lui achetait beaucoup
d'agneaux non castrés, de 40 à 50 fr. la pièce, les marchands de laine conseillant aux fermiers d'allonger la laine.
M. Saulnier a essayé il y a un an, le guano, et s'en est
trouvé si bien, qu'il en a pris l'automne dernier cinq mille
kilogrammes.

Nous avons vu de très-beaux froments qui ont reçu
deux cent cinquante kilogrammes de guano, sans autre
engrais. Nous avons trouvé, chez M. Saulnier, M. Daveluy,
ancien cultivateur du département du Nord, maintenant
directeur de la ferme-école du département d'Indre-et-
Loire, aux Hubeaudières, route de Bléré à Loches. Il nous
a dit que ses froments, qui promettaient beaucoup l'an
dernier, avaient été presque détruits par la rouille.

M. Daveluy vient de monter une distillerie, pour laquelle
il a planté quarante hectares de topinambours dans ses
mauvaises terres calcaires sans fonds, et il a semé une
grande étendue de betteraves dans ses meilleures terres.

Nous nous sommes rendus ensuite au château de la

Brosse près la ville de Buzançais, chez M. Lejeune, qui est venu il y a huit ans, des environs de la Ferté-sous-Jouarre, se fixer dans ce pays en y achetant la terre de la Brosse, composée d'environ cinq cents hectares de terres calcaires, dont la plus grande partie est en bon fonds. Il en cultive les deux tiers, et nous y avons vu de très-beaux froments, de belles avoines, beaucoup de trèfles mêlés de ray-grass anglais, qu'il fauche la première année et fait pâturer l'année suivante. Je pense que le ray-grass d'Italie vaudrait bien mieux que l'anglais, tant pour la qualité du fourrage, que pour la quantité de son produit.

M. Lejeune a aussi beaucoup de sainfoins et vesces d'hiver, enfin dix hectares de betteraves parfaitement sarclées. J'ai regretté de ne pas voir, dans cette très-bonne culture, une assez grande étendue de luzernes, qui, à cause de ses longues racines, n'est pas aussi sujette à souffrir des sécheresses si habituelles dans le centre de la France, que les autres sortes de prairies artificielles. M. Lejeune a formé un troupeau de onze cents têtes, dont 400 agneaux, avec des brebis Berrichonnes et des béliers Southdown. Ses Antenois se vendent, à Sceaux, âgés de vingt à vingt-deux mois, et il espère, plus tard, s'en défaire à dix-huit mois. M. Lejeune a vendu, l'année dernière, à M. Fournier, excellent cultivateur près de Meaux, quarante agneaux sevrés, choisis dans le troupeau, à 40 fr. la pièce. M. Fournier les destinait au Concours de Poissy.

Nous sommes allés coucher chez M. Laveaux, d'une famille des environs de Meaux, qui est venu se fixer dans ce pays depuis vingt-cinq ans. Il a loué, en 1849, la ferme de Relay, propriété d'un de ses frères; elle se compose de cent trente-cinq hectares de terres labourables, deux de vignes, qu'il a plantées, et de trente en bois.

M. Laveaux vient de monter une distillerie de betteraves; il a drainé une partie de ses terres avec le plus grand succès, et il marne beaucoup, ayant de l'excellente marne coquillière sur plusieurs points de sa ferme.

Le lendemain matin nous sommes passés, en nous rendant à Ecueillé, dans un grand défrichement de bruyères que M. Alphonse Durand, gendre et neveu de mon ami, a achetées il y a deux ans. Il a défriché quatre-vingt-dix-huit hectares sur les cent cinq qu'il possède. Cette propriété est traversée par les routes d'Ecueillé à Palluau et d'Ecueillé à Buzançais.

Les avoines d'hiver que M. Alphonse Durand a semées sur tout ce qui avait été défriché à temps, sont d'une grande beauté; celles de printemps ont grand besoin de pluie.

M. Alphonse a construit un hangar couvert en carton bitumé, dont les basses-gouttes sont en planches de peuplier, pour loger les douze bœufs qu'il a employés au défrichement de ses bruyères pendant le premier hiver. Pour empêcher le froid de pénétrer dans l'étable et le logement de ses laboureurs, il a fait appliquer extérieurement contre les basses-gouttes du hangar, une épaisse couche de bruyères mêlées d'ajoncs, qui ont très-bien produit l'effet désiré. Ses deux attelages, de six bœufs chacun, lui ont en moyenne défriché vingt-cinq ares par jour de travail. Quoiqu'ils fussent ferrés, il arrivait fréquemment qu'il s'en trouvait de boiteux qu'on était obligé de remplacer par d'autres devant venir de sa ferme, située à cinq lieues du défrichement. Tout le temps que les gelées ont été assez fortes pour empêcher de labourer, il a fallu nourrir les bœufs et payer les hommes, qui étaient loués au mois, sans en obtenir le moindre ouvrage. Les six paires de bœufs ont coûté en moyenne 700 fr. chacune, ou une somme de 4200 fr.

La nourriture de l'attelage de six bœufs pendant un mois, à raison de seize kilogrammes cinq cents grammes de foin par bœuf et par jour, a été de trois mille kilogrammes, à 80 fr. les mille kilogrammes, ou   240 f. » c.

L'avoine, deux kilogrammes et demi par bœuf ou quinze kilogrammes par jour, et quatre cent cinquante kilogrammes par mois, à 18 fr. le cent.   81   »

Les gages du laboureur, à 1 fr. 50 c. par jour, 45 fr.; ceux du toucheur, à 1 fr. 30 c.;   75   »

Le bourrelier, le maréchal, la lampe, les réparations des charrues, le tout à 1 fr. par jour   30   »

Malgré cette nourriture, les bœufs ont perdu au moment où on les a vendus, en juin, 140 fr. par bœuf ou 840 fr.; à cette somme, répartie sur vingt-deux semaines, pendant lesquelles ils ont labouré un hectare cinquante ares par semaine ou trente-trois hectares pendant six mois, durant lesquels je ne défalque que quinze jours pour les gelées et les dimanches en dehors, il y a à ajouter à la dépense du défrichement pour chaque mois, la perte éprouvée sur un bœuf.   140   »

Total 566   »

On a labouré par mois six hectares
566 : 6 = 94 fr. 33 c.
donc chaque hectare défriché à coûté. . . . 94 f. 33 c.

Ces six hectares, les premiers défrichés, ont été semés en mars en avoine qui a été si mauvaise, qu'on n'a pas trouvé à la faire moissonner à moitié; quarante-cinq hectares ont été semés le 15 septembre suivant en avoine d'hiver, à raison de deux hectolitres ; les avoines de printemps avaient été semées à raison de trois hectolitres par hectare. Les hersages faits avec des herses dont les dents pesaient soixante-quinze kilogrammes demandaient quatre bœufs.

Dans la perte de 140 fr. par bœuf revendu, je ne compte pas la perte totale de trois bœufs atteints du charbon, lorsqu'ils se trouvaient dans un herbage loué sur les bords du Cher, pour les remettre en état d'être vendus, ni l'emploi d'autres bœufs envoyés dans la ferme au défrichement pour remplacer les bœufs qui boitaient.

M. Alphonse Durand acheta à l'entrée du second hiver, quatre bons chevaux pour 2 800 fr., il loua deux bons laboureurs qu'il payait 60 fr. par mois chacun sans les nourrir.. 120 f.

Ses chevaux avaient deux bottes chacun ou deux cent quarante bottes.................... 96

Ils avaient dix kilogrammes d'avoine ou par mois douze cents kilogrammes, à 18 fr. le cent. 216

Bourrelier et maréchal, et huile pour éclairage, à 2 fr..................... 60

Total....... 492

Je ne porte rien pour perte sur les chevaux, car on en a vendu au printemps sur lesquels on a gagné un peu. Les chevaux ont fait en moyenne trente-cinq ares par jour, ou à peu près huit hectares cinquante ares par mois. Le labourage d'un hectare par les quatre chevaux ressort à 58 fr., au lieu de 94 fr. 33 c. ; avec cela, les chevaux n'ont pas perdu un jour de travail par le temps de gelée, car ils ont fait des approches de bois de construction et de pierres, ensuite ils hersaient à deux, tandis qu'il fallait quatre bœufs par herse ; enfin on n'a jamais eu à les remplacer pour maladie ou autres accidents. Je pense que si l'on avait donné aux bœufs un décalitre d'avoine au lieu de cinq litres, on n'eût pas tant perdu.

M. Brisset, proche voisin de campagne de M. Alphonse Durand, possède huit cents hectares, dont un tiers à peu près sont des bruyères en bon fonds qui mériteraient d'être défrichées, et beaucoup de ses terres labourables seraient mieux en bois.

M. Brisset a beaucoup de bois dans lesquels il tient pendant l'été une trentaine de vaches, achetées de 100 à 150 fr., il les revend deux ou trois mois après, avec 40 ou 50 fr. de bénéfice brut; mais il ne fait pas attention que les vaches détériorent ses taillis, y faisant probablement plus de mal qu'elles n'augmentent de valeur.

M. Brisset vit comme bien des propriétaires du centre de la France, toute l'année dans sa terre, sans faire valoir une ferme pour s'occuper, et en même temps pour donner de bons exemples à ses fermiers, et enfin pour employer les pauvres journaliers de ses environs.

M. Brisset devant se rendre à une foire voisine, me conduisit jusqu'à Château-Vieux, commune où M. Andral, le célèbre médecin, possède une terre dont le vieux château est placé sur une côte très-élevée; je me suis rendu de là à la Quézardière, propriété de M. Duquesnoy, un lorrain de mes amis, qui s'est fixé dans ce pays il y a vingt-deux ans, et, depuis lors, a travaillé sans relâche à l'amélioration de cent vingt hectares, situés dans une charmante position accidentée.

M. Duquesnoy est un des concurrents pour la prime d'honneur, qui sera donnée au département de Loir-et-Cher l'année prochaine, au Concours de Blois. Il a beaucoup de chances pour l'obtenir, si l'on ajoute au mérite de son excellente culture, toutes les difficultés qu'il a rencontrées dans la nature du sol, de la plus grande partie de sa propriété.

M. Duquesnoy a établi, il y a seize ans, une distillerie de pommes de terre, afin de pouvoir nourrir et engraisser jusqu'à cent têtes de gros bétail et faire ainsi beaucoup de bon fumier.

Il a de beaux froments dans sa réserve, ainsi que dans les terres de sa métairie; cependant une partie de ces derniers, eût singulièrement profité s'il leur eût fait donner cent cinquante kilogrammes de guano par hectare.

Il a des orges d'hiver et avoines de même saison, d'une grande beauté, supérieures à tout ce que j'ai aperçu en ce genre dans ce voyage. Ses céréales de printemps promettent aussi d'être bonnes, ainsi que les betteraves semées sur place, aussi bien que celles qui doivent être repiquées, elles sont destinées à la distillation.

Les semis de choux à vaches sont repiqués, afin de faire du beau replant; les vesces d'hiver sont aussi bonnes, mais les trèfles sont mauvais, et M. Duquesnoy m'a dit qu'ils ne venaient jamais très-beaux chez lui; je pense que cela tient surtout au manque de calcaire, ainsi qu'au sous-sol imperméable, lequel aurait besoin d'être drainé.

M. Duquesnoy a marné à raison de quarante à cinquante mètres cubes, mais il y a longtemps de cela; ensuite sa marne, espèce de tuf calcaire ou craie, ne contient que 45 p. % de carbonate; on met deux cents et même trois cents mètres de tuf pareil, dans les terres du Poitou et d'autres parties de la France; il est vrai qu'on n'y connaît pas le mérite des chaulages, qui, exécutés à raison de cent ou deux cents hectolitres par hectare, augmentent infiniment toutes ou presque toutes les espèces de récoltes, et si M. Duquesnoy faisait lui-même de la chaux dans une des carrières de pierres à chaux grasse, qui existent non loin de chez lui, il en aurait à moins d'un franc l'hectolitre.

M. Duquesnoy a cultivé avec le plus de soin possible, pendant bien des années beaucoup de variétés de froments, que je lui avais rapportées de mes voyages, et il cultive en grand celles qui lui ont le mieux réussi. Il les vend, pour semence, aux amateurs.

En retournant sur mes pas, je suis passé à Nouan, où MM. Thomassin père et fils, cultivateurs normands, sont venus il y a plus de vingt ans, acheter une petite ferme près de la commune qu'ils habitent. Ils ont défriché les bruyères et pâtureaux de leurs propriétés, ainsi que sur une ferme qu'ils avaient louée. Ils se sont si bien trouvés de ces défrichements, opérés à la charrue et au moyen de noir animal, qu'ils se sont arrangés avec des propriétaires ou fermiers de leurs environs, pour leur défricher leurs bruyères, à condition d'en avoir la jouissance pendant trois années consécutives. Ils devaient les rendre au bout de ce temps en bon état de labour. MM. Thomassin ont défriché plus de soixante hectares de bruyères à ces conditions, et s'en sont très-bien trouvés. Ils disent que les propriétaires de bruyères ayant appris combien ces bruyères pouvaient donner de belles récoltes, veulent maintenant défricher eux-mêmes, lorsqu'ils en ont les moyens. Voici leur méthode : ils donnent un bon labour à la charrue Dombasle, sans dépasser la profondeur, qui permet au soc de passer sous les épaisses racines du petit ajonc; les tranches de gazon bien renversées, ils hersent plusieurs fois, afin de détacher un peu la terre de ces gazons; ils sèment, fin de juillet ou dans la première quinzaine d'août, de la graine de colza qui a été enduite d'huile d'aspic, en latin *olea spicae,* qu'on se procure chez les pharmaciens et qui n'est pas chère. Cette huile empêche les altises de dévorer les jeunes colzas sortant de terre. La récolte produit dix-huit ou vingt hectolitres, au moyen de six hectolitres de noir animal, pris chez les raffineurs de Paris, et non chez les marchands d'engrais factices, ou bien avec quatre cents kilogrammes de noir neuf acheté chez les fabricants, dans ce moment à 28 fr. les cent kilogrammes.

On sème du froment avec la même quantité de noir, sans labour, mais après de nombreux et vigoureux hersages, avant et après la semaille.

Après la rentrée du froment ils donnent deux labours, de nombreux coups de herse et de rouleau pour bien briser les mottes et déchirer les gazons; ils sèment alors du colza ou de l'avoine d'hiver, toujours avec la même dose de noir. Dans leurs propres bruyères ils semaient, comme troisième récolte, des vesces d'hiver, afin d'avoir du fourrage, et en quatrième récolte du colza ou du froment, ou enfin des pommes de terre ou des choux branchus pour le bétail, et toujours la même quantité de noir pour les quatre premières récoltes sur défrichement; ensuite on marne ou on chaule et l'on fume; si le fumier manque, on met trois cents kilogrammes de guano.

MM. Thomassin m'ont dit, qu'ils prenaient habituellement leur noir dans une grande maison de raffinage à Paris, mais qu'on venait de les prévenir qu'on ne se servait plus de noir d'os exclusivement, à cause de la trop grande cherté du noir neuf.

MM. Thomassin pensent qu'il faudra dorénavant se procurer des os, les faire bouillir pour en extraire la graisse, les faire calciner suffisamment afin de les bien pulvériser, ou bien les tremper dans l'eau acidulée avec de l'acide hydrochlorique, qui sépare le phosphate de chaux de la gélatine. Cette dernière est mise dans la citerne à engrais liquide, à moins d'être près d'une ville où l'on fabrique de la colle. On peut alors céder la gélatine, ou, si l'on ne peut pas faire ce qui vient d'être dit, il faut se servir de guano. Il donnera la première année une fort belle récolte,

si l'on en met quatre cents kilogrammes, s'il est du Pérou
et sans mélange; pour cela il faut le prendre au Havre,
chez les frères Quesnels; à Bordeaux, chez M. Coloma;
et à Nantes, chez M. P. J. Maës. Si on le prend ailleurs,
il faut exiger que le sac soit cousu en dedans, ficelé du
côté où il s'ouvre et que les bouts de la ficelle soient
contenus dans le plomb du gouvernement du Pérou. Mais
les quatre cents kilogrammes de noir neuf, à 28 fr., sont
encore à meilleur marché que le guano. C'est 112 fr.
contre 140 fr. pour quatre cents kilogrammes de guano
à 32 fr. 50 c., plus le port, si on a pris au moins quinze
mille kilogrammes.

Je me suis rendu ensuite à Écueillé, et de là à pied, à
une demi-lieue, chez M. Fournier, propriétaire d'une centaine d'hectares, dont les trois quarts étaient en bruyères
lorsque, venu des environs de Paris, son pays, il a acheté
cette ferme il y a quatorze ans. M. Fournier le père était
absent, mais un de ses fils, beau jeune homme d'environ
trente ans, voulut bien me faire voir une partie de leur
ferme, dans laquelle il ne reste plus que sept hectares de
bruyères qui seront aussi bientôt mis en terres.

Mon guide arrivait du département du Nord, dans lequel il a passé sept années en deux fois, pour s'y instruire
en culture. Il vient de terminer le défrichement de deux
cents hectares de bois dans le département du Nord, ce
qui l'a occupé pendant deux années. M. Fournier le père
est obligé de laisser une grande partie de sa ferme en friche,
n'ayant pas les moyens nécessaires pour tout cultiver et
et surtout pour tout bien fumer, chauler, drainer comme
il le voudrait; mais les terres qu'il cultive sont fumées à
raison de soixante mètres cubes et cent cinquante kilogrammes de guano par hectare, pour les racines et les
choux, qui sont sarclés bien soigneusement; les froments,
avoines d'hiver et colzas que j'ai vus sont fort beaux.

Ces messieurs cultivent des topinambours avec succès pour leur bétail.

Nous avons rencontré M. de Sainteville, gendre de M. le comte de Menou. Il cultive une ferme considérable ; il a défriché une vaste étendue de bruyères et pâtureaux ; il a marné ses bruyères, après quatre années de fumures au noir, avec une marne qui est plutôt un tuf calcaire et sablonneux, qu'il fait venir de six kilomètres, et ses voisins disent que cet amendement a de mauvais résultats. C'est encore une preuve, combien peu sont connus les effets du chaulage, dans cette partie de la France.

Le passage de la diligence qui devait m'emmener à Argy m'a empêché d'aller visiter la culture de M. de Sainteville, qui est cultivateur très-zélé, car il vient tous les jours dans sa ferme, qui est à huit kilomètres de son habitation. M. Fournier m'a parlé d'un habitant de Paris, M. Lebigre, qui cultive une propriété à peu de distance ; il a beaucoup de bêtes à cornes et cochons de races Anglaises. Les terres de M. Lebigre bordant la route, laissent voir de fort beaux champs de céréales.

M. Fournier m'a dit qu'on trouvait de la bonne pierre à chaux grasse aussi bien à Écueillé qu'à Pellevoisin. Ainsi, à très-petite distance, d'environ huit ou dix mille hectares de bruyères, qu'on commence à défricher activement depuis quelques années, les communes auxquelles elles appartiennent ont compris, qu'il était préférable de les vendre 200 à 300 fr. l'hectare, au lieu de les conserver, sans en tirer un bon parti.

On aperçoit effectivement dans différentes directions de cet immense plaine, des toitures en tuiles rouges, qui annoncent de nouvelles constructions.

Les récoltes que j'ai vues depuis Saint-Aignan et Buzançais, m'ont paru belles en général, et l'on est obligé de convenir que la culture est en train de se perfectionner

partout, grâce aux bons exemples donnés par de nombreux acquéreurs venus d'autres parties de la France, où
la culture est plus avancée.

M. Fournier m'a dit que son père avait payé 25 000 fr.
ses quatre-vingt-quinze hectares avec les bâtiments de
ferme et un cheptel d'une couple de mille francs ; mais il
arrive malheureusement souvent que les personnes qui
achètent dans les pays à culture très-arriérée, trouvent
les terres à si bon marché comparativement à celles de
leur pays, qu'elles se laissent entraîner à en acheter trop,
en proportion du capital qui leur reste pour améliorer.
On ne devrait jamais avoir moins de 500 fr. par hectare
pour la ferme qu'on cultivera, et 1000 fr. seraient bien
plus convenables que 500 fr. par hectare, pour entreprendre les améliorations agricoles qui sont indispen-
sables dans un pays pareil ; il faut construire, drainer,
marner ou chauler, acheter beaucoup d'engrais, monter
un cheptel en bonnes bêtes femelles du pays et en bons
reproducteurs mâles, pour améliorer les produits de ces
femelles ; il faut un bon matériel agricole, bien choisi, et
suffisant pour le nombre d'hectares dont on entreprend
l'amélioration.

J'ai trouvé au château d'Argy M. Bernier, ancien ingénieur des mines en Belgique, et fils d'un très-bon cultivateur du pays Wallon ; il a aidé pendant longtemps (huit
années) M. son père dans la direction de sa grande culture.
M. Bernier, dont j'avais fait la connaissance au Concours
de Châteauroux, est devenu administrateur de la belle et
bonne terre d'Argy, que de riches industriels des environs
de Charleroi, ont achetée il y a dix-huit mois.

Elle se compose maintenant de onze cents hectares, dont
50 en prés irrigables, payés les uns dans les autres 700 fr.
l'hectare ; cela m'a paru fort bon marché, vu la très-
bonne qualité des terres, sans parler d'une remarquable

et vaste habitation, située dans une belle plaine, à deux lieues d'une ville, celle de Buzançais; cette terre est traversée par une excellente route.

Les acquéreurs sont MM. Drion père et fils, et M. Houtard, beau-père de M. Drion le fils. M. Bernier cultive maintenant quatre grandes fermes, dont trois sont dirigées par des maîtres-valets belges, et une par un ancien fermier du pays; celui-ci a fourni le mobilier et le linge pour le ménage de la ferme, dont il était auparavant fermier; on lui donne pour lui et sa femme 600 fr. par an, quelques vaches à lait, un hectare et demi de chènevière, un jardin et un champ de pommes de terre; des cochons et du grain pour nourrir les domestiques de la ferme; le maître-valet paie de sa poche les épiceries consommées dans le ménage. Les trois maîtres-valets belges ont 800 fr. et sont nourris. Les diverses récoltes de ces quatre fermes m'ont paru bonnes, pour une culture sortie si récemment des mains de mauvais cultivateurs.

M. Bernier compte donner à ses brebis des béliers Southdown; il n'a pas encore décidé ce qu'il ferait pour l'amélioration des bêtes à corne. Il s'occupe de l'irrigation des prés et il va drainer les pièces à sous-sol imperméable; les trois-quarts de la propriété sont en terres calcaires et saines.

M. Bernier a un teneur de livres, et la femme d'un de ses employés, qui est de la Brie, est chargée de la laiterie.

M. Bernier vient de creuser deux fours à chaux, dans une marnière ayant environ trois mètres d'excavation en profondeur; ces fours dormants, comme on les désigne en Belgique, peuvent être faits pour cuire cent cinquante à trois cents hectolitres de chaux; il faut une semaine entière pour enfourner, cuire et défourner, chacun de ces fours alternativement.

M. Bernier aura bientôt dans chacune de ses fermes,

deux fours à chaux, creusés dans un tertre, ou même à défaut en terrain plat, qui produiront chacun de quinze à trente mètres cubes de chaux par quinzaine ; les deux fours à chaux dormants qu'il a jusqu'à cette heure, lui ont coûté 8 fr. l'un, à faire établir.

Il a fabriqué dans l'espace de trois mois, avec ces deux fours, deux cent soixante-quinze mètres de chaux, dont voici le prix de revient pour une fournée :

Pierre, vingt-huit mètres et un tiers, à 1 fr. 94 c. le mètre (extraction et approche) . . . . 54 f. 32 c.

Anthracite, cinquante-six hectolitres, à 2 fr. 95 c. (valeur et conduite) 165 20

Enfournement, deux hommes pendant huit jours, à 1 fr. 50 c. . . . . 24 »

Défournement, trois hommes pendant un jour, à 1 fr. 50 c. 4 50

Frais généraux divers (matériel, etc.) . . 5 »

Total des dépenses de fabrication de chaux. 253 02

Produit, vingt-huit mètres cinquante de chaux, à 8 fr. 88 c. le mètre, font. . . . . 253 f. 02 c.

Mais il faut observer que l'anthracite acheté à Châteauroux de seconde main, coûtera moins cher par la suite ; ce combustible vient de Commentry, par Montluçon ; il parcourt trente-deux lieues de voie d'eau par le canal du Cher jusqu'à Vierzon, seize lieues par chemin de fer jusqu'à Châteauroux, et sept lieues par voiture jusqu'à Argy ; il y a par conséquent quatre transbordements à à partir de la mine.

M. Bernier met huit mètres cubes de chaux par hectare de terre calcaire, et même dose dans les terres froides, ayant besoin d'être drainées ; il a le projet de doubler la dose plus tard dans ce dernier genre de terre ; il a d'excellente marne, mais il préfère chauler, car il faut trop de temps pour transporter cette marne. Lorsqu'il aura fini de chauler partout, il marnera lorsque ses chevaux en auront le temps.

M. Bernier, qui me fait l'effet d'être un homme fort capable, est chargé de mettre toute cette terre sur un bon pied de culture; il cultivera toutes les fermes de la propriété à mesure que les baux expireront, et l'argent ne lui manquera pas pour tout bien faire.

M. Drion le fils a acheté de M. Schlosser, fabricant à Paris, pour 1500 fr., une machine à faire des tuyaux et un malaxeur, que l'on attend.

Je suis allé, le 13 mai, au château de Lancôsme, propriété de près de six mille hectares, achetée, il y a sept ou huit ans, par une très-riche famille belge de Tournay. Le chef étant mort depuis, M. Crombez le fils en a la direction pour sa mère, ses sœurs et lui.

M. Crombez étant absent, M. Méroux, l'intendant de cette vaste propriété, eut la complaisance de me faire voir les deux fermes que M. Crombez fait valoir, et qui sont celles touchant chacun des deux châteaux de la propriété Lancôsme et Château-Robert. Nous avons aperçu, dans notre excursion à travers les bois et dans les terres, un certain nombre des trente-six fermes qui en font partie, et qui ont été remises en fort bon état de réparation.

M. Crombez a déjà fait faire vingt-six kilomètres d'excellentes routes macadamisées. Cette immense amélioration se continue.

Le Château-Robert, qui n'est pas habité, paraît avoir été remis en état ; celui de Lancôsme est complétement remis à neuf.

Il y avait une forge sur la propriété ; on l'a refaite et l'on en a construit une seconde. M. Crombez vend des emplacements pour construire des maisons, pour faire des jardins, des vignes et chènevières, à raison de 700 fr.

l'hectare, ce qui a déjà augmenté le bourg de Vandœuvre de plus de vingt maisons fort jolies.

M. Méroux fait piocher toutes les clairières existantes dans les immenses taillis de la propriété, à mesure qu'on les coupe ; il y fait planter des glands, des châtaignes, et l'on y sème des bouleaux. Il y ajoute de la semence de pins sylvestres et de pins des Landes. Il a déjà converti en bois plus de huit cents hectares des plus mauvaises terres et bruyères, ôtées aux fermes.

On assainit, partout où c'est utile, les bois nouveaux ou anciens, par des fossés et rigoles. L'étendue des fermes a été de beaucoup diminuée ; elles sont maintenant de soixante à quatre-vingt-dix hectares ; c'est encore le double de ce qu'il faudrait pour les familles de cultivateurs des diverses parties du centre de la France ; ces gens n'apportent presque jamais, dans les fermes qu'ils louent, que leur chétif mobilier meublant et leurs bras ; vingt-cinq à trente hectares seraient tout ce qu'il leur faudrait, comme cela a lieu dans l'ouest et le sud-ouest de notre pays. J'ai remarqué, dans mes nombreux voyages, que la culture est toujours meilleure, ou du moins moins mauvaise, là où les fermes ne dépassent pas cette étendue.

M. Méroux fait défricher, par les fermiers, les bruyères qui se trouvent encore dans leurs fermes, et leur avance, pour cela, le noir animal nécessaire.

Cette immense terre contiendra, dans un certain nombre d'années, trois mille cinq cents hectares de bois et deux mille trois cents de prés, vignes et terres labourables.

Les bruyères, qu'on convertit en bois, sont d'abord cultivées pendant trois années, puis ensemencées en céréales avec du noir.

Les meilleures fermes sont louées au plus 700 fr. et donnent ensuite la moitié du bénéfice du cheptel, qui

s'élève, en capital, à une somme ronde de 250 000 fr.
pour les trente-six fermes. Si l'on défalque les cheptels
des deux fermes de la réserve, qui doivent s'élever à plus
de 50 000 fr., les trente-quatre fermes auraient, en
moyenne, un cheptel de près de 6 000 fr. ; là-dessus, dé-
falquez le cheptel mort, charrettes, charrues, herses, semences, etc., etc., il en resteroit donc pour 5 000 fr. en
bétail, ce qui me paraît être un nombre de bêtes du
genre de celles qu'on trouve en Brenne beaucoup trop fort
pour que la culture arriérée de ces gens et la qualité
des terres du pays, puissent fournir de quoi les nourrir ;
mais enfin, 5 000 fr. à 10 p. %, terme auquel on évalue
dans le centre la moyenne du produit du cheptel, cela
formerait une somme de 500 fr. à ajouter aux 600 fr.,
prix moyen du loyer des fermes, ou 1 100 fr. par ferme
de soixante-dix hectares en moyenne ; cela ferait un loyer
de plus de trente-cinq francs par hectare, loyer beaucoup
trop élevé. Il faut que j'aie mal entendu, en portant à
250 000 fr. la valeur des cheptels, à moins que celui des
forges y soit compris et qu'il ne soit très-considérable.
M. Crombez a fait dessécher de très-grands étangs, et on
s'occupe de leur culture, de manière à les transformer
plus tard en prés.

M. Méroux compte cultiver les deux fermes de la réserve d'une manière intensive ; il a commencé par irriguer les grands prés situés autour du château de Lancôsme ; il a ensuite desséché et drainé un grand marais
en bon fonds qui l'avoisinait, et on y obtient de superbes
récoltes.

On se sert dans la ferme de la basse-cour de taureaux
Limousins, qui ont je pense du sang de la race Garon-
naise. M. Méroux, ayant été émerveillé de la beauté des
bêtes Charollaises exposées au Concours de Châteauroux,
projette de se procurer un taureau de cette belle race

pour le mettre dans l'autre ferme de la réserve ; mais ces deux croisements ne lui donneront pas de bonnes vaches laitières ; je l'ai fortement engagé à essayer, comparativement avec ces deux taureaux, un Durham bien écussonné ; je suis persuadé que les produits de ce dernier croisement seront bien supérieurs, autant pour les formes que pour la précocité et le produit en lait.

Le chef de culture de la réserve du château de Lancôsme, est un ancien élève de la ferme-école de Villechaise, près de Châteauroux ; celui qui est à la tête de celle de Château-Robert, est un ancien fermier de la Brenne.

M. Méroux m'a dit qu'il allait construire des fours à chaux pour pouvoir chauler ses terres, et qu'il va faire venir une machine à faire des tuyaux, avec un malaxeur, afin de pouvoir drainer.

Le comte de Montdragon, gendre du comte de Lancôsme, possède une partie de l'ancienne propriété de son beau-père, qui est rapprochée du bourg de Vandœuvre ; il a loué, m'a-t-il été dit, une ferme considérable à un fermier venu des environs de Namur, à raison de 30 fr. l'hectare.

Je me suis rendu de Lancôsme au château de Sainte-Thérèse, qui n'est guère qu'à six kilomètres de Vandœuvre, en suivant la route de Mézières-en-Brenne ; cette propriété, d'une étendue d'environ huit cents hectares, a été acquise il y a quelques années par M. Castillon, ancien capitaine d'artillerie au service de France, qui s'était fixé en Belgique ; il y était occupé de forges, et il passe encore ses hivers à Bruxelles, dans un hôtel qu'il y possède.

M. Castillon vient de construire une très-belle basse-cour, auprès d'assez grands bâtiments qu'il avait trouvés ; ils avaient été construits par un habitant de Paris, lequel fit de mauvaises affaires à la bourse. La terre de Sainte-Thérèse fut saisie par des créanciers, qui ne purent s'en défaire qu'au bout d'une dizaine d'années, en la vendant à M. Castillon.

M. Erasme, ancien officier polonais, pendant cinq ans élève et répétiteur à Grignon, y avait été placé, comme régisseur, par le propriétaire parisien. Les créanciers y avaient laissé M. Erasme; dans le commencement il touchait des appointements, mais on finit par ne plus rien lui donner, et il est resté pendant je ne sais combien d'années, vivant là comme un ermite, n'ayant qu'une vieille femme pour tout personnel, et obligé d'imaginer et de se créer de petites ressources pour ne pas mourir de faim dans ce désert. Le premier propriétaire avait fait défricher une grande étendue de bruyères, qui ne furent jamais emblavées faute d'engrais ; il ne connaissait pas le noir animal ni le guano. Il n'y eut alors qu'une partie des défrichements qui furent marnés, fumés, et par suite semés en graminées pour en faire des prés ou pâtures ; ils ne donnèrent de l'herbe que pendant peu d'années et redevinrent des bruyères comme le reste des défrichements, puisqu'on avait renoncé à toute culture.

M. Castillon n'entendant rien en culture conserva M. Erasme, qui fut ainsi récompensé de son extraordinaire patience.

On a depuis lors formé des prés considérables dans de grands étangs à fonds vaseux ; je n'ai pas eu le temps de les visiter, mais ils paraissaient être bons, vus à distance.

M. Castillon me fit faire, après dîner, une grande promenade dans une partie de ses terres et de ses bois; ces derniers sont réellement bons; il me fit voir un bel étang sans bordures de joncs, contenant environ cent hectares; il forme un joli lac, dont le fonds de roches et de sable ne permet pas la culture et qui ne peut produire que du poisson ; mais en revanche il n'est pas malsain. Ces messieurs m'ont dit qu'il y avait de beaux champs de froments de l'autre côté des grands prés, mais il était trop tard après dîner pour aller les voir.

Le lendemain matin , M. Castillon étant souffrant, je fis ma tournée avec le régisseur, qui me mena fort loin pour me faire voir un immense champ couvrant une hauteur, qu'on avait trouvée trop maigre pour la défricher dans le principe.

M. Erasme l'a labourée et l'a semée en seigle, dont moitié avec trois cents kilogrammes de guano et le reste avec cinq hectolitres de noir, le tout par hectare ; ce seigle était fort beau partout, et s'il y avait une partie plus belle, c'était celle fumée au guano.

L'habitation de M. Castillon , quoique grande et très-bien meublée et distribuée, n'a pas une belle apparence à l'extérieur ; mais la basse-cour qu'il a construite en grande partie, est on ne peut plus commode et même belle ; on y trouve tout ce qui peut être utile et désirable en pareil lieu et pour une vaste culture ; d'immenses greniers à grains et à fourrages, belles et considérables caves, laiterie et fromagerie, de grandes écuries, des étables fort bien établies, belle porcherie, poulailler considérable et complet, beaucoup de remises, citernes à purin, et une jolie pièce d'eau au milieu de la cour ; un grand nombre d'instruments perfectionnés, entr'autres une machine à battre locomobile à manége de Dray, un gros rouleau en fonte, partagé en trois morceaux, qu'on garnit à volonté d'assez longues pointes tranchantes fixées au moyen d'écrous ; il était arrivé récemment d'Angleterre, et je n'avais encore rien vu qui lui ressemblât ; un moulin Bouchon, dont l'inventeur est aussi un ancien capitaine d'artillerie, avec lequel M. Castillon est lié, des herses batailles, des semoirs, de bonnes herses ainsi que des charrues bien choisies. Cette ferme est très-bien montée en instruments.

La diligence du Blanc, où je me rendais, étant arrivée, je fus forcé de renoncer à visiter les prés et les beaux froments. J'ai traversé la ville de Mézières. Elle est entourée de grands étangs, qui sont transformés en prés ou en excellentes terres.

A quelque distance de cette petite ville, on se retrouve dans un pays sauvage et en partie désert, qui aurait besoin de tomber entre les mains de bons et riches propriétaires belges, pour être mis en valeur.

Je suis arrivé le 8 mai, vers midi, au château de la Choletière, chez le comte de Basterot, qui était absent ; son ami, M. d'Alméno, cultive et améliore cette propriété depuis 1839 ; elle est composée de cent onze hectares, dont 87 en terres labourables.

M. d'Alméno a tenu une comptabilité en partie simple, mais avec de grands et très-intéressants détails, depuis le moment où M. de Basterot a fait cette acquisition.

Il s'était mis cette année sur les rangs comme concurrent pour la prime d'honneur ; d'après ce que je viens de voir chez lui et ce que j'avais vu dans plusieurs visites précédentes, je pense qu'il avait bien des raisons d'espérer la remporter.

M. d'Alméno a 49 hectares, sur quatre-vingt-sept de la culture, en prairies artificielles, 14 hectares en froment, 7 en céréales de mars, 7 en récoltes sarclées, autant en jachère dans une pièce de terre très-argileuse, 2 en prés éloignés ; je reproche à son assolement de conserver sa prairie artificielle trop longtemps, ce qui remplit la terre de chiendent. Il sème un mélange des graines suivantes : luzerne, quatre kilogrammes ; sainfoin à deux coupes, cent cinquante litres, trèfle, deux kilogrammes, autant de trèfle blanc, enfin, quinze kilogrammes de ray-grass d'Italie ; cette composition est excellente, mais en restant cinq ans, la terre se trouve si garnie de chiendent, qu'on est forcé d'y faire une jachère complète au lieu d'en tirer une abondante récolte d'avoine.

Le cheptel de M. d'Alméno se compose habituellement de trois chevaux, vingt bœufs, dont douze sont engraissés chaque hiver, et d'un troupeau de deux cent cinquante bêtes à laine.

Il achetait, il y a quelques années, le sang de boucherie dans quatre villes pour en composer des engrais, et faisait tuer de vieux chevaux chez lui, mais les prix en sont devenus si élevés, que le guano les remplace maintenant, et avec grand avantage.

Les froments de M. d'Alméno sont généralement très-beaux ; mais s'il avait mis cent cinquante ou deux cents kilogrammes de guano sur les moins bons, sa récolte eût été parfaite ; les récoltes sarclées sont très-bien tenues, mais il en a une trop petite étendue, comme cela arrive au reste, à la plupart des cultivateurs français ; dans une bonne culture, le moins qu'il en faille, c'est la sixième partie de l'étendue des terres labourables, il faut en outre un sixième en colza, semé ou repiqué en lignes et bien sarclé, pour remplacer une jachère complète tous les trois ans ; mais le meilleur moyen d'avoir des terres très-propres, c'est de semer toutes les céréales en lignes espacées de vingt-huit à trente centimètres, et de leur donner une couple de façons à la houe à cheval, ce qui aura le double avantage, d'augmenter le produit en grain, et de maintenir la propreté des terres.

En Angleterre, tous les bons fermiers ont le quart ou au moins la cinquième partie de leurs terres en racines, et toutes leurs céréales bien sarclées ; c'est ainsi qu'ils obtiennent même dans des terres médiocres, de trente à quarante hectolitres de froment par hectare.

M. d'Alméno a fait faire chez lui un rouleau Croskill, contenant dix-huit disques, dont le diamètre est de soixante-cinq centimètres. Il pèse six cents kilogrammes et ne lui coûte que 270 fr. Il s'était procuré un disque qui a servi de moule pour faire couler les autres; le kilogramme lui a coûté 40 centimes. Il est à regretter que ses disques n'aient pas quatre-vingt-cinq centimètres de diamètre, car son rouleau eût été plus lourd et n'eût cependant pas exigé plus de force de traction.

M. d'Alméno a cultivé pendant bien des années, diverses espèces de froments et de maïs, dont je lui avais fourni en partie les échantillons; il a choisi, dans un grand nombre, les variétés suivantes : Fenton-Barn, Hunter, Essex blanc, froment d'Écosse, et Oxford-Prize-Whett, car elles rapportent beaucoup sans verser; elles ne sont pas si précoces que le Richelle, qui est aussi un des plus beaux froments; mais tandis que ces froments anglais, mélangés ensemble, lui ont donné trente-deux hectolitres, le Richelle n'en a produit que vingt-six par hectare.

M. d'Alméno a commencé, en 1846, à drainer. Il employait des pierres au lieu de tuyaux, qui ne se faisaient pas encore dans ce pays; il trace ses rigoles à dix mètres les unes des autres, et a déjà drainé vingt-un hectares; il continue cette amélioration autant que son capital le lui permet.

M. d'Alméno taille lui-même tous ses arbres fruitiers, d'après les méthodes de Dubreuil.

On ne paye dans ces environs, les journaliers qu'on emploie toute l'année, que 1 fr. 25 c., et les femmes 60 centimes; par exception, pendant les six semaines de la moisson, ils gagnent 2 fr. et sont nourris.

M. d'Alméno m'a engagé à aller le lendemain à la Trappe de Fontgombaut, à trois lieues du Blanc.

Le père Louis dont j'avais fait la connaissance en 1854,

est des environs de Nivelles, en Belgique ; il a bien voulu, encore cette fois, me montrer les grands travaux agricoles qu'il dirige si bien ; la culture du couvent s'est étendue sur quarante hectares au lieu de vingt qu'elle embrassait il y a trois ans.

Ces bons Pères y ont aussi ajouté le moulin qui est dans leur cour. Toutes ces annexes ne se sont pas faites à bon marché. Ils ont été obligés de payer les terres des bords de la Creuse plus de mille écus et 1 500 fr., celles des coteaux voisins, qui n'ont que peu de fonds de terre, sont pleines de pierres et souvent de rochers, qu'il faut faire sauter par la mine. Ce sont les bâtiments en partie ruinés, de l'abbaye de Fontgombault, et le remarquable chœur de son immense église dont il ne reste que les murailles, qui les ont décidés à se fixer là.

Ils ont déjà été forcés de dépenser beaucoup en réparations et constructions ; et les quarante hectares de terres leur ont coûté bien près de 100 000 fr. ; si au lieu de cela, ils eussent acheté deux cents hectares de bonne bruyères, comme il y en a encore de si grandes étendues dans l'intérieur de la France, ils les auraient payées au plus 200 fr. l'hectare ou 40 000 fr., ils auraient construit en pisé et couvert en papier goudronné, comme l'a fait le comte de Pierre, près la ville de Thiers, qui n'a dépensé que 40 000 fr. pour construire dix fermes en pisé avec couverture en tuiles ; ils auraient maintenant deux cents hectares de terres, lesquels pourraient les faire vivre ainsi que leurs cent quatre-vingts colons, qui sous peu seront augmentés de vingt.

Les inondations leur ont causé l'an dernier d'affreux ravages, en enlevant toute la bonne terre sur une étendue assez considérables ; d'autres parties ont été ensablées ; ils sont occupés maintenant à réparer ces dégâts ; ils construisent une digue pour s'opposer à de nouvelles irruptions de la Creuse. Ils rapportent à cet effet, dans certaines parties, jusqu'à quatre pieds de terre, ouvrage très-considérable fait par les plus forts de leurs colons, dont ils sont en général fort contents.

J'ai vu d'excellentes récoltes en froment, luzerne et trèfle, comme on n'en rencontre pas ailleurs, sur les quinze hectares qui ont été déjà défoncés à quatorze pouces de profondeur, immense amélioration qu'ils comptent bien faire sur toutes leurs terres, là du moins où le sous-sol ne s'y opposera pas.

En revenant sur mes pas, j'ai fait une visite à M. le comte de Poix, au château de Bénavant, à une lieue du Blanc; c'est une habitation qu'il a construite en se mariant, sur une ferme de son père; elle occupe une des plus jolies positions qu'on puisse désirer, elle est sur les bords de la Creuse et vis-à-vis des belles ruines d'un ancien château, posé sur une roche à pic, qui domine cette délicieuse vallée.

M. de Poix a fait l'acquisition de cette ruine et a acheté en même temps plusieurs fermes et des bois dont il est séparé par la rivière; il s'est décidé il y a trois ans, à ajouter à sa petite et excellente culture, celle, d'une des fermes qui touche la ruine.

Son étendue est d'environ cent hectares, le comte m'y a montré de beaux froments, dont une partie n'avaient reçu que deux cent cinquante kilogrammes de guano, sur un marnage de quatre-vingts ou cent mètres cubes par hectare; cette marne ne m'a pas paru merveilleuse; la quantité qu'il faut en employer et les mauvais chemins qui séparent la marnière de ses champs, m'ont porté à engager M. de Poix, à construire un four à chaux continu, dans sa carrière d'excellente pierre à chaux grasse, afin de pouvoir chauler ses terres à raison de dix mètres cubes l'hectare, ce qui sera bien plus vite fait et lui coûtera moins cher que son marnage; en outre le chaulage produira je crois de plus belles récoltes que l'espèce de marne qu'il emploie.

M. de Poix a mis à la tête de cette ferme, le fils d'un bon cultivateur du pays, fermier dans une propriété qu'il possède auprès du château de M. Lejeune. Ce jeune homme a de la peine à adopter les améliorations nouvelles pour lui, et de crainte de le contrarier, M. de Poix n'a acheté chez M. Lejeune, que deux agneaux croisés Southdown, au lieu de lui fournir de suite deux béliers de pure race; il a payé ces agneaux 50 fr. la pièce.

Ce chef de culture qui n'est pas marié, est nourri et a 600 francs, M. de Poix m'a ensuite ramené chez lui, pour me faire visiter sa culture, qui m'a paru une petite ferme modèle.

Au moyen de deux petites turbines qu'il a placées sous une chute d'eau fort peu élevée, et dérivée de la Creuse, il fait monter l'eau au rez-de-chaussée de son habitation et il arrose ses jardins; il irrigue aussi avec cette eau six hectares de prés, qu'il a été obligé de faire mettre en larges planches bombées, à cause du peu de pente qu'offrent les bords de la Creuse dans cet endroit. Ce travail que M. de Poix a vu faire sur une très-grande échelle dans la Campine, a été fort bien exécuté et il forme les meilleurs prés qu'on puisse désirer. Les deux coupes lui donnent au moins cinq mille kilogrammes par hectare.

M. de Poix a fait faire ses deux turbines chez deux fabricants différents, l'une d'elles ressemble à l'hélice d'un navire à vapeur et va mieux, l'autre, qui a le double d'ailes, n'est pas si bonne; elle fait mouvoir deux pompes qu'il préfère de beaucoup au système que lui a établi Letestu, et que la bonne turbine fait marcher; s'il avait une autre turbine à faire monter, il prendrait la première et lui donnerait deux pompes à faire mouvoir alternativement.

Le fonds très-fertile de la vallée est malheureusement d'une fort petite largeur près de son habitation; M. de Poix est donc obligé de cultiver des terres calcaires, ferrugineuses et peu profondes, qui sont sur le coteau dominant son habitation; on y rencontre à chaque instant des roches; presque toutes ces terres en côtes étaient en friche lorsque le comte s'est mis à cultiver; il y a fait enlever une immense quantité de pierres et de roches; il a fait défoncer toutes les parties qui en étaient susceptibles pour en faire des vignes ou de bonnes terres.

Le comte plante beaucoup de vignes en lignes séparées par quatre ou cinq mètres; il les cultive à la charrue et y sème des céréales; les ceps sont à deux mètres les uns des autres dans les lignes. M. de Poix cultive dans ces terres arrachées au désert, des céréales et même des récoltes sarclées, qui sont si bien fumées, et tenues si propres, qu'elles sont fort belles. J'y ai vu aussi des sainfoins et des luzernes bien réussis; les parties de ces friches qui étaient trop rocheuses ont été plantées en bois; il a augmenté ainsi son charmant parc, lequel contient des chalets, dont un est distribué en cinq boxes entourés d'enclos, où autant de belles juments de pur sang pâturent suivies de leurs poulains de plusieurs âges; ces charmants animaux, se laissent caresser et sont un véritable ornement pour le parc. On donne aux poulains, aussitôt qu'ils peuvent manger, un litre d'avoine, ration qu'on augmente chaque mois d'un litre, jusqu'à ce que le nombre en soit arrivé à douze.

M. de Poix est associé pour l'élevage de ces poulains de sang, avec un de ses amis habitant Paris qui fait courrir.

Je suis arrivé le 30 mai vers midi au château de Ruffec, à deux lieues de l'autre côté du Blanc, en remontant la Creuse; j'espérais y trouver M. René Bethmont, fils du célèbre avocat ; il était absent, mais on l'attendait le soir même. Je me rendis pour employer le temps à cinq kilomètres du château, dans celle de ses quatre grandes fermes qui est la moins éloignée de Ruffec, M. René Bethmont s'occupe depuis trois ans de l'amélioration de cette grande propriété, dans laquelle se trouvaient environ sept cents hectares de bruyères ; sa contenance est de onze cents hectares.

M. René, après avoir terminé complétement ses études, a fait son droit et plaidé pendant deux ans ; il a alors prié son père de lui confier l'administration de la terre de Ruffec qui contenait cent soixante hectares de bois et quatre-vingts de prés. Le château, qui se trouve dans la fertile vallée de la Creuse, n'a qu'une quarantaine d'hectares autour de lui. M. René a, depuis lors, défriché cent vingt-cinq hectares de ces bruyères situées en bon fonds. Il en a drainé quatre-vingt-dix, amélioration qui lui a coûté d'abord 251 fr., lorsqu'elle a été faite par un draineur de profession. Cet homme gagnait 20 fr. par hectare pour sa direction ; les ouvriers qui étaient novices dans cette besogne, ne travaillaient pas vite. M. René s'étant mis à la tête du drainage, dépensa d'abord 220 fr. et arriva plus tard à n'en dépenser que 195 ; la main-d'œuvre lui revenait à 125 fr. et les tuyaux qu'il fabrique dans sa tuilerie, coûtent par hectare, 65 fr., dont 5 fr. pour le port et la casse. Dans cette dépense ils sont comptés à 22 fr., prix auquel on les vend au public. Ils ont un diamètre de trois centimètres et une longueur de trente-trois centimètres ; il paye à ses terrassiers 12 c. et demi par mètre courant, pour la fouille, le réglement, la pose des tuyaux et le remplissage des rigoles ; à ce taux, ses faiseurs de rigoles gagnent de 2 fr. 25 à 2 fr. 50 c. par jour, en supposant qu'ils soient bons ouvriers et au courant de cette besogne. Il leur fournit tous les outils dont on leur retient le prix, et il exige qu'ils ne se servent pas de leurs autres outils.

M. Bethmont paye une indemnité aux terrassiers, qui arrachent plus d'un mètre de pierres sur une longueur de vingt-cinq mètres courant de rigoles.

Il avait drainé jusqu'à cette heure, les bruyères une fois défrichées, mais il a commencé il y a peu de temps, à drainer les bruyères avant de les labourer, comme cela se fait en Angleterre, et il en est fort content. Le drainage se fait ainsi, bien plus facilement, et les bruyères une fois drainées, sont labourées avec bien plus de facilité pendant la mauvaise saison.

Son four à chaux ne confectionne que trente hectolitres de chaux par vingt-quatre heures ; il est entouré d'une galerie couverte qui peut contenir à l'abri cinquante mètres de chaux. Ce petit four a cependant coûté 1 400 fr., prix considérable occasionné je pense, par cette galerie.

M. René se sert d'anthracite pour chauffer le four ; ce combustible lui coûte, pris à Montluçon, 1 fr. 60 l'hectolitre ; le port sur le canal du Cher jusqu'à Vierzon, pour un trajet de trente-deux lieues, lui revient à 30 centimes l'hectolitre ; le chemin de fer jusqu'à la station de Chabenay, distante de vingt-quatre lieues, lui prend 90 centimes ; enfin les trente kilomètres de Chabenay à Ruffec par voiture, lui reviennent à 50 centimes, total 1 fr. 70 c. de port. Le prix de l'hectolitre d'anthracite rendu au four est donc de 3 fr. 30 c., et il produit quatre hectolitres vingt-cinq litres de chaux ; celle-ci revient à 1 fr. 20 c. l'hectolitre, quoique le four soit construit dans la carrière de pierres à chaux et sur les bords de la route ; le prix moyen du port d'un hectolitre de chaux depuis le four jusqu'à ses fermes du plateau, est de 30 centimes.

M. René fait faire avec la terre sortant des fossés, des

composts, dont chaque mètre cube contient deux hecto-litres de chaux et huit hectolitres de terre. Cette opération coûte 10 centimes par hectolitre de chaux pour former le compost et 10 centimes pour transporter et répandre chaque hectolitre de chaux ; cela fait une dépense de 1 fr. 70 c. par hectolitre de chaux mise en terre, si elle a été mise en compost ; ou bien 1 fr. 55 c. si elle a été répandue directement.

M. René cultive deux de ses cinq fermes, mais il pense les cultiver toutes. Il a cette année vingt-six hectares en seigle, soixante-cinq en avoine d'hiver, cinquante-quatre dans un étang desséché, auquel il donne une jachère complète pour le semer en grande partie en froment. Il a donné à tous ses défrichements quatre hectolitres de noir animal par hectare.

Ses récoltes sarclées s'étendent sur quinze hectares, dont 3 sont en betteraves, autant en carottes, 3 en pommes de terre, autant en haricots et choux, enfin 3 en colza ; tous sont fort propres.

Son cheptel se compose de six chevaux, quarante bœufs, quatre vaches, cinq truies, avec une demi-douzaine de cochons à l'engrais. Les chevaux font les transports de chaux, fumiers et récoltes ; ils transportent, étant attelés par paires, trente hectolitres de chaux, malgré une longue et forte montée.

L'étang a été drainé à huit mètres de largeur, et à une profondeur de un mètre vingt centimètres, chaque hec-tare a reçu six mètres de chaux mélangée à trente mètres de terre, et avec cela soixante mètres de fumier ; ses ré-coltes sarclées ont été fumées et chaulées de même.

M. Bethmont m'a conduit le 1er juin, chez son voisin le comte de Bondy, qui est aussi très-occupé à améliorer et embellir sa belle terre de la Barre, à laquelle il a ajouté celle de Cors et celle de Romfort, qui le touchaient à sa droite et à sa gauche; il est ainsi propriétaire de la rive gauche de la Creuse pendant environ six kilomètres.

Cette grande propriété contient quatorze métairies dont 4 sont cultivées par un ancien élève de Grignon, M. Favret; la mère du régisseur dirige le ménage de la réserve.

M. Favret a 1200 fr. de fixe, 5 p. % du produit net de ces terres à l'époque où elles sont entrées dans sa régie, et 10 p. % de l'augmentation de produit net, depuis qu'il est régisseur.

M. de Bondy a envoyé à ses frais quinze de ses métayers ou maître-valets, au Concours régional qui vient d'avoir lieu à Châteauroux, afin qu'ils puissent s'y instruire, et se familiariser avec les nouvelles améliorations agricoles.

Il vient de faire construire une tuilerie, qui fabrique aussi des tuyaux de drainage; elle a coûté 12000 fr.; le malaxeur revient à 1600 fr.; un cheval, attelé à un manége, le met en mouvement; il a aussi commandé au même fabricant, M. Pinet d'Abilly, une machine à battre, locomobile, armée d'un tarare. Elle servira à battre les céréales des métairies; son prix est de 1200 fr.

M. Favret est déjà allé plusieurs fois en Angleterre, dont il a appris la langue, pour perfectionner son instruction agricole; il en a ramené des béliers Southdown; avec lesquels il croise les brebis de la réserve; quelques-uns de ses métayers lui ont déjà demandé des béliers provenant de ce croisement.

Il fait marner les terres des métairies à raison de cent trente-trois mètres cubes par hectare; ce sont des muletiers qui font ces marnages à l'entreprise; ils mettent deux mille charges de petits mulets par hectare; ce marnage revient à 140 fr. l'hectare. Si l'on érigeait sur cette terre un grand four à chaux continu, le chaulage, à raison de cent hectolitres par hectare, coûterait bien moins cher et serait plus effectif; car la marne de cette partie de la France, est très-pierreuse, et j'en ai vu employer à quelques lieues de là, jusqu'à trois cents mètres par hectare.

M. de Bondy s'est fait l'entrepreneur d'une route qui doit relier les villes d'Argenton et de Bélabre, route qui rendra les plus grands services à la rive gauche de la Creuse complétement privée, dans cette partie, de voies praticables.

M. de Bondy avancera pour l'établissement de cette route, un capital de 40 ou 50000 fr. pendant dix ans, sans intérêts; il fournit le terrain pour rien, et fait don de 12000 fr. sur ce qu'il avance.

M. de Bondy fait ensuite de bons chemins vicinaux, qui réuniront ses quatorze fermes à cette route. Il a déjà fait exécuter divers drainages, et il va les continuer avec activité.

M. de Bondy est en instance pour obtenir la permission, d'élever l'eau, près de son moulin de Cors, à une hauteur de dix mètres, afin d'irriguer une grande étendue de prés. Cette grande amélioration se ferait au moyen d'une turbine.

Nous avons visité le village d'Ouche, commune dont dépend la terre de la Barre; Mme de Bondy y a établi pour les jeunes filles, une école dirigée par deux sœurs qui prennent aussi quelques pensionnaires; les parents fournissent le pain et l'habillement et paient 5 fr. par mois; ces bonnes sœurs soignent aussi les malades; elles ont habituellement une cinquantaine d'élèves.

M. Favret allant aussi à Châteauroux, nous avons visité à la station de Chabenet, en attendant le passage du train, quelques-uns des nombreux fours à chaux, qui ont été construits depuis la création du chemin de fer qui va à

Limoges; ils fournissent de la chaux au Limousin et au département de la Creuse, qui, sur une immense étendue, manquent de pierres calcaires et de marne; ces fours à chaux ne peuvent fournir à toutes les commandes; on en crée plusieurs nouveaux. Un des chaufourniers nous a dit, qu'il était payé à raison de 40 centimes pour chaque hectolitre de chaux que fournissent ses trois fours à feu continu, placés dans une carrière d'une pierre calcaire pas très-dure et de facile extraction; pour cette somme, il extrait la pierre, la casse et la fait cuire; ses fours appartiennent à un habitant de Limoges. La chaux se vend 95 centimes l'hectolitre.

Arrivé de bonne heure à Châteauroux, j'ai pris la diligence de la Châtre pour visiter M. Mauduit, qui a acheté il y a trois ans, une ferme dont il a chaulé dans ce court espace de temps cent treize hectares, à raison de cent vingt hectolitres chaque. Il a construit, à cet effet, un four qui fait quatre-vingts hectolitres de chaux par vingt-quatre heures, il a coûté 400 fr.; la pierre à chaux est à une couple de lieues du four, et celui-ci est à onze lieues de Châteauroux, où le chemin de fer lui rend son anthracite, qui vient de Montluçon. La chaux lui revient à 1 fr. l'hectolitre.

M. Mauduit a trouvé dans la propriété qu'il améliore, et qui a deux cent treize hectares d'étendue, quatre-vingt-dix hectares de taillis de chênes, une trentaine d'hectares de terres légères que le métayer cultivait, une dizaine d'hectares en pâtureaux, trois en prés et quatre-vingts en bruyères; il a labouré trois fois, hersé et roulé bien des fois ces bruyères, chaulées à cent vingt hectolitres; enfin il les a fumées à raison de seize voitures à quatre bœufs. Il a acheté en grande partie le fumier à la Châtre, dont sa ferme est à deux lieues, et il vaut, dans ce pays, 10 fr. la voiture. Il a donc dépensé 160 fr. par hectare, sans compter les frais de transport. M. Mauduit a eu à extraire et à sortir de ses bruyères, une énorme quantité de roches et grosses pierres schisteuses, d'une grande dureté.

Il a formé des planches de cinq tours de charrue, par son troisième labour, ce qui a mis la terre à l'abri de l'eau stagnante à la surface. Les récoltes de froment, avoine d'hiver et colza sont très-belles, sinon un peu trop épaisses ; un inconvénient, c'est que l'entre-deux des planches, sur une largeur de cinquante centimètres, ne contient rien ; cela eût été évité si, après avoir semé le grain on eût répandu sur ces emplacements vides un engrais pulvérulent, comme cendres, suie, poudrette ou guano, avant d'enterrer le tout à la herse.

Les récoltes, sur ces défrichements, viennent d'être assurées, après estimation, pour la somme de 32 000 francs. Malgré les beaux résultats de cette récolte, je ne puis m'empêcher de penser, que M. Mauduit eût mieux fait, de remettre le chaulage à quatre ou cinq ans plus tard, d'employer d'abord du noir, au lieu de fumier pendant le même espace de temps, de ne donner pour la première et même la seconde récolte, que le labour de défrichement, accompagné de vigoureux hersages, et non trois labours dans la première année, outre l'énorme quantité de hersages et roulages exigés pour réduire ces gazons de bruyères, il eût mieux fait surtout, de commencer par drainer ces terrains humides avant de labourer les bruyères : tout cela eût pu être fait avec infiniment moins de dépense, et les quatre premières récoltes faites avec le noir et après drainage, eussent produit une plus forte valeur que celles des quatre années qui viendront suivre le chaulage et la fumure.

Le bénéfice des quatre récoltes venues avec du noir, eût fourni l'argent nécessaire pour payer le chaulage, les pailles et fourrages produits pendant ces quatre années, eussent fourni le fumier nécessaire pour l'époque où le noir aurait cessé d'être ntile. M. Mauduit conduit toutes les améliorations de front. Il a semé une douzaine d'hectares en prés; il espère en irriguer une partie; je pense qu'il eût bien fait de donner quatre à cinq cents kilogrammes de guano par hectare, à ses nouveaux prés; il a planté des vignes en lignes, et il les cultive à la charrue; il a un champ de topinambours, une assez grande étendue de fort beaux colzas, venus sur défrichement, au noir animal, il a semé du moha pour fourrage; des pavots pour faire de l'huile; il a un champ de betteraves; et va semer des navets d'étcule; il a des pommes de terre.

M. Mauduit a construit une maison d'habitation qu'il terminera petit à petit.

Il a acheté un taureau Durham, un bélier Southdown et des cochons Anglais. Il a pour régisseur un jeune homme du pays qu'il dresse à la bonne culture; il ne le nourrit pas, mais il lui donne 800 francs, lui nourrit une vache et lui fournit un jardin.

Son maître-valet qui demeure à la ferme a 600 francs pour lui et sa femme qui fait le ménage; il est nourri avec les domestiques.

M. Mauduit est un homme très-capable et actif, qui rendra de grands services à ce pays fort arriéré, en y donnant des exemples de bonne culture.

Il m'a dit qu'on pouvait acheter dans ces pays, où il existe encore beaucoup de bruyères, des propriétés à raison de 3 ou 400 fr. l'hectare; mais il faut pour y réussir si l'on veut cultiver apporter un capital plus fort que celui d'acquisition. Les terres argilo-calcaires qui se trouvent autour de la ville de la Châtre, se vendent, suivant leur qualité, et le plus ou moins de proximité de la ville, depuis 1 000 jusqu'à 10 000 fr. l'hectare.

M. Mauduit a eu la bonté de me conduire chez plusieurs propriétaires des environs.

Nous avons visité d'abord M. Pomeroux secrétaire du Comice agricole de la Châtre ; il s'est fait construire une charmante habitation sur les bords de l'Indre, et l'a entourée d'un jardin anglais. Il nous a fait voir de fort beaux champs de froment, qui ont reçu du guano comme fumure.

Nous sommes allés de là, chez M. de Montlevic, beau vieillard âgé de quatre-vingts ans, qui s'occupe encore beaucoup d'un grand parc à l'anglaise, qu'il a commencé à planter il y a cinquante-cinq ans. M. son fils, ancien officier de la garde royale, qui a perdu un bras dans les affaires de juin, cultive environ deux cents hectares de bonnes terres argilo-calcaires, difficiles de culture à cause des pierres ; il nous a fait voir, de beaux sainfoins ; mais ses froments ne sont pas beaux, comme d'ailleurs cela a lieu cette année dans toutes les bonnes terres calcaires des environs de la Châtre ; plus loin, il nous a montré un fort beau champ de froment dans une terre non calcaire.

M. de Montlevic a fait construire une fort belle bergerie.

Nous avons visité ensuite M. de Mausabré, qui possède un château fort ancien, entouré d'une plaine de sable granitique, paraissant très-peu fertile, et de vastes prés marécageux, qu'il draine ainsi que des étangs ; il a opéré cette grande amélioration sur plus de trente hectares, et s'en occupe avec beaucoup de suite et d'entendement ; j'ai engagé M. de Mausabré à cultiver les lupins jaunes, qui, sur ses cinq cents hectares de terres granitiques, pourront lui rendre d'immenses services ; il aura ainsi le moyen de nourrir de grands troupeaux de bêtes à laine, lesquelles fourniront du fumier pour fertiliser ses pauvres terres ; et ses troupeaux en consommant celte légumineuse très-amère, n'auront pas à craindre la cachexie.

Celte plante est, maintenant, cultivée sur la plus grande échelle dans les sables du nord de l'Allemagne ; elle a permis de doubler et tripler les troupeaux ; elle donne, en la semant après un seigle bien légèrement fumé, de quatre à cinq mille kilogrammes de fourrage sec, qui contient de quinze à trente hectolitres de graines grosses comme des pois ; ces graines contiennent autant d'azote que de féveroles, et peuvent servir à engraisser le bétail ; à cet effet on les laisse tremper pendant vingt-quatre heures, afin de leur ôter une partie de leur amertume. Le fourrage, vert ou sec convient aux moutons, et aux bêtes à cornes.

M. de Mausabré devrait faire venir ensuite une couple d'hectolitres de graines de lupins blancs, de chez M. Bergeraud, négociant en grains à Marsigny (Saône-et-Loire) ; il se ferait d'abord de la graine afin de pouvoir l'année suivante en semer sur une grande étendue sans aucune fumure ; même dans ces conditions, les lupins blancs atteindraient à une hauteur de plus d'un mètre ; alors enterrés à la charrue, ils remplaceraient avec avantage par hectare, une fumure de douze ou quatorze voitures de fumier, attelées de quatre bœufs. Un hecto-litre de lupins blancs coûtait 16 à 17 francs pendant les années où les grains étaient fort chers.

Quant aux lupins à fleurs jaunes, on pourrait s'en procurer de la semence, chez M. de Béhagne à Dampierre près de Gien, dans les fermes de l'Empereur au château de la Motte et à celui de la Grillière en Sologne.

Je me suis rendu de la Châtre chez M. Valette secrétaire général de la Chambre des représentants à Paris ; il a acheté il y a quatorze ans, une propriété composée de

trois métairies, contenant trois cents hectares dont
40 en bois. Les métayers ne cultivaient qu'une très-
petite étendue de ces terres légères et humides ; ils
laissaient tout le reste en bruyères ou pâtures vagues ;
M. Valette se fit construire de suite après avoir acheté,
une jolie petite maison de campagne n'ayant que trois
croisées de face mais double en profondeur ; elle lui a
coûté 15000 fr. ; il m'a dit qu'elle coûterait maintenant
20000 fr. Il l'avait placée dans un pâtureau boisé qu'il
a transformé en un joli petit parc à l'anglaise.

Ne pouvant passer que fort peu de temps de suite
dans sa nouvelle propriété, M. Valette avait dans le
commencement, loué le tout à un fermier général, qui
n'en donnait que 2000 fr. et n'y a pas fait la moindre
amélioration : il a donc renvoyé le fermier général à la
fin de son bail, il y a de cela trois ans ; il s'est arrangé
avec les fermiers de la manière suivante : il a le droit
de les renvoyer à la fin de chaque année, en les prévenant
six mois d'avance ; ils ont consenti à suivre tous ses
ordres, comme s'ils étaient ses domestiques ; mais M. Valette est loin d'abuser de cette disposition de leurs
arrangements ; il ne les amène que petit à petit, aux
améliorations les plus essentielles ; il leur fait faire chaque
année des défrichements, pour lesquels il avance le noir
animal ; les métayers remboursent sur les premières récoltes, le prix de leur moitié ; il leur fait chauler chaque
année une certaine étendue de terre, en payant la chaux
dont ils rembourseront aussi petit à petit, la moitié du
prix ; il leur fournit aux mêmes conditions les graines
de trèfle, vesces, etc. : M. Valette a choisi un homme
intelligent dont il a fait son garde ; cet homme de
confiance lui rend compte de tout ce qui se passe pendant
ses longues absences, et fait exécuter aux métayers les
ordres qu'il a reçus. Ces changements ont si bien réussi,

que le produit net de la propriété est maintenant de 5000 fr. au lieu de 2000, quoique M. Valette n'ait encore déboursé que 3000 fr. pour ses avances, fossés d'écoulement, de clôtures et autres améliorations faites jusqu'à cette heure.

Combien de propriétaires, fixés dans les pays dont la culture est très-arriérée, pourraient profiter des bons exemples que leur donne M. Valette, et cela, bien plus facilement que lui, qui ne peut faire que de courtes apparitions dans sa terre.

Je suis passé dans la commune d'Ambrault où se trouvent des fours à chaux, qui vendent le double hectolitre de chaux sortant du four 1 fr. 90 c. ; cette localité se trouve cependant à sept lieues de la station du chemin de fer d'Issoudun, qui est elle-même à neuf ou dix lieues de Vierzon ; on voit par là qu'il est possible de se procurer de la chaux à des prix abordables pour chauler les terres, et transformer des terres à seigle, ne pouvant produire du trèfle, en terres à froment et à trèfle.

Je suis allé d'Issoudun chez M. Juqueau dont le fils vient de remporter la prime d'honneur à Châteauroux. La belle ferme de la Bretonnerie, propriété de M. Juqueau le père, qui l'a cultivée pendant longtemps avant de la louer à son fils, se trouve dans une plaine calcaire et pierreuse ; elle a été singulièrement améliorée par de profonds labours, partout où c'était possible.

M. Juqueau tenait le meilleur hôtel de la ville d'Issoudun, en même temps que la poste ; il avait une très-grande quantité de fumier à sa disposition ; et il a voulu l'employer à l'amélioration de deux fermes qui se touchaient et qu'il a acquises l'une après l'autre ; il a transformé les bâtiments de la ferme la moins considérable, en trois locatures où il a logé une partie de ses journaliers ; il leur a donné une vache par ménage, et leur fournit la nourriture nécessaire. Sa propriété s'étend sur cent vingt hectares de terres sans prés, ni bois. M. Juqueau le lauréat était absent ; M. son père a bien voulu me faire voir la ferme et une partie des champs ; il y avait 50 hectares en froment fort beau ; on était occupé au sarclage d'un grand champ de betteraves, destinées à l'approvisionnement d'un beau troupeau de sept cents têtes ; ce troupeau est le résultat du croisement de béliers Dishley mérinos d'Alfort, avec des brebis Berrichones. Il a remplacé les premiers béliers par les élèves qui en provenaient ; j'ai cru devoir lui conseiller d'avoir recours, de nouveau, aux béliers d'Alfort.

M. Juqueau a construit assez récemment, une très-belle bergerie pour ses trois cents brebis et leurs agneaux. Il a planté une grande étendue de vignes qui m'ont paru fort bien tenues.

Il a entouré environ moitié de sa propriété d'une haie d'aubépine.

Il a un grand jardin potager et beaucoup d'arbres fruitiers.

Les instruments de la ferme sont une bonne charrue à avant-train, en usage dans tous ces pays dont les terres sont calcaires et pierreuses, une herse-bataille et une machine à battre façon Duvoir, faite à Issoudun ; elle m'a paru moins solide que son modèle.

Je suis allé d'Issoudun au château de la Ferté-Reuilly, pour visiter deux de mes anciens maîtres valets, du temps où je cultivais, le premier du nom de Michel Wanderscheidt est luxembourgeois ; il est métayer à la ferme de la Basse-cour ; il fournit tous les travaux et semences, et il donne au propriétaire le tiers de toutes ses récoltes, céréales ou colzas.

Il a 18 hectares de très-beau froment, 16 hectares de méteil, orge d'hiver et avoine d'arrière-saison, 3 en betteraves et pommes de terre, 6 en superbe colza, autant en très-beau trèfle, 5 en lupuline servant de parcours à son troupeau, enfin un petit champ de lin.

Toutes ces récoltes sont fort belles, à l'exception de quelques parties de champs qui ont le plus grand besoin d'être drainées.

Wanderscheidt m'a dit qu'il consentirait à payer 5 p. % de la dépense à faire pour drainer chez lui ; ses prés donnent abondamment, mais d'assez mauvais foin.

Ses attelages se composent pendant l'année entière de quatre bonnes juments de travail.

Il a acheté il y a peu de temps, quatre bœufs qui labourent deux à deux ; la paire qui a travaillé le matin, se repose l'après-midi, et se trouve remplacée par celle qui n'a rien fait dans la matinée. C'est le moyen d'avoir ces bêtes en bon état, lorsqu'on voudra les mettre à l'engrais une fois les emblaves d'automne terminées.

Wanderscheidt a dix belles vaches du pays, six élèves et des veaux ; il engraisse cent moutons. Sa ferme se compose de soixante-dix hectares. Son beau-frère et voisin Jean Demulder, est flamand-belge ; il cultive aussi très-bien, et a toujours un beau champ de lin. Son étable ne contient que des vaches Hollandaises, qu'il est allé acheter il y a quatre ans au marché de Malines ; elles étaient âgées d'un an, ainsi que le taureau. Il a fallu dix jeunes bêtes pour remplir le wagon. Il est fort content de cette acquisition : Demulder est fermier, et paie 2600 fr. pour soixante-huit hectares, plus du double de ce que payait le fermier précédent, qui était berrichon, et qui n'y a pas fait ses affaires.

Ces deux braves gens ont mis chacun un fils en pension à Issoudun, ce qui leur coûte 400 fr. sans compter l'habillement.

Ce sont des gens de cette valeur que les propriétaires

du centre de la France et de l'intérieur de la Bretagne, devraient tâcher de se procurer ; cela ne leur serait pas très-difficile, s'ils allaient en Belgique ; ce pays est si peuplé, que beaucoup de ses habitants sont disposés à acheter ou à louer en France. Si on ne trouvait pas facilement des fermiers possesseurs de capitaux suffisants, pour louer des fermes d'une étendue un peu considérable, on pourrait les aider, en leur donnant un cheptel convenable et en leur faisant des avances dès que le petit capital que le fermier belge aurait apporté, serait usé en améliorations agricoles.

La meilleure manière de s'arranger avec eux, serait de les mettre à moitié, en convenant qu'on entrerait pour partie dans la dépense faite pour la culture des récoltes sarclées, les marnages ou chaulages, et les achats d'engrais ; les métayers rembourseraient avec le temps, leur moitié.

Quant au drainage, il faudrait que le propriétaire le fît à son compte et demandât 5 p. % de la dépense au fermier qui aurait loué la ferme à prix fixe. Il ferait aussi mieux pour les marnages ou chaulages, de suivre l'excellent exemple que le comte de Gomigny donne aux propriétaires aisés : ce serait de marner ou chauler ses terres à ses frais ; car s'il louait à des fermiers, il le ferait à un prix plus élevé, et s'il prenait des métayers, il aurait un fort intérêt de cette dépense, par l'augmentation du produit des récoltes qu'il partage.

Je suis arrivé le 6 juin dans la matinée, chez mon ami M. François Durand, dans sa terre de Bois-d'Habert ; malgré une chaleur s'élevant à trente degrés à l'ombre, nous avons parcouru une grande partie de sa réserve, qui s'étend sur cent vingt hectares ; il a, en outre, des prés considérables, qui auraient besoin d'être drainés et améliorés. J'ai vu avec un vif plaisir de vastes champs de superbes céréales, aussi bien dans ses terres de qualité médiocre et même mauvaise, que dans ses bonnes terres, sur une propriété qu'il a payée 300 fr. l'hectare, il y a vingt ans. On peut juger par là, quelles bonnes affaires peuvent faire, les personnes qui veulent acheter et améliorer des propriétés dans le centre de la France ; mais il faut savoir se réserver une suffisante partie de capital, afin de pouvoir drainer, marner ou chauler, et arranger les bâtiments d'habitation et de ferme.

M. Durand a découvert dans sa terre de trois cent cinquante hectares, d'excellentes marnières et de la pierre à chaux, dont une partie fournit des pierres de taille. Il a d'abondantes sources qui ne tarissent jamais.

Le drainage fait des merveilles dans une bonne partie de ses terres où il a été exécuté. Il en fait aussi avec le même succès, près de son habitation située à la porte de la ville de Lignières à huit kilomètres d'ici, où il a une réserve de vingt-huit hectares.

Ce qui a amené la grande beauté des récoltes que j'admire tant ici, ce sont, sans parler de la bonne culture, les chaulages, les marnages, et les bonnes fumures, qui proviennent de la nourriture à l'étable dix mois sur douze ; enfin l'adjonction du meilleur de tous les engrais, le guano, il complète ce que le fumier n'a pu fournir. La nombreuse et fort belle étable de la réserve de Bois-d'Habert, provient d'un croisement de taureaux Charollais avec des vaches Fribourgeoises et Normandes ; aux femelles provenues de ce croisement, il a donné depuis, un taureau Durham.

M. Durand a semé un demi-hectare en lupins à fleurs jaunes, bien levés, et une certaine étendue en lupins blancs, destinés à être enterrés en guise de fumure, ce qui lui réussit fort bien. Il a planté des vignes ; comme cépage, il a choisi le Cahors ; dans la ligne les ceps sont à deux mètres de distance, et il met dix mètres entre les rangs. Les intervalles entre les rangs sont cultivés à la charrue et semés alternativement en froment et en prairies artificielles ; celles-ci ne sont coupées qu'une fois, puis labourées, hersées et roulées, il lui est facile alors à partir de la Saint-Jean, d'étendre sur la terre en demi-jachère, les sarments longs de dix à douze pieds ; ils sont supportés à trente-trois centimètres de terre par des bouts de branches fourchues, enfoncées en terre de manière à empêcher les grappes de toucher le sol ; cette disposition économique rapporte, à cause de l'éloignement des ceps, dont les racines ne sont pas gênées, autant de vin sinon plus, que l'ancienne méthode, où le rapprochement des ceps à soixante-six centimètres ou à un mètre, fait que les ceps s'affament réciproquement.

C'est au nommé Denys Lussaudeau de la commune de Chissay (Loir-et-Cher), qu'est due l'invention de ce genre de culture, qui a plus que décuplé sa fortune.

M. Durand n'avait que des moutons à l'engrais, car il craignait la cachexie ; mais maintenant que les terres les plus humides sont drainées et qu'il continue cette immense amélioration, il pense acheter des brebis du Berry et il leur donnera des béliers Southdown. Il a des cochons Anglais, New-Leicester et Berkshire : il a une machine à battre, à poste fixe, et une locomobile, de Garrett, qui sert à battre les grains de ses métairies et ceux de sa résidence à Lignières ; ce sont MM. ses fils qui sont chargés de la culture de Bois-d'Habert. M. Durand va construire un four à chaux ; il veut chauler toutes ses terres ; il payera l'anthracite à Saint-Amand et de seconde main 1 fr. 90 l'hectolitre ; il rendra le charbon à son four à chaux par des voitures qui auront conduit du grain au marché, ou de la mine de fer à Saint-Amand ; s'il fait venir son combustible, en en prenant un bateau entier, il pourra le décharger sur le bord du canal à deux lieues de chez lui. Nous avons visité les récoltes d'un de ses métayers; j'ai été étonné de la beauté de ses céréales.

M. Durand a fait divers essais de fumures sur ses prés; ceux faits avec du guano, des cendres, ou de la suie, ont produit d'excellent foin contenant beaucoup de légumineuses, au lieu du mauvais fourrage très-peu abondant, que donnent la plus grande partie de ses prés, qui n'ont encore rien reçu.

Ces MM. ont planté beaucoup d'arbres fruitiers sur des fossés larges et profonds, dans le fond desquels on a mis des fagots de bruyères, pour assainir la terre, on a remblayé et planté les arbres dans cette terre si bien remuée et défoncée, aussi ont-ils un beau verger et d'excellents fruits; leurs pruniers d'Agen, sont couverts de prunes et ces messieurs m'ont dit, que cette espèce de pruniers leur a constamment donné beaucoup de fruits, depuis dix-huit ans que les premiers plantés existent.

Les mirabelles produisent aussi beaucoup; les quetsches donnent peu; le climat du nord leur manque.

Les terres de la culture de MM. Durand, sont ensemencées comme suit, 32 hectares en froment, 8 en avoines d'hiver et autant en avoines de printemps, 4 en colzas, 12 en trèfle, 7 en vesces d'hiver, 3 en luzerne, autant en ray-grass d'Italie, une douzaine d'hectares en pâturages composés de ray-grass d'Italie et lupuline, semés pour durer deux années; la première récolte est pâturée par les bêtes à cornes, et la seconde par les bêtes à laine. Ils n'ont cette année, que 5 hectares de récoltes sarclées, et 2 d'un mélange de moha et sarrasin pour nourriture en vert; ils ont aussi un mélange de ray-grass d'Italie avec trèfle incarnat, ou bien avec de la vesce d'hiver; cela produit énormément, ils en mettent aussi un peu dans le trèfle ordinaire; ils ont semé du ray-grass d'Italie l'an dernier en septembre, sur un défrichement de bois qui avait été chaulé, cette excellente plante a été pâturée jusqu'à la mi-avril; maintenant elle a plus d'un mètre de haut et est très-épaisse.

Nous sommes allés le 8 juin chez M. Auclerc à Bruère, commune placée sur la route de Bourges à Saint-Amand, deux lieues avant d'arriver dans la seconde de ces villes; nous avons trouvé chez cet excellent cultivateur, six messieurs, membres du Comice agricole de Saint-Amand; ils étaient venus comme nous, pour admirer ses magnifiques récoltes, et son très-beau bétail, dont le croisement avec taureau Durham date de 1833; il avait alors acheté son premier taureau Durham au haras du Pin; il lui a donné des vaches Charollaises, les produits desquelles ont reçu depuis lors, toujours des taureaux Durham; celui qu'il possède en ce moment, a été acheté au Concours de 1855, 2400 fr.; il est d'une grande beauté, ainsi que deux vaches que M. son fils est allé acheter, l'automne de la même année en Angleterre; il a parcouru ce pays pendant six semaines pour y faire un bon choix; ces vaches ont coûté plus de 6000 fr.; elles proviennent d'une vacherie des plus réputées d'alors, celle de M. Tanqueray près de Londres : elles lui ont donné d'abord une génisse, et depuis, trois veaux mâles. Le bétail de M. Auclerc se compose maintenant d'environ quatrevingts têtes, les moutons à l'engrais étant comptés à raison d'une dizaine pour une tête de gros bétail; il a des cochons Anglais. Ses vaches donnent de douze à vingt litres à nouveau lait, et il y en a toujours plusieurs qu'on a de la peine à tarir six semaines avant le vêlage.

M. Auclerc avait un petit troupeau de brebis croisées Dishley, mais une atteinte de cachexie, l'a forcé de s'en défaire.

Ses bœufs de travail qui sont presque tous provenus d'un sixième ou septième croisement Durham, travaillent aussi bien que les bœufs Charollais ou Limousins; ses nombreux métayers ont tous des taureaux sortant de ses étables. L'un d'eux a même consenti à prendre un taureau Durham de pur sang, qu'il a payé 1 000 fr.

M. Auclerc vend ses jeunes taureaux de septième et huitième génération Durham, de 5 à 600 fr. âgés de quinze mois.

Il est parvenu à amener ses métayers et des gens de journée à se servir de la sape pour faire leurs moissons et les siennes; des propriétaires cultivateurs de ses environs l'imitent sous ce rapport, ainsi que sous beaucoup d'autres.

M. Auclerc a 6 hectares de betteraves, 1 de carottes et 4 de féveroles, cultivés à la houe à cheval et tenus bien propres.

Il cultive du maïs, des potirons, des topinambours et des pommes de terre; ainsi que du maïs pour semence et pour fourrage; il le mélange avec du sarrasin pour avoir du vert, pendant les chaleurs et la sécheresse de la canicule; enfin des vesces d'hiver et de printemps, du sainfoin, du trèfle et de la luzerne, du trèfle incarnat mêlé de ray-grass d'Italie et de vesces d'hiver.

Il a un four à chaux placé à côté d'une immense carrière de pierres calcaires, dont les débris lui sont abandonnés pour rien; son anthracite lui vient de Saint-Amand; la pierre n'étant pas très-dure, un hectolitre d'anthracite en produit six de chaux, qui se vendent ici 1 fr.

M. Auclerc a fait des drainages et irrigue plusieurs hectares de prés.

On voit par tous les excellents travaux que je viens d'énumérer, que M. Auclerc a bien mérité la croix d'honneur, qu'il a obtenue il y a quelques années.

M. son fils marche sur ses traces; il continuera pendant de longues années, il faut l'espérer, à être à la tête des propriétaires cultivateurs de ce pays, qui comprennent qu'il y a encore infiniment d'améliorations à introduire, même chez les plus avancés.

J'ai eu l'avantage, pendant cette si intéressante visite, de faire la connaissance de plusieurs agriculteurs qui suivent plus ou moins, les bons exemples que M. Auclerc leur donne depuis trente-cinq ans; parmi eux, M. le docteur d'Agincourt, qui s'étant lié avec M. Auclerc, est devenu par suite, un zélé agriculteur. Il a acheté dans la commune de Régny un domaine assez considérable, nommé le Breuil; le docteur améliore cette propriété en la faisant cultiver par des métayers; il leur a fait déjà adopter un taureau Durham; M. d'Agincourt, chaule; il défriche des bruyères sur lesquelles il emploi du noir animal, il achète aussi du guano pour compléter les fumures de ce pays, qui partout où la culture est moins arriérée, ne feraient pas seulement des demi-fumures; les métayers consentent volontiers à payer moitié du prix d'achat de ces engrais, car M. d'Agincourt leur en a fait apprécier le mérite, en mettant du noir dans une de leurs plus mauvaises pièces de bruyères, et du guano dans une de leurs plus médiocres terres. Cela a produit d'assez bonnes récoltes, pour convaincre ces braves gens.

Un de ses métayers, a déjà trois de ses gens qui ont appris à se servir de la sape flamande, pour couper ses récoltes.

M. Auclerc m'a dit, qu'il n'avait eu depuis trente-cinq ans qu'il travaille à améliorer la culture du pays qui l'environne, en forçant ses métayers à cultiver comme il le leur prescrit, que quatre métayers à renvoyer, sur dix fermes qui sont ainsi administrées.

On voit par cet exemple, que lorsqu'on sait bien s'y

prendre, on peut tirer un bon parti de ces gens si fort
arriérés, mais ni bêtes ni méchants ; il s'agit seulement
de leur prouver clairement par les faits, et non pas par
des paroles, qu'en suivant les instructions qu'on leur
donne, ils gagneront de l'argent ; cela vous acquiert bien
vite leur confiance.

Les changements de culture que M. Auclerc a commencé
dès 1822 à introduire dans ses métairies, ont avec le temps,
plus que quadruplé leur revenu net ; pour me prouver
qu'il n'exagérait pas, il m'a fait voir une partie de ses
comptes. Le domaine des Raboins situé dans les communes de Marçay et Ardenais, à cheval sur la rivière
d'Arnon, était loué en 1815, 600 fr. Il vient de produire
plus de 6000 fr. en moyenne, pour chacune de ces quatre
dernières années.

Dans sa réserve, M. Auclerc a vendu pour 11983 fr. de
bétail, soit pour la boucherie, soit comme reproducteurs,
depuis le 1er janvier jusqu'au 8 de juin de cette année.
Il n'y avait qu'un cheval, aussi élevé par lui, qu'il vendit
830 fr. pour la remonte ; il a encore vendu, sortant aussi
de sa culture personnelle, pour 8960 fr. de froment et
pour 1170 fr. d'avoine, et sa réserve ne s'étend que sur
soixante-huit hectares, dont seulement 2 hectares 50 ares
sont en prés.

En quittant ce digne homme, nous sommes allés,
M. Durand et moi, chez M. Charles Malingié à Verrières,
huit kilomètres avant d'arriver à Bourges, nous avons vu
avec chagrin, combien l'extrême sécheresse de l'année,
avait amoindri ses récoltes de tous genres ; ses prés et ses
prairies artificielles sont tellement brûlés par le soleil,
qu'il sera forcé de réduire de beaucoup le nombre de ses
belles bêtes à laine, qui dépasse le chiffre de sept cents,
sans compter ses agneaux qui arrivent en janvier.

Nous avons vu 6 hectares en betteraves et carottes et

7 en topinambours, qui lui rendront de grands services pour la nourriture de ses bêtes.

Il est occupé à faire un nouveau lit au joli ruisseau produit de ses belles sources, afin de pouvoir l'employer à irriguer ses prés.

Il nous a dit qu'il avait besoin de céréales très-hâtives, afin qu'elles aient moins à souffrir de la chaleur, dans ses terres extrêmement calcaires. Je l'ai engagé à se procurer du froment richelle de Naples, qu'il trouvera très-beau chez M. Yver à la Buchollerie près Vierzon, ou chez M. d'Alméno près du Blanc-Indre. Ce froment paraît être plus hâtif de quinze jours et moins exigeant pour la fertilité de la terre, mais il est moins productif que bien d'autres froments, principalement ceux, venus d'Angleterre.

M. Vignat, propriétaire de la belle et très-grande ferme de Verrières, fait construire une bonne route macadamisée, pour rejoindre la grande route qui est à deux kilomètres.

MM. Malingié, Charles et Paul, les deux frères, ont encore obtenu plusieurs primes pour leurs belles bêtes Charmoises au Concours régional de Châteauroux.

Ils ont d'excellents bergers qu'ils ont fait venir des environs de Tournai en Belgique; ceux de M. Charles deux beaux jeunes gens, sont frères; gagnent, l'aîné, comme maître berger, 350 fr. et l'autre 250 fr.

Nous sommes allés ensuite visiter la ferme que le marquis de Vogué fait valoir près de sa forge de Mazières; il veut aussi donner de bons exemples aux cultivateurs du Berry. Il a acheté, au Concours universel d'agriculture de 1856, un bélier et neuf brebis Southdown; l'une des brebis n'a pas agnelé; mais les autres lui ont donné douze fort beaux agneaux, qui serviront j'espère, à multiplier cette excellente race qui convient à toutes les parties de la France, où les Mérinos n'ont pas été adoptés; mais il faut que les cultivateurs comprennent, qu'un troupeau pour donner du bénéfice soit nourri convenablement; cela peut se faire, même dans les parties les moins fertiles de la France, telles que la Sologne et les Landes, puisqu'on peut obtenir dans ces sables, de très-abondantes récoltes de lupins à fleurs jaunes, de la séradelle, de la spergule, des carottes et des navets.

M. de Vogué a aussi acheté deux béliers et trois brebis de la race Chéviot, qui ont fait quatre beaux agneaux. Il a donné ces trois béliers Anglais à cent brebis Berrichones et Solognotes.

J'ai regretté de voir ce troupeau, on peut dire expérimental, entre les mains de deux bergères, au lieu d'être confié à un berger capable.

Nous avons vu avec plaisir dans cette ferme, un beau taureau et des vaches fort bien choisies de la jolie race d'Ayr, convenable aux mauvaises terres; mais d'après ce que j'ai vu en Écosse et en particulier dans le comté d'Ayr, je suis persuadé qu'il y a beaucoup à gagner, lorsqu'on peut bien nourrir, de croiser les vaches de cette race, avec un bon taureau Durham, à condition qu'il soit bien écussonné; on augmentera ainsi la quantité et la qualité du lait, au lieu de la voir diminuer; en même temps, les produits de ce croisement très-recommandé et en usage en Écosse, seront plus gros, plus précoces et plus faciles à engraisser.

M. de Vogué a fait faire dans sa forge le rouleau Croskyll du plus grand modèle, regardé par les cultivateurs anglais comme le meilleur sans contredit; il a acheté je pense le meilleur scarificateur, celui de Smith de Brierly-Hill; il est fait de manière à bien cultiver le sol, et devient à volonté un excellent déchaumeur; il a en outre le mérite de ne coûter que 225 fr. pris en Angleterre, il est d'une grande solidité, tout en fer forgé.

Nous sommes allés le 10 juin visiter la culture de MM. Lalonel de Sourdeval, dans la belle et excellente terre de Laverdine, près de la station du chemin de fer de Néronde.

M. de Sourdeval le père, a acheté, il y a quatorze ans, cette terre composée d'environ douze cents hectares pour à peu près autant de billets de mille francs. Il s'y trouve environ deux cents hectares d'excellents prés ou herbages, sur lesquels on engraisse des bœufs; elle contient de fort beaux bois. Ces MM. ont eu la bonté de nous promener, après le déjeuner dans une partie de leur propriété; les terres m'ont paru des plus fertiles.

Les tétards d'ormes qui entourent encore une partie des champs ou bordent les chemins, sont d'une grosseur merveilleuse. Ces MM. viennent de monter une nouvelle sucrerie, dans d'immenses bâtiments qui en contenaient une du temps de l'ancien propriétaire. Ils ont semé cent cinquante hectares de betteraves, en y comprenant soixante hectares faits par un de leurs fermiers venu des environs de Paris, ce fermier paye 70 fr. de loyer par hectare, et ces MM. m'ont dit que les fermiers des environs, ne reculent pas vis-à-vis ce prix de fermage.

M. de Sourdeval a acheté au Concours agricole de 1856, un bélier, plus deux brebis de race Cotswoold; le bélier lui a donné avec des brebis Berrichones, des Antenois vendus gras âgés de quatorze mois, de 35 à 50 fr. pièce. Ils ont une quinzaine de jeunes béliers croisés, qui, en partie, sont vendus dans les prix de 100 fr.

Les agneaux croisés de cette année sont fort beaux; il y en a aussi deux de pure race Cotswoold, qui viennent fort bien.

Les étables sont arrangées de manière à y laisser le fumier pendant quinze jours ou un mois, sous les bêtes.

Les vaches du château sont Bretonnes; celles de la

ferme sont Charollaises ; ils élèvent des bœufs de cette race pour en faire des bêtes de trait.

Ces MM. ayant des propriétés en Normandie, près de la vallée de Lisieux, en ont fait venir une femme qui leur fait d'excellents fromages dits Camambert.

Ils ont aussi monté une distillerie. J'ai remarqué, chez eux, une machine à battre, un moulin de la façon de M. Bouchon, une scie rotative ; un hache-paille qui coupe tous les fourrages consommés dans leur culture ; ils se servent de charrues sans lavant-train, du département du Nord, et ont un maréchal venu de Douai.

Ils font labourer leurs terres argilo-calcaires par deux bœufs Charollais, avec ces charrues. MM. de Sourdeval montent dans ce moment une tuilerie et il vient de leur arriver d'Angleterre, une machine à faire des tuyaux, celle de Scragg.

Ils ont commencé il y a deux ans un grand et très-beau château, dont l'extérieur vient d'être achevé.

Ces MM. nous ont fait voir un fort bel étalon de pur-sang, qui sort du haras de l'Empereur à Saint-Cloud ; ils en ont de fort beaux élèves. Leurs récoltes nous ont paru fort belles.

Nous nous sommes rendus ensuite à la Charité, chez M. Choumery, maître de poste qui cultive fort en grand.

Les récoltes que nous avons vues entre Bourges et la Charité, sont presque toutes sur terres calcaires ayant peu de fonds ; aussi sont-elles généralement mauvaises ; la bonne pluie tombée hier 10 juin, est arrivée au moins quinze jours trop tard.

M. Choumery cultive, malgré son âge fort avancé, trois fermes appartenant à la famille de Bellenave. Elles sont situées sur la rive gauche de la Loire, dans un fonds excellent, il en paye 60 fr. l'hectare, quoiqu'une partie en soit très-sablonneuse ; il cultive en outre trois autres fermes sur la rive droite de la Loire, en terres très-calcaires et pierreuses; elles sont sa propriété.

La culture de M. Choumery s'étend sur quatre cent quatre-vingts hectares; un de ses petits-fils est chargé de l'exécution de ses ordres, et de la surveillance.

Il vient de construire dans une de ses fermes, un fort beau bâtiment pour loger ses bœufs et ses vaches, dont le chiffre s'élève à trente-deux têtes; chaque bête jouit d'un emplacement de un mètre trente centimètres de largeur; les portes s'ouvrent, en glissant de chaque côté, le long du mur.

L'étable a une élévation convenable et des cheminées pour expulser le mauvais air.

Le grenier est très-spacieux et contient une grande quantité de fourrage; le plancher du grenier est formé de petites voûtes en briques, supportées par les soliveaux.

Il existe dans cette étable, une pièce destinée à la préparation des aliments, qui ont tous passé par le hache-paille, et sont fermentés dans trois citernes.

Son bétail se compose de bêtes Charollaises, dont une partie a du sang Durham. Si MM. Choumery, de Sourdeval, et Durand, qui pensent à acheter des taureaux Durham, s'entendaient à cet effet, ils pourraient envoyer un homme de confiance à la ferme de Sittiton, près d'Aberdeen (Écosse). M. Cruickshank fameux éleveur de courtes cornes, vend chaque année une vingtaine de jeunes taureaux prêts à servir, dans les prix de 600 à 2000 fr.; on peut être sûr d'être bien servi pour l'argent qu'on veut consacrer à cette acquisition, en s'adressant à lui en toute confiance. Un de mes amis, M. Boswell, riche propriétaire et très-bon cultivateur, voisin de M. Cruickshank, m'en a assuré.

M. Choumery a cent cinquante brebis, provenant d'un premier croisement entre bélier Dishley et brebis Berrichones; il leur a donné depuis des béliers Southdown; c'est un excellent croisement, lorsqu'on cultive des terres fertiles, on obtient ainsi des bêtes plus fortes, plus précoces, et à laine plus longue.

M. Choumery a fait venir d'Angleterre des hache-paille de Cornes de Barbridge, fabricant qui remporte toujours et depuis longues années, les premiers prix.

Le bétail tenu sur ses fermes, est composé de vingt chevaux, cent quarante bêtes à cornes, et six cents bêtes à laine, ses bergeries ont, au lieu de râteliers, de grandes mangeoires garnies de planches des deux côtés; ces planches sont percées de trous dans lesquels les moutons passent leurs têtes, pour prendre leur nourriture coupée et fermentée; cette préparation du fourrage, permet d'y ajouter une partie de paille ou de foin de qualité inférieure.

Il se sert de charrues Dombasle, Malingié et Bodin de Rennes; il a un rouleau Croskyll, et des scarificateurs.

Les journaliers coûtent 2 fr., et les femmes 1 fr., sans être nourris; si on les nourrit, on ne donne qu'un franc aux hommes et 50 centimes aux femmes.

Le pays, entre la Charité, Pougues, Fourchambault et Nevers, est beau et bon; on y voit un grand nombre de champs de betteraves, destinées à la très-grande sucrerie et distillerie de Blangy; de riches fabricants de sucre de Lille ont créé ces établissements, à deux kilomètres de Nevers; ils ne cultivent pas eux-mêmes les betteraves; ils sont loin jusqu'à cette heure, de pouvoir en acheter suffisamment pour leurs grandes usines.

Nous sommes allés de Nevers à la Guerche, et de là, chez M. Louis Massé, le fameux éleveur de bêtes Charollaises; il en a singulièrement perfectionné la race, depuis plus de trente ans qu'il s'en occupe. La terre de Marteau est à une demi-lieue de la Guerche, où se trouve une station du chemin de fer, qui conduit de Bourges à Moulins, et dans l'intérieur de l'Auvergne.

La propriété de M. Massé, se compose de trois fermes qui contiennent ensemble trois cent vingt hectares. M. Massé a cédé l'une des fermes à M. son fils; son étendue est de soixante-huit hectares; comme elle est située à une certaine distance de l'habitation de M. Massé, il y avait mis un métayer, et son revenu moyen était d'environ 3000 fr.; M. Massé le fils a renvoyé le colon partiaire, a remis les terres labourées, en herbages, et il achète des bestiaux qu'il engraisse.

Cette transformation qui lui emploie 25000 fr. pendant les six mois de l'été, a porté le produit net à 5000 fr. Les deux cent cinquante-deux hectares qui restent à M. Massé le père, sont en herbage, à l'exception de quatre-vingts hectares de terres cultivées. Il entretient, sur cette étendue, cent têtes de gros bétail, les chevaux compris; ses bêtes à cornes lui donnent environ 15000 fr. de revenu; et ses poulains, à peu près 2500 fr., après avoir remplacé ceux de ses chevaux qui ne lui conviennent plus.

Le produit de vingt-cinq à trente hectares emblavés chaque année en froment, est d'environ six cents hectolitres; il vend assez habituellement quatre cents hectolitres d'avoine, après avoir prélevé la consommation de sa culture.

M. Massé a ordinairement six à huit hectares de récoltes sarclées, en betteraves et carottes, semées dans d'excellentes terres d'étang; il fait cent cinquante ares en navets; on arrache les plus gros pour le bétail et on laisse les petits porter graine; on en fait de l'huile à froid pour la ferme.

M. Massé fait chaque année trois hectolitres de féveroles; il dit que, dès qu'il s'aperçoit de la présence des pucerons qui s'attachent aux tiges, lors de la floraison, il y fait répandre par la rosée du plâtre pulvérisé, cela arrête leurs ravages; je pense que le plâtre ou la chaux devrait faire le même effet sur les pucerons, qui détruisent la fleur du colza; l'essai n'en serait ni difficile ni coûteux.

M. Massé sème deux hectares en maïs fourrage, ainsi que ce qu'il lui en faut pour semence; il met entre les pieds de ce dernier, des haricots. Il m'a dit que sa machine à battre, faite pour deux chevaux, par Cumming, fabricant à Orléans, battait une vingtaine d'hectolitres de froment par jour.

M. Massé a construit un four à chaux, il y a trois ans, qui produit de cinquante à soixante hectolitres de chaux par vingt-quatre heures, il va chercher l'anthracite au canal, et ses voitures peuvent faire six tours par jour; ce combustible lui coûte au bateau 2 fr. l'hectolitre. Un hectolitre d'anthracite lui fait jusqu'à six hectolitres de chaux, qui lui revient à 75 centimes l'hectolitre; son chaufournier a 25 centimes par double hectolitre de chaux; il est chargé de casser la pierre. La carrière n'est pas loin du four.

M. Massé fauche environ trente hectares de prés et vingt de prairies artificielles; les premiers produisent en moyenne quatre mille kilogrammes de foin, et les secondes cinq mille.

Les terres de M. Massé sont, en général, argilo-calcaires et assez difficiles à cultiver; il les chaule à raison de deux cent cinquante à trois cents hectolitres par hectare. Le bétail Charollais amélioré par M. Massé est d'une grande beauté.

Je suis retourné à Bourges, d'où une petite diligence m'a conduit assez près du château de Loroy, à sept lieues de la capitale du département du Cher.

M. Lupin m'a fait visiter, pendant les deux jours que j'ai passés chez lui, les six grandes fermes qu'il fait valoir. J'ai pu admirer une partie de ses deux cent soixante-dix hectares de froments et environ cent soixante-dix hectares d'avoine ou orges.

Les cent cinquante hectares de prairies artificielles laissaient beaucoup à désirer ; on n'avait semé ni vesces ni gesces d'hiver, qui réussissent habituellement mieux que celles de printemps dans le climat du centre de la France, lequel souffre souvent de la sécheresse.

M. Lupin a environ cent cinquante hectares de prés, dont une partie a été drainée et ensuite irriguée ; cette dernière partie m'a paru fort belle. Il a soixante-quinze hectares de pâtures, en partie des trèfles de seconde année ; cela me fait supposer, que si les trèfles ne sont pas aussi beaux qu'on le voudrait, cela tient à ce que depuis plus de vingt ans, cette légumineuse revient tous les quatre ou cinq ans et dure souvent deux années ; ensuite les marnages ou chaulages sont pour la plupart d'ancienne date. Les légumineuses sont avides de chaux ; en Belgique on répand de la chaux sur les champs de trèfle, afin de les avoir beaux, et on chaule à bien plus fortes doses que cela ne se fait généralement en France ; il vaut mieux en général, ne faire revenir le trèfle que tous les huit ans.

M. Lupin ayant monté une distillerie dans chacune de ses deux fermes principales, cultive une centaine d'hectares de betteraves et au moins autant de topinambours ; ces derniers sont dans les terres les plus légères, où ils pourront produire de bonnes récoltes pendant bien des années successives, si après les avoir arrachés, on leur donne une fumure convenable, au moins vingt-cinq à trente mille kilogrammes par hectare ; à défaut de fumier, un marnage ou chaulage et trois cents kilogrammes de guano, qui devra être mis par pincées prises entre quatre doigts, autour du tubercule qu'on plante, en ayant soin d'éviter que le guano ne le touche, il faudra sarcler deux fois les topinambours; si on ne détruit pas les mauvaises herbes et surtout les plantes résultant des petits tubercules qui n'ont pu être ramassés, on aura une mauvaise récolte. Si on ne les cultivait pas si en grand, un nombreux troupeau de cochons grands et petits, pourrait bien en diminuer le nombre, dans l'intervalle de l'arrachage et de la plantation.

On cultive ici une dizaine d'hectares en carottes, qui donnent un grand produit, singulièrement estimé par les quarante-cinq juments, une quarantaine de poulains, et vingt-cinq chevaux, entiers qu'on tient pour les charrois et les plus forts travaux.

Le bétail des six fermes se compose d'environ cent trente vaches, une soixantaine d'élèves de divers âges, treize cents brebis, quatre cents Antenaises, deux cents moutons d'un an à l'engrais, et mille agneaux.

On tient une vingtaine de truies anglaises, qui proviennent de croisements Essex, New-Leicester et Berkshire, une vingtaine de cochons à l'engrais et les petits de divers âges; on vend ceux-ci à six semaines de 15 à 20 fr. La culture s'étend sur huit cents hectares; on achète beaucoup de chiffons de laine, de guano, et de tourteaux, ces derniers principalement pour les faire consommer par le bétail à l'engrais.

J'ai vu avec plaisir un champ de lupins jaunes, et un autre de lupins blancs destinés à produire de la graine; pour pouvoir entreprendre cette culture plus en grand; les jaunes pour la nourriture des bêtes à laine; les blancs devront être enterrés comme fumure lorsqu'ils seront en fleur.

Dans les sables non chaulés, les jaunes donneront, cinq à six mille kilogrammes de fourrage sec, garni de graines très-nourrissantes ; cette nourriture est un préservatif contre la cachexie. Les lupins blancs si ils sont très-bien venus, remplaceront vingt à trente mètres cubes de fumier.

M. Lupin a aussi un essai de sorgho de Chine comme fourrage.

Les divers engrais factices qu'on a souvent essayés dans cette grande culture, n'ont jamais augmenté la récolte à laquelle ils étaient appliqués, de manière à payer la dépense qu'ils ont occasionnée. Je me suis rendu de Lorois à Gien, route de douze lieues. Peu de temps après avoir traversé le bourg de la Chapelle-d'Angilon, nous avons trouvé un beau et bon pays, où une habitation de campagne serait bien placée. On voit alternativement des coteaux et des vallons charmants, des ruisseaux et des sources, de bons prés, de beaux bois et enfin de bonnes marnières. On m'a dit qu'on payerait dans ces environs un bon domaine, à raison de 6 à 700 fr. l'hectare : si j'avais à acheter une propriété, je viendrais d'abord parcourir cette partie du Berri, pour voir si je n'y trouverais pas mon affaire.

J'ai pris un cabriolet à Gien, pour aller visiter de nouveau la terre de la Jouanne ; mais M. Goëtz le propriétaire était absent. L'extrême sécheresse n'avait pas permis à ses prés faits sur de pauvres sables, d'être productifs. Je suis donc allé, sans m'arrêter, au château de Dampierre chez M. de Béhague. En m'y rendant j'ai traversé une partie des huit cents hectares de bois qu'il a semés il y a une vingtaine d'années ; il y a construit depuis peu une tuilerie pour consumer les fagots de menues branches, dont il n'avait pas facilement le débit ; il y fait aussi des tuyaux de drainage, car il draine fort en grand.

M. de Béhague vend 15 fr. les tuyaux de trois centimètres ce qui est moins cher que partout ailleurs ; il m'a dit qu'ils ne lui revenaient qu'à 8 fr., sa machine est celle de Clayton, avec laquelle on ne lui fait que trois mille petits tuyaux par jour, ce qui m'a paru fort peu. Les tuyaux sont excellents et leur longueur est d'un tiers de mètre, ce qui facilite le compte du nombre à employer, dans un assainissement donné.

M. de Béhague m'a conduit dans ses deux fermes du val de la Loire, qui, l'an dernier ont été inondées et terriblement ensablées; il a déjà fait transporter une partie de ces sables dans des affouillements que le courant a occasionnés; il en fait conduire une autre partie sur ses terres fortes afin de les rendre plus faciles de culture; de cette façon il diminue l'épaisseur de l'ensablement, en labourant avec une charrue attelée de six bons bœufs, suivie par une seconde charrue attelée de quatre bêtes, il arrive à ramener une certaine épaisseur de la bonne terre par-dessus le sable; ces deux charrues s'enfonçaient de quarante-cinq centimètres.

M. de Béhague a construit un certain nombre de locatures près de ses deux fermes, afin d'y loger des laboureurs et domestiques de ferme mariés; il n'est alors pas obligé de les nourrir et ils ne changent pas de maître à chaque Saint-Jean; comme c'est assez l'usage des domestiques non mariés dans le centre. Ses récoltes de céréales d'hiver ou de printemps, sont fort belles, ainsi que ses féveroles d'hiver. Il a 21 hectares de betteraves, 12 de carottes, 5 de pommes de terre, 12 de colzas, 2 semés en lupins jaunes et 6 hectares en sorgho de la Chine; il a aussi une assez grande étendue en topinambours. Il compte faire beaucoup de navets d'éteule.

Sa vacherie contient trois taureaux Durham et plusieurs vaches de pur sang, un grand nombre de vaches et élèves croisés Durham, trois jeunes bœufs qu'on prépare pour le Concours de Poissy, des béliers et vingt-six brebis South-

down, avec seize cents bêtes de tout âge, croisées Southdown. Il vend ses béliers Southdown 200 fr. et les croisés
100 fr. Il a un haras contenant une quarantaine de bêtes
dont les deux tiers sont de pur sang.

M. de Béhague a construit un four à chaux à Gien,
d'où il est à douze kilomètres ; il ne met que quarante à
cinquante hectolitres de chaux par hectare ; il se plaint
du peu d'effet qu'elle lui produit, et je lui ai dit ce que
je venais de voir chez M. Massé, qui met par hectare de
deux cent cinquante à trois cents hectolitres ; c'est ce que
j'ai vu aussi faire chez M. Édouard de Loisy dans Saône-
et-Loire, et chez d'excellents cultivateurs en Belgique,
ainsi que dans la Grande-Bretagne. M. de Béhague m'a
dit qu'il venait d'adresser des échantillons de sa chaux à
M. Barral, ainsi qu'à deux autres chimistes ; et que si sa
chaux n'était pas trouvée bonne par eux, ils construirait
alors un four dans une des carrières de Briare, où la chaux
est excellente ; il ferait descendre la chaux en bateaux
jusque chez lui. Il paye à Gien 1 fr. 60 c. l'hectolitre de
charbon de terre qui lui fait avec de la pierre, peu dure,
de quatre à cinq hectolitres de chaux.

M. de Béhague vient de faire drainer une vingtaine
d'hectares de queues d'étangs, et de les transformer en
prés irrigués ; ces travaux ont été dirigés par M. Simon,
un des deux frères de ce nom, qui sont depuis longtemps
connus comme entrepreneurs d'irrigations ; M. Simon qui
demeure près de Loches, est fort expéditif dans sa direction ; il prend ses frais de voyage et 10 fr. par jour.

M. de Béhague m'a conduit dans une ferme de quatre-
vingts hectares située à deux kilomètres du château ; elle
était louée 800 fr. et n'ayant pas trouvé de preneur à ce
prix, il y a mis un de ses laboureurs mariés, aux conditions suivantes : il donne à ce ménage, le logement, le
jardin et 600 fr. d'argent ; cet homme a huit bœufs de

travail fournis par M. de Béhague; il fait tous les travaux de culture, et les grains appartiennent à M. de Béhagne, mais tous les fourrages restent à la ferme, pour nourrir d'abord les huit bœufs et cent cinquante moutons ensuite autant de vaches que le fourrage et les racines permettront au laboureur de nourrir; mais il faut qu'il les achète, et ensuite il paye à M. de Béhague 50 fr. par an, pour chaque vache qu'il a pu nourrir. M. de Béhague m'a dit qu'avec cet arrangement sa ferme lui produisait environ 3000 fr.

Ce brave homme avait de belles récoltes de céréales dans sa culture, trois hectares de betteraves semées en billons à la Northumberland, des pommes de terre, et des topinambours bien propres, de bon trèfle rouge, du farouch et des vesces d'hiver; le tout est très-bien.

Cet arrangement que M. de Béhague a déjà établi depuis longtemps dans plusieurs de ses autres fermes, est bon à suivre, dans des pays où l'on ne peut pas trouver de bons fermiers ou métayers.

M. de Béhagne a déjà drainé quatre-vingts hectares et continue activement cette immense amélioration; il se sert partout où la pente le permet, des eaux de drainage pour l'irrigation.

Il a sur sa propriété mille huit cents hectares de bois.

Ses cochons New-Leicester sont fort beaux.

J'ai quitté le 18 juin ce digne propriétaire, qui donne de si bons exemples en améliorations agricoles; pour me rendre au château de Chenailles chez M. Bobé; je ne l'ai malheureusement pas trouvé chez lui. Cette immense terre a été achetée par le père des propriétaires actuels, M. Bobé et Mme sa sœur, femme du général Grosbon, vers l'an 1800, il y a fait d'immenses plantations de bois et des semis de pins, qui ont été continués par M. son fils, lequel cultive depuis trente ans plusieurs fermes,

d'une manière très-remarquable. Il a défriché de vastes
bruyères, les a marnées et en a fait des terres qui depuis
lors, ont toujours été couvertes de fort belles récoltes ;
ses froments sont encore très-bons cette année, mais il
n'en est pas de même des céréales de printemps ; elles
souffrent on ne peut pas plus, de l'excessive chaleur et
sécheresse ; ses troupeaux mérinos sont toujours fort
nombreux et beaux, mais il a perdu beaucoup de bêtes
par suite du sang de rate, ce qui a été la cause de la
cachexie, survenue plus tard ; car pour les guérir de la
première de ces maladies, on les envoyait dans les prés ;
ils y ont contracté cette seconde et terrible maladie, qui
lui a aussi enlevé bien des bêtes.

La vacherie de M. Bobé est garnie de bêtes Normandes,
auxquelles il donne un taureau Hollandais, il a aussi une
vache Suisse. Il a drainé, il y a quatre ans, deux grandes
pièces de terre et a été très-satisfait de cette opération.

M. Bobé a essayé cette année pour la première fois le
guano : il en est très-content et va en employer davantage.

Je me suis rendu de Chenailles à la ferme de l'Isle,
commune de Saint-Denys en Val, près Orléans ; M. Nouel
neveu et élève de M. Malingie, en est fermier depuis six
ans. Il l'a si bien cultivée et si fortement fumée depuis
lors, que j'y vois chaque fois que je la visite, ce qui
m'arrive fort souvent, des récoltes admirables ; cependant
les deux tiers de ses cent huit hectares, sont pour moitié
en assez bons sables ; l'autre moitié en sables si maigres,
que ses voisins y sèment des pins maritimes, ne trouvant
pas qu'ils méritent d'être cultivés. Il m'a fait voir 8 hectares de très-beaux colzas sur ces derniers sables ; ce qui
prouve que les fortes fumures peuvent donner de très-
beaux produits aux plus mauvais fonds ; nous avons ensuite examiné 6 hectares de carottes, 8 de betteraves

très-bien levées et sarclées, 7 autres hectares de betteraves avaient été semées plus tard, après une récolte de
trèfle incarnat hâtif et tardif, avaient mal levé à cause de
la sécheresse ; il les a labourés et y a semé du sorgho de
Chine sur 5 hectares et des pommes de terre sur les 2
autres. Il a 5 hectares de topinambours, 3 hectares de
rutabagas repiqués, autant en choux vaches, 2 hectares
de fort belle luzerne, qui a reçu ce printemps trois cent
cinquante kilogrammes de guano par hectare ; on l'arrose de purin après chaque coupe ; il a 22 hectares en
superbe fourrage mélangé de seigle, orge et avoine d'hiver, de vesces, pois et gesces ; 32 en très-beaux froments ;
le reste est en trèfle, haricots, pois, lupins jaunes, plant
de colza et de choux, etc.

M. Nouel n'a dans ce moment que soixante-six grosses
vaches à l'engrais, six chevaux, et six très-gros bœufs de
travail, qui ont coûté 1 200 fr. la paire ; un troupeau
composé de deux cents brebis Berrichones, qu'on croise
avec quatre beaux béliers Charmoise, et cent vingt
agneaux. Ce très-nombreux cheptel qui arrive au moins
à une tête de gros bétail par hectare, ne l'empêche pas
d'acheter une énorme quantité d'engrais de diverses espèces, tels que guano, râpures de cornes et déchets de
laine, de deux manufactures de couvertures situées à Orléans.

M. Nouel met de quatre à cinq mille kilogrammes de
déchets de laine par hectare ; il paye 30 fr. les mille
kilogrammes. Les cornes pulvérisées lui coûtent 22 fr.
les cent kilogrammes ; il en avait mis sept cent cinquante
kilogrammes dans un hectare ; il fait des composts de
terre mélangée avec ces engrais achetés, et il les arrose
de purin.

Tout le bétail est nourri avec un mélange de fourrage
vert passé au hache-paille ; on ajoute pour les bêtes à

cornes, vingt litres de drêche et deux kilogrammes de tourteaux de colza par tête ; les cent kilogrammes de tourteaux se payent 14 fr. à l'huilerie d'Orléans.

Les grosses vaches pour mettre à l'engrais, lui coûtent maintenant 225 fr. en moyenne; il faut, terme moyen, cent jours pour les mettre en état d'être vendues à raison de 400 fr., aux bouchers d'Orléans. La nourriture fermentée qu'elles consomment, lui revient de 1 fr. à 1 fr. 10 c. ; son bénéfice est de 50 à 60 fr. par tête, plus le fumier produit.

Le bail accordé à M. Nouel est d'une durée de dix-huit années ; je le trouve trop court pour un aussi bon fermier, qui a pris des terres en mauvais état ; il a eu des étables à construire, d'autres qu'il a dû planchéier, afin de pouvoir remplacer la litière de paille par des terres légères qui s'abreuvent d'urine sans faire de boue ; il a souvent cent vaches et plus de trois cents bêtes à laine à loger, dont la litière est ainsi faite. Toute la paille est consommée par le bétail. L'avoine donnée à ses chevaux est aplatie au lieu d'être concassée.

Je me suis rendu le 20 juin chez M. Ménard ancien notaire à Beaugency, qui a loué il y a quatorze ans une vraie ferme de Sologne, ayant environ trois cents hectares d'étendue, tant en mauvais sables usés, qu'en vastes bruyères ; le tout souffrait extrêmement de l'humidité. Son bail est de trente ans pour les terres qu'il cultive, et de quarante pour les semis de bois qu'il a fait à peu près sur moitié de sa ferme. Il a créé une grande étendue de prés après avoir assaini, marné et bien fumé les parties plus basses de la ferme ; ces prés donnent de trois à quatre mille kilogrammes de foin ; il les arrose avec du purin et leur donne une couple de cent kilogrammes de guano de temps en temps.

M. Ménard a drainé une vingtaine d'hectares avec des

tuyaux ; cela lui a coûté 300 fr. par hectare, car le sous-sol sans être pierreux, exige cependant l'emploi du pic ; trouvant cette dépense trop considérable pour un fermier, il a imaginé une espèce d'assainissement, qui n'a que soixante-quinze centimètres de profondeur : il creuse au fond de la rigole un petit canal, qui a dix centimètres de largeur et le double de profondeur ; il le couvre de longs et minces fagots formés de quatre jeunes pins ébranchés ; il met par-dessus, de la bruyère, et puis il bouche les petits fossés, qui sont séparés les uns des autres par dix mètres ; il dit que si l'assainissement n'est pas suffisant, il en ajoutera un entre deux ; cette espèce de drainage lui coûte 60 fr. par hectare.

M. Ménard a récolté l'an dernier sur dix hectares complétement drainés, vingt-sept hectolitres de froment par hectare ; c'est d'autant plus beau, que l'année n'a pas été favorable à la culture du centre de la France. Cette récolte se trouvait dans un champ assez rapproché des bâtiments de ferme, ce qui l'a mis en partie à l'abri des déprédations d'une immense quantité de gibier ; cerfs, chevreuils, sangliers, lièvres, et surtout lapins, couvrent cette terre de six mille hectares, gardés très-rigoureusement depuis quelques années. Ces animaux détruisent entièrement certaines récoltes et endommagent infiniment les autres.

Je viens de traverser un grand champ de colza qui aurait été superbe, sans le gibier. C'est prouvé par le colza mis à l'abri dans de petits enclos ayant une vingtaine de mètres carrés d'étendue, ces enclos sont établis par M. Ménard dans bien des parties de la ferme, pour constater ainsi le dégât, devant les experts nommés par suite du procès, qu'il a été forcé d'intenter à son propriétaire, afin d'éviter une ruine assurée. Ledit champ de colza ne donnera pas un hectolitre de graine par hectare. Un champ de froment de quatre hectares a été tellement dévasté l'an dernier, que sa récolte entière n'a pas dépassé neuf hectolitres.

Les récoltes de M. Ménard sont tellement abîmées depuis quatre ans, qu'il ne sait comment faire pour éviter d'être ruiné ; il a proposé à son propriétaire, de planter ou semer en bois une cinquantaine d'hectares de ses meilleures terres, mais qui sont très-éloignés de la ferme ; de porter ses prés au chiffre de soixante hectares, qu'il s'interdirait de défricher à la fin de son bail, comme il en a le droit ; à se restreindre à soixante hectares d'une culture intensive, après les avoir entourés d'un mur fait en pisé ; ce mur aurait trois mètres de hauteur et lui coûterait à lui fermier, 12 000 fr. : il fera tout cela si son propriétaire consent à prolonger son bail de dix ans, et il payera pour cette prolongation 1 000 fr. par an de plus. Son propriétaire a refusé toutes ces propositions. M. Ménard lui a encore offert un autre arrangement, il lui a dit, je vous prouverai par ma comptabilité tenue en partie double, que j'ai dépensé sur cette ferme 170 000 fr. ; remboursez-moi 100 000 fr. et je m'en vais ; mon cheptel, mort et vif et la valeur de mes bois me feront rentrer dans le reste de mon capital ; le propriétaire a encore refusé. Il a été condamné d'abord à une indemnité de 9 000 fr. réduite depuis à 6 500 fr., mais M. Ménard perd de 15 à 18 000 fr. par an, et il a encore à payer son avocat.

M. Ménard a essayé près des bâtiments de la ferme, d'enclore des champs au moyen de fagots de branches de pins et aussi avec des piquets de jeunes pins serrés les uns contre les autres, de manière à empêcher le passage des lapins, qui sont les plus malfaisants : il y est parvenu ; aussi a-t-il formé le projet de faire une clôture de ce genre, qui entourera quatre-vingt-dix hectares, mais ce

sera une grande dépense, qui ne durera pas longtemps.

M. Ménard compte augmenter ses prés et les porter
jusqu'à soixante hectares, car ils n'ont pas autant à souffrir du gibier, qui détruit principalement ce qui pousse
en hiver, tels que les colzas et les céréales d'hiver, il
défrichera ses prés quatre ou cinq ans avant la fin de
son bail, afin de profiter de la fertilité acquise par le repos et les engrais qu'on leur a consacré ; enfin il semera
des pins dans les terres les plus éloignées, qui se trouvent
être les meilleures et qui ont reçu deux et trois fois
soixante hectolitres de cendres lessivées ; fumures qui lui
ont coûté plus de 100 fr. chacune par hectare ; ces terres
ont reçu en outre des fumures de cent mètres cubes par
hectare pour les betteraves, ainsi que du guano et des
tourteaux ; tout cela se trouvera perdu pour sa culture ;
ses jeunes pins pourront être vendus par portions aux
vignerons des bords de la Loire, qui en feront des échalas et des bourrées.

M. Ménard a inventé un levier armé d'un fort crochet
à son gros bout ; on entoure avec ce crochet les pieds
des pins âgés de douze à quinze ans, qui ont été abattus,
quatre hommes pesant sur le haut bout du levier, arrachent facilement les racines des pins, qui ayant conservé
environ un mètre du corps des jeunes arbres, sont employés à faire du bois de corde, qui se vend 12 fr. dans
ce pays.

M. Ménard a en ce moment quarante et quelques
vaches castrées ; les opérations ont été faites par M. Char-
lier, habile vétérinaire fixé à Paris, lequel a inventé une
méthode de castration sans faire d'entaille ; mode d'opérer qui avait souvent des suites funestes ; il castre les
vaches par le vagin, et ne peut le faire que six semaines
après le vêlage. La castration augmente le produit en

lait de trois à quatre litres par jour, et porte la durée
de la lactation au moins à une année; pour quelques
vaches cette durée se prolonge jusqu'à deux et trois ans;
mais c'est un cas rare. La qualité du lait est tellement
améliorée, que M. Ménard, qui fait d'excellents petits
fromages, en obtient maintenant soixante-cinq sur cent
litres de lait, tandis qu'il ne pouvait en faire que cinquante lorsque ses vaches n'étaient pas castrées. Celles
qui ont subi cette opération, prennent de l'embonpoint
malgré une abondante lactation ; elles sont ordinairement
en état d'être vendues au boucher, cinq ou six semaines
après avoir été taries. Leur chair et leur suif sont d'une
qualité bien supérieure ; et il ne faut que de neuf à dix
litres de lait de Beuvones, nom que leur a donné M. Char-
lier, pour faire cinq cents grammes de beurre, au lieu
de douze à seize litres, qu'il faut ordinairement avec du
lait de vaches non castrées.

M. Ménard tient en hiver jusqu'à soixante de ces vaches
opérées, pour la fabrication de ses excellents fromages.

Son arrangement avec son maître vacher, existe toujours; le vacher chef, paye ses trois aides; ils fauchent le
fourrage vert et l'amènent à la ferme; ils soignent les
vaches, les traient et portent le lait à la laiterie; le
maître vacher reçoit 1 centime par litre de lait; il est
logé et nourri, ainsi que ses aides. Il est de son intérêt
qu'on traye ses vaches à fond, chose très-essentielle, afin
que la production du lait soit aussi complète que possible;
bien entendu que la nourriture et les soins donnés aux
vaches soient convenables; c'est aussi dans l'intérêt du
chef de l'étable.

M. Ménard est à ma connaissance le seul cultivateur
français, qui ait adopté il y a déjà assez longtemps, une
excellente méthode de faner les fourrages; qui est en
usage dans toute la partie de l'Allemagne avoisinant la

chaîne de montagnes qui la sépare de l'Italie; méthode que j'ai aussi vu employer dans le Wurtemberg et le pays de Bade.

Elle consiste à mettre le fourrage, de suite, si le temps est menaçant, ou peu de jours après la fauchaison, si le temps est beau, sur des chevalets formés avec des perches, le plus ordinairement provenant de jeunes conifères âgés de dix à douze ans; ces arbres proviennent des éclaircissages des jeunes bois; on en assemble deux ou trois, au moyen d'une cheville, qui traverse les gros bouts préalablement aplatis; ces perches sont garnies de chevilles devant porter des gaules, sur lesquelles on pose l'herbe ou le foin à moitié séché; une fois placé sur les chevalets il ne se gâtera pas, lors même que les pluies dureraient un mois entier; dans ce cas il n'y a que la superficie de ces espèces de meulons à intérieur creux, qui blanchit; le reste du foin, si ce sont surtout des plantes légumineuses, conservera ses feuilles intactes, et quelque mauvais temps qu'il fasse, le cultivateur peut dormir tranquille, car il est sûr que son foin ne se détériorera pas.

Cette méthode de faner ne coûte pas plus cher qu'un fanage bien fait, qui ne laisse pas le foin exposé aux petites pluies et aux rosées, si fréquentes dans la saison des fenaisons.

M. Ménard a fait faire cinq cents chevalets à deux pieds, dont la façon ne lui a coûté que 100 fr.; lorsqu'on a le bois convenable, la dépense des chevalets est donc insignifiante; une fois qu'on n'a plus à s'en servir, on les empile sur un chantier et on les couvre de chaume.

Si M. Ménard parvenait à s'arranger avec son propriétaire, il entourerait les soixante hectares qui joignent sa ferme d'un mur en pisé qui lui coûterait 3 fr. le mètre courant; il a déjà construit ainsi bien des hangars et autres petits bâtiments. Il défoncerait chaque année dix hectares de cet enclos, à 70 centimétres de profondeur, après l'avoir drainé entièrement, ce qui lui coûterait 700 fr. par hectare pour les deux opérations; mais aussi il s'assurerait des récoltes complètes. Je remarque journellement dans mes voyages, que les récoltes venues sur un silo ou un fossé remblayé, sont le double, de celles qui les touchent sur terre non défoncée.

M. Ménard a un petit manége mu par un âne, au moyen duquel il fait passer tous ses fourrages verts ou secs par le hache-paille; il les mêle aux résidus de distillerie, à de la drêche et à des tourteaux, qui sont ramenés de Beaugency par les voitures, qui y ont conduit les betteraves, livrées par lui à un distillateur; cette nourriture est fermentée, avant de la faire consommer.

Il vend ses betteraves rendues à douze kilomètres de chez lui, 22 fr. les mille kilogrammes.

M. Ménard ayant remarqué que le gibier attaquait moins le seigle, que le froment, en a semé une assez grande étendue avec deux cents kilogrammes de guano; il est fort beau; ayant mis sur un hectare quatre cents kilogrammes de cet engrais merveilleux, le seigle y est magnifique et a d'énormes épis.

L'assolement de cette intéressante culture est, première sole betteraves ou colzas repiqués, avec cent mètres de fumier; le tout est très-bien sarclé; deuxième sole avoine; troisième sole trèfle ou vesces; quatrième sole froment, ou méteil et seigle. On sème après les grains les plus hâtifs, des navets d'éteules avec deux cents kilogrammes de guano, ou bien du trèfle incarnat hâtif et aussi du tardif, ou bien encore un mélange formé de seigle, orge, et avoine d'hiver, vesces, pois et gesces; tout cela reçoit au moins deux cents kilogrammes de guano.

M. Ménard est un des neuf concurrents pour la prime

d'honneur, qui doit être donnée l'an prochain à Blois ; je serais fort étonné s'il ne la remportait pas.

Il a été consulté, il y a huit ou neuf ans, par un fermier des environs, qui était endetté de manière à ne savoir où donner de la tête ; M. Ménard lui conseilla, puisqu'il occupait une ferme de plus de deux cents hectares, de proposer à son propriétaire, M. de Boisrenard, de lui abandonner cent hectares de ses plus mauvaises terres formées de sables humides, et pouvant être plantées en bois, à condition qu'on lui marnerait les cent autres à raison de cinquante mètres cubes par hectare, cela fut agréé par M. de Boisrenard, qui a maintenant cent hectares de jeunes bois promettant beaucoup. Et le fermier, après avoir payé ses dettes, fait maintenant fort bien ses affaires.

M. Ménard m'a conduit chez M. Gustave Salvat, à la Blondellerie ; nous y avons visité ses magnifiques récoltes venues, toutes, sur des bruyères de Sologne, défrichées depuis une trentaine d'années, mais ayant été marnées ou chaulées.

Il m'a appris à mon grand regret qu'étant resté veuf avec deux enfants, il se voyait forcé d'aller se fixer à la ville, pour s'y occuper de leur éducation ; il allait donc chercher de bons fermiers, et ne conserverait que l'administration de près de cinq cents hectares de bois, que son père et lui, ont en grande partie plantés et semés, sur les anciennes terres usées par la très-mauvaise culture en usage, lorsqu'ils ont acquis cette propriété.

Il vendra donc, dès qu'il aura trouvé des fermiers, son beau bétail composé en notable partie, de fort beaux Durham de pure race ; et le reste en bêtes croisées ayant beaucoup de sang Durham.

Je suis désolé toutes les fois que je vois un bon cultivateur, forcé par une raison ou une autre, de quitter la culture. Ce ne sont que les bons exemples, qui peuvent aider à l'amélioration de la culture encore si arriérée, d'une grande partie de la France.

M. Salvat m'a fait conduire chez M. Adolphe Salvat son frère, au château de Nozieux à deux lieues de Blois; je ne l'ai pas trouvé chez lui; son régisseur, qui est dans cette maison depuis trente ans, époque à laquelle cette propriété a été acquise par M. Salvat le père, m'a fait parcourir la réserve; elle ne s'étend que sur une trentaine d'hectares, de ces excellentes terres d'alluvion de la vallée de la Loire, qui valent dans ces environs 6 000 fr. l'hectare; on en a vendu, il y a peu de temps qui étaient principalement des sables d'alluvion, à raison de 3 000 à 3 500 fr. l'hectare. Mais ces terres de promission ont aussi leurs désavantages; ce sont les inondations, assez fréquentes, de la Loire. L'année dernière, non-seulement toutes les magnifiques récoltes de M. Adolphe ont été détruites par ce fléau, mais encore une partie de ses terres ont été ensablées et une autre partie a perdu sa surface labourée.

Une portion de ses terres étant assez difficile de culture, M. Salvat les a couvertes d'une certaine épaisseur de sable, pris sur celles qui en avaient trop; il avait fait labourer avant d'appliquer le sable.

M. Adolphe sème beaucoup de fourrages mélangés et de trèfle incarnat hâtif et tardif avant l'hiver; cela sert à la nourriture en vert d'une trentaine de bêtes Durham de pur sang, et de trois belles juments Percheronnes, qui font ici tous les travaux de culture. Il fait fumer et labourer les champs dont le fourrage vient d'être consommé et le remplace de suite par des vesces de printemps, des betteraves repiquées, du maïs fourrage, des choux vaches, etc., etc.

Son étable se compose de fort belles vaches, bonnes

laitières ; il a plusieurs taureaux adultes et d'autres âgés de cinq à six mois, qui sont disponibles pour les amateurs. Un de ces taureaux est arrivé l'an dernier, d'Angleterre.

M. Salvat prépare trois jeunes bœufs pour le Concours de Poissy ; ce magnifique bétail qui remporte des primes à tous les concours, fera l'année prochaine l'ornement du Concours régional de Blois.

Les récoltes que j'ai vues ici, sont généralement très-belles.

M. Adolphe Salvat est un des concurrents à la prime d'honneur.

Je me suis rendu le 23 juin de grand matin à la belle ferme de la Maison-Rouge, à huit kilomètres de Blois ; le gendre de feu M. Malingié en est fermier ; elle contient cent cinquante hectares, dont 120 seraient tout ce qu'on pourrait désirer de meilleur, si elles n'étaient pas aussi sujettes aux inondations. Ce jeune est intelligent cultivateur, a perdu par cette cause l'an dernier, toutes ses récoltes, pour la seconde fois en six ans ; ses froments sont magnifiques et ils paraissent devoir donner plus de trente hectolitres en moyenne ; mais ses avoines ont été abîmées par l'extrême sécheresse. Les vesces d'hiver sont déjà fauchées et mises en moyettes, liées par le haut ; les prés qu'il fauche sont pleins de légumineuses, dont les brins sont aussi longs que ceux d'une belle luzerne.

Je me suis rendu ensuite au château de la Bâsme, près Contre (Loir-et-Cher) ; nous avons parcouru avec le nommé Salmain, métayer de la ferme la plus rapprochée du château, les terres qu'il cultive. Salmain est belge et est venu à l'âge de quinze ans dans ce pays avec son père ; il nous a fait voir, cette année, comme toutes les autres, des récoltes on ne peut pas plus belles, dans des terres qui ont été achetées, il y a trente et quelques années, à peu près 400 fr. l'hectare. Ses froments ont plus de cinq pieds de haut, sont très-épais et ont de très-beaux épis; ses avoines, ses vesces, ses trèfles sont de même, malgré la séche- resse; ses betteraves sont belles, mais comme elles ont été semées, et non repiquées, il s'y trouve bien des vides. Le seul reproche qu'on puisse faire à Salmain, c'est de ne pas faire assez de colzas et de récoltes sarclées, ce qui n'au- rait pas lieu, s'il n'avait pas quitté la Belgique trop jeune.

Mon frère a introduit dans ces environs, où il y a beau- coup de terres fort légères, une espèce de froment nommé froment seigle, parce qu'il prospère dans des terres très- sablonneuses, pourvu qu'elles soient bien fumées et mar- nées. Il cultive dans ses terres plus consistantes, un mé- lange des meilleures variétés de froments anglais, que j'ai rapportées en 1840, 1847 et 1851.

Je suis allé le 26 juin chez M. le curé de Thenay près de Pont-le-Voy; cet excellent prêtre ayant beaucoup connu M. Malingié, a pris goût à l'agriculture perfectionnée; depuis une vingtaine d'années il cultive ses terres avec deux petits chevaux; il a deux hectares de vignes, et quatorze de terres; point de prés. Son bétail se compose de deux vaches, deux élèves, deux béliers New-Kent, et une vingtaine de brebis ou agneaux croisés; il engraisse deux énormes cochons et a des volailles. M. le curé a dressé un jeune homme qui est depuis longtemps à son service; de cette manière, il n'est pas dérangé par sa culture, de ses occupations religieuses; cette culture le met en position d'être très-charitable et de venir forte- ment au secours des pauvres de sa paroisse; il occupe ceux qui peuvent travailler et ne trouvent pas d'ouvrage. Il fait faire pour ceux qui sont impotents, un potage composé de cinq livres de viande, qu'on fait bouillir jus- qu'à ce qu'elle tombe en miettes; on ajoute un kilo de riz, un kilo de pain, des carottes, betteraves, pommes de terre, choux, navets et poireaux.

M. le curé faisait abattre en 1856 de petites vaches, dont la viande ne lui revenait qu'à 25 centimes la livre; il la salait afin de pouvoir la faire consommer petit à petit; la viande lui a coûté depuis lors, 10 centimes de plus la livre; cinq livres de cette viande suffisent pour faire vingt fortes portions, qui nourrissent les femmes et enfants complétement; quant aux hommes, il leur faut deux portions par jour pour les substanter entièrement.

Les bons exemples de culture que M. le curé a donnés aux habitants de sa commune, ont bien fructifié; leur culture s'est améliorée et elle continue à se perfectionner; on voit que l'aisance des habitants augmente.

J'ai quitté ce bon curé pour visiter M. Févet; c'est un habitant du Nord, qui dirige, pour ses beaux-frères MM. Bernard, de Lille, riches fabricants de sucre, une ferme de cent hectares et une distillerie de betteraves, et surtout de topinambours; ses terres sont trop brûlantes pour qu'il puisse cultiver avec avantage plus de deux hectares de betteraves. Encore sont-elles dans un petit vallon qu'il irrigue avec les vinasses de sa distillerie. Il engraisse de soixante-dix à quatre-vingts bêtes à cornes pendant toute l'année, ce qui lui permet de fortement fumer ses terres.

J'ai vu chez lui de très-beaux bœufs Limousins et d'autres, Charollais, qu'il fait travailler; il en est également content sous ce rapport; mais il ne compte plus acheter de bœufs Charollais; ils coûtent de 1000 à 1200 fr. la paire dans ce moment, tandis que les autres lui reviennent à 200 fr. de moins; à la vérité les premiers s'engraissent plus facilement, mais les Limousins donnent de la meilleure viande.

M. Févet a une superbe étable qui peut loger cent bêtes à cornes; le pavé est en pierre de taille; une petite rigole conduit les urines dans une immense citerne; d'où on les fait arriver, à volonté, dans de grands tonneaux montés sur deux roues, ils servent pour arroser les champs, et principalement les luzernes et autres prairies artificielles, peu éloignées de la ferme.

M. Févet m'a dit que les bêtes à cornes sur lesquelles il gagnait le plus, sont les taureaux qu'on réforme généralement entre trois et quatre ans; il ne les paye pas cher, les fait castrer, et met de cinq à six mois à les engraisser; ils grandissent et s'engraissent en même temps.

Ses bêtes consomment en moyenne, un hectolitre de résidus et cinq kilogrammes de foin par tête.

M. Févet prend des bêtes en pension; on lui donne 1 fr. par jour pour les bêtes d'une taille ordinaire et 1 fr. 25 c. pour celles qui sont plus fortes.

Il fait venir pour litière, de la bruyère d'une assez grande distance; il l'a fait couper d'une longueur de trente centimètres, afin de pouvoir répandre plus facilement et plus également le fumier.

Les récoltes de froment et d'avoine, sont de toute beauté dans cette excellente culture.

M. Févet a planté, depuis sept ou huit ans, qu'il a acheté cette ferme pour ses beaux-frères, dix hectares en vignes, qui sont très-bien venues; elles ne donneront pense-t-il, cette année, que quatre-vingts pièces de vin, car elles ont été gelées au printemps.

Il a cinq hectares de prés, et un étang d'une étendue pareille qui lui fournit une chute d'eau, pour son moulin.

M. Févet a quarante hectares en topinambours, qui sont parfaitement sarclés et éclaircis, à soixante centimètres en tous sens, il les laisse pendant quatre ans dans le même champ, mais les fume tous les ans à raison d'au moins vingt mille kilogrammes; ils sont sarclés deux fois. Pendant que j'étais chez M. Févet, une vingtaine d'hommes, femmes et enfants, étaient occupés à cette culture ; j'ai remarqué qu'ils les piochaient profondément.

Les hommes forts ne sont pas employés aux sarclages ; ils gagnent 2 fr. par jour. Les sarcleurs gagnaient de 75 centimes à 1 fr. 50 c. suivant leur force et leur activité.

Le plus fort produit que M. Févet ait encore eu en topinambours, est de quarante mille kilogrammes par hectare.

J'ai quitté M. Févet pour aller à Pont-le-Voy, où M. de Mézillac ; a une petite culture fort bien dirigée ; il était absent ; son jardinier homme fort intelligent, m'a fait visiter l'enclos ; il m'a fait voir un pré traversé par le canal du moulin ; et m'a dit que ce pré était marécageux et plein de fondrières, lorsque M. de Mézillac acheta cette propriété d'une vingtaine d'hectares ; il l'a drainé et égalisé, et c'est maintenant un excellent pré. J'ai trouvé de fort belles céréales et entre autres un champ d'orge chevalier, qui était superbe, c'est l'espèce d'orge qu'on cultive le plus en Angleterre ; elle est la meilleure pour faire la bière.

On plante ici les pommes de terre avant l'hiver et l'on m'a assuré qu'on n'avait jamais rien à craindre de la maladie ; on en cultive plusieurs variétés excellentes.

Les féveroles de printemps se trouvant abîmées par les pucerons ; j'ai dit au jardinier, que M. Massé, n'avait plus à souffrir de cet insecte, depuis qu'il faisait plâtrer ses féveroles par la rosée, aussitôt qu'il s'apercevait de leur présence, et que je supposais que la même précaution, rendrait pareil service aux colzas en fleurs, qui sont souvent abîmés par un puceron, sinon le même, du moins du même genre.

M. de Mézillac a de fort beaux jardins et des serres très-bien tenues ; il a construit un beau bâtiment où il a installé son faire valoir; son petit troupeau de brebis Berrichones, reçoit depuis trois ans des béliers Charmoise, il a des vaches de pays, et de grands vilains cochons noirs, hauts sur jambes, qu'il a fait venir de fort loin. Il eût mieux fait d'en demander à M. Pavy, à la ferme de Girardet à neuf lieues de Tours, route du Mans; il aurait alors la plus belle race que je connaisse, au lieu d'une des plus laides.

Je me suis rendu de là, à la Charmoise; je n'ai trouvé que Madame, que je n'avais pas encore l'honneur de connaître. Elle a eu la bonté de me mettre entre les mains, d'un des employés de la ferme-école, qui m'a accompagné dans cette visite d'une grande et bonne culture.

J'ai vu de fort jolies vaches Bretonnes; si j'en étais le propriétaire, je leur donnerais un taureau Durham bien écussonné, au lieu de leur petit taureau Breton.

M. Malingié a huit bons chevaux et deux bœufs de labour; il a deux machines à battre, l'une à poste fixe, l'autre locomobile; un manége spécial fait fonctionner, son concasseur à grain, et celui à tourteaux, le hache-paille, le coupe-racines et le tarare. Ses céréales d'hiver sont remarquablement belles; ses avoines de printemps, venues sur des herbages retournés, sont bonnes; mais celles en terres ordinaires souffrent de la sécheresse.

Il avait l'an dernier, cinq hectares de pommes de terre Chardon, qu'il a vendues en gros 10 fr. l'hectolitre, pour semence.

Ses beaux colzas sont en partie en meules et le reste sur terre, pour être battus immédiatement; les betteraves viennent bien. Les hivernages ont été fort beaux, mais les fourrages de printemps, y compris le maïs, souffrent singulièrement.

Le troupeau de M. Malingié se compose d'environ mille bêtes, de cette bonne race connue sous le nom de Charmoise, créée par le père du propriétaire actuel. Ce troupeau est très-beau, et il a toujours un bon débit de reproducteurs.

Les récoltes sur les bonnes terres calcaires des environs de Pont-le-Voy, sont évidemment moins belles que celles des terres légères que j'avais vues les jours précédents.

La ferme-école que M. Malingié dirige, a vingt-cinq élèves.

Je me suis rendu de là, à Tours, et à Cormery, pour visiter M. Allibert, ancien agent de change à Paris, qui a acheté d'abord une propriété d'environ cent quarante hectares avec habitation ; plus tard il a acheté une autre petite propriété d'une trentaine d'hectares ayant aussi une petite maison de maître. Ces deux propriétés se touchent.

M. Allibert achève dans une délicieuse position, un charmant château on ne peut plus commode ; ceux qui ont le projet de construire, feront bien de visiter cette construction avant de se mettre à l'œuvre.

M. Allibert ayant renoncé aux affaires, s'occupe d'améliorations agricoles. Je lui ai procuré un régisseur belge des environs de Tournay, qui aide M. Allibert à mettre en bon état cette propriété, sortant des mains de misérables cultivateurs. Les terres sont en partie argilo-calcaires ; elles contiennent en plusieurs endroits et à une faible profondeur, d'excellente marne pulvérulente, sans pierres, qui pourra remplacer la paille, comme litière, surtout pour les défrichements de bois qu'on fait ici. Les taillis étant généralement détruits par le pâturage, quoiqu'en bon fonds non calcaire. M. Catelle, le régisseur, fait passer par le hache-paille toutes les pailles et autres fourrages, verts ou secs ; on les met ensuite dans des tonneaux défoncés par un bout, (en attendant que des citernes pour la fermentation de la nourriture du bétail, soient faites,) on mélange en hiver à la paille coupée, de la drêche et des racines ; on arrose le tout avec de l'eau bouillante, dans laquelle on a fait dissoudre des tourteaux et un peu de sel ; cette nourriture se prépare le matin pour le repas du midi ; dans le milieu du jour pour le souper ; enfin le soir pour le déjeuner du lendemain des animaux ; cette préparation emploie à la vérité bien des bras, mais elle économise énormément le fourrage, dont rien n'est perdu ; si l'on a des foins détériorés, on en mélange un peu aux bons et la sauce leur ôte le mauvais goût. On peut en agissant ainsi, nourrir un bon tiers d'animaux, en sus de ceux qu'on tiendrait d'après les anciens usages.

M. Allibert a construit sur la ferme de sa première acquisition, de beaux bâtiments qui lui permettent de loger le bétail nécessaire, à une culture de plus de cent hectares.

Il a fait venir de chez M. Hutschison, propriétaire cultivateur à Mongruy près Peterhead, petit port de mer peu éloigné de celui d'Aberdeen (Écosse), un beau bélier Southdown, âgé de dix-huit mois, qui provient de père et de mère, de la fameuse bergerie de Jonas Webb de Babraham, près Cambridge ; M. Hutschison a eu, il y a plusieurs années la fantaisie de créer un bon troupeau, dans une contrée où l'on n'a pas de bêtes à laine ; il a fait venir de chez ce fameux éleveur de Southdown, des béliers et des brebis ; il est donc embarrassé d'une vingtaine de béliers qu'il élève, sur un troupeau de cent mères, et se trouve forcé de les donner à fort bon marché ; les moins chers valent 150 fr., au lieu de 500 à 1 000 fr. au moins, prix qu'en retirent les bons éleveurs anglais, fixés dans des pays où l'on a des troupeaux.

M. Hutschison a déjà expédié en France à ma connaissance, seize béliers Southdown en trois envois ; ils sont tous arrivés à bon port. Quatre sont allés en deux fois chez le comte de Tracy à six lieues au delà de Moulins (Allier) ; le port ne lui est revenu qu'à 50 fr. par tête. M. Hutschison ayant exposé un lot de brebis mères, au Concours agricole international de 1856, a eu le premier prix des brebis mères de race Southdown ; M. Jonas Webb n'expose que des béliers. Ceci doit prouver aux amateurs, qui désireraient acheter de bons béliers de cette excellente race, sans les payer trop cher, qu'ils peuvent s'adresser en toute confiance à M. Hutschison ; il suffit de lui indiquer un banquier, à Londres, où il pourra toucher la valeur des béliers. M. Hutschison expédie les béliers par le paquebot à vapeur qui va d'Aberdeen à Londres ; l'adresse lui étant bien donnée, pour la station du chemin de fer la plus rapprochée de l'habitation de l'acquéreur. Les bêtes y arrivent sans nul embarras ; lorsqu'on en demande, il faut éviter de les faire venir dans la mauvaise saison, qui dure en Écosse, jusqu'au mois de mai.

M. Allibert a donné à son bélier Southdown des brebis Berrichones. Les brebis du Berri donnent de fort beaux agneaux avec un bon bélier anglais, des races Dishley, Cotswold, Chéviot ou Southdown.

M. Allibert m'a conduit à Mettrey ; M. Demetz, l'éminent directeur de cette colonie agricole modèle, nous avait engagés à venir lui demander à déjeuner ; il avait invité en même temps trois de ses principaux aides dans cette œuvre de bienfaisance ; M. Minangoin l'habile directeur de la culture était en voyage. Il nous a fait voir d'abord, sa fabrique d'instruments d'agriculture ; elle emploie une machine locomobile à vapeur de la force de six chevaux ; on y fabrique bon nombre d'instruments perfectionnés, entr'autres une charrue écossaise, toute en fer, à soc pointu et à versoir convexe, qui, je crois, est la meilleure pour cultiver des terres argileuses et collantes, ainsi que celles qui contiennent beaucoup de pierres.

On nous a fait voir ensuite la porcherie, qui contient de fort belles bêtes New-Leicester; on vend les petits, âgés de six semaines, 40 fr. la pièce pour la reproduction. Nous avons vu ensuite une partie des quatre-vingt-dix hectares de froments de la culture de Mettray ; ils étaient fort beaux et leur produit présumable promettait de vingt-cinq à vingt-sept hectolitres par hectare en moyenne. La grande étendue de betteraves cultivées pour la distillerie de l'établissement, était parfaitement sarclée ; un champ portait des betteraves élevées sur couche et repiquées à la fin de mars ; elles étaient déjà fort grosses et paraissaient très-vigoureuses ; nous avons aussi admiré un champ de carottes.

On se sert à Mettray du plantoir Ledocte et on nous a dit en être fort content.

Nous avons visité l'intérieur de deux fermes isolées, occupées par des détachements de colons ; nous les avons trouvées parfaitement tenues, tant à l'intérieur que dans les cours.

M. Demetz nous a dit qu'il était parfaitement content des enfants de la colonie. Ils dépassent le nombre de sept cents, et sont partagés en familles, au nombre de quarante à cinquante, sous la direction de deux chefs.

Il nous a fait voir les portraits coloriés de deux zouaves, anciens colons ; l'un a sauvé deux fois la vie à son colonel ; il a gagné des décorations ; l'autre zouave s'est aussi singulièrement distingué.

M. Demetz nous a fait examiner les tableaux contenant les noms des familles et où figurent aussi les noms des lauréats, puis ceux des colons qui ont passé trois mois sans avoir encouru aucune punition ; nous avons été étonnés du grand nombre de ces lauréats.

Nous avons entendu chanter plus de trois cents colons; ils ont conservé le plus parfait ensemble et nous ont fait grand plaisir. Nous avons également entendu avec plaisir la musique militaire composée d'une quarantaine d'instruments en cuivre.

On est étonné et heureux en même temps, de voir quelle transformation, une bonne et religieuse éducation peut opérer.

M. Demetz nous a dit que les hôpitaux et hospices de Paris qui contiennent des enfants, l'ont prié de proposer aux propriétaires cultivateurs qui manquent de main-d'œuvre, de venir choisir dans le nombre de leurs élèves âgés de douze à quatorze ans, au moins une vingtaine de garçons, pour lesquels les hospices fourniraient 70 centimes par tête.

M. Demetz se chargerait de fournir un chef à cette petite colonie, lequel nourri logé et blanchi, de même que les enfants, recevrait en outre du cultivateur qui le prendrait chez lui, 500 fr. d'appointements.

M. Demetz s'engagerait à fournir, moyennant une somme de 600 fr. que lui remettrait le propriétaire en question, tout le matériel nécessaire à l'ameublement de l'habitation de cette petite colonie de vingt individus; et si le propriétaire n'était pas content de ses colons, après une année d'essai, M. Demetz reprendrait la colonie et rembourserait la moitié des 600 fr. qu'il aurait reçus.

M. Demetz fait construire dans ce moment un beau bâtiment faisant face à celui qu'il habite; il veut y loger des jeunes gens se destinant à l'agriculture, soit comme fermiers, ou régisseurs, ou propriétaires. Il pense que les élèves sortant des fermes-écoles après y avoir fini leur temps, mais qui ne se trouveraient pas encore suffisamment capables, pour bien remplir une des trois fonctions ci-dessus indiquées, ou bien qui n'auraient pas encore trouvé la place qu'ils désirent occuper, seront empressés de profiter de la facilité qu'il leur offrira, de se perfectionner sous un maître tel que M. Minangoin ; effectivement, sous le rapport de la bonne culture des terres, de l'engraissement du bétail, de la distillation de la betterave, de la tenue des livres en partie double, et enfin de l'emploi des instruments perfectionnés d'agriculture, ces jeunes gens se trouveront dans la meilleure position, pour apprendre ou se perfectionner.

J'ai trouvé l'agriculture des environs de la colonie, bien meilleure que celle des autres côtés avoisinant Tours ; je pense que cette amélioration est due aux bons exemples présentés par la culture de Mettray, qui a toujours été très-bien dirigée depuis que M. Minangoin est à sa tête.

Je me suis rendu le 3 juillet chez M. Trousseau, fils du célèbre médecin de ce nom ; il a loué, il y a quelques années, un château et quatre cents hectares de terres calcaires de bonne qualité, au prix de 50 fr. l'hectare ; son bail est de vingt ans.

M. Trousseau jouit d'une trentaine d'hectares de prés. Une partie de ses terres sont peu profondes, sur un fonds d'excellente marne ; d'autres terres sont d'une culture assez difficile.

M. Trousseau est l'élève, comme agriculteur, de M. Pluchet de Trappes un des meilleurs cultivateurs, fabricant de sucre et distillateur, des environs de Paris ; en sortant de là, il a été encore se perfectionner chez de bons cultivateurs anglais. Il a ramené ou fait venir de ce pays, de bons animaux, des instruments et des graines, principalement de belles variétés de froment que je ne connaissais pas ; celle qu'il préfère se nomme Hundert-Fold ; la traduction du mot est cent pour un ; le second de ces froments est White-Strawed-Schaff, le n° 3 Gloire de Sussex ; le n° 4 Red-Prolific.

M. Trousseau a malheureusement affaire à un propriétaire qui, probablement, regrette d'avoir loué pour si
longtemps ; loin d'aider son fermier qui fait de si grandes
améliorations sur sa terre, il lui met des bâtons dans les
roues ; il ne consent pas à lui construire des bâtiments
essentiels ; cependant M. Trousseau offre de lui payer
5 p. % de la dépense. Une des conditions du bail, introduite par le propriétaire, est, que le fermier doit drainer
toutes les terres qui en ont besoin ; le propriétaire fournira les tuyaux ; il est donc naturel que le fermier lorsqu'il le peut, draine le plus vite possible, afin de jouir
plus longtemps, des bons résultats de cette immense
amélioration ; eh bien ! le propriétaire refuse de fournir
les tuyaux au fur et à mesure que M. Trousseau avance ;
cette opération, M. Trousseau est obligé de la payer, et
ne pourra rentrer dans cette avance que petit à petit, en
la retenant sur les loyers. Il a déjà drainé cent dix hectares et il continue activement cette grande amélioration.

M. Trousseau avait ramené quatre beaux béliers et vingt
brebis de la très-belle race de bêtes à laine de Lincoln-
shire ; mais ces bêtes, qui ont d'énormes toisons, ne se
sont pas arrangées du climat chaud et sec de la Touraine ;
il s'en est donc défait et s'est procuré un beau bélier
Southdown qu'il va donner, ainsi que d'autres qu'il attend, aux brebis provenant du croisement des béliers du
comté de Lincoln ; il donnera également ses béliers Southdown à des brebis Berrichones, et à cent quatre-vingts
brebis croisées Southdown, qu'il est au moment d'avoir
de M. Merges, propriétaire demeurant à quelques lieues
de chez lui.

Il a de fort beaux verrats et des truies d'espèces anglaises ; il compte acheter de M. Pavy un verrat Middlesex.

Il se monte en jeunes vaches Cotentines qu'il a très-bien
choisies. Elles ont de beaux écussons, et sont fort bien

faites, et près de terre. Il compte leur donner un taureau Durham bien écussonné ; son vacher est suisse.

M. Trousseau aura trente vaches dont le lait se vendra à Tours.

Il a un petit semoir à céréales de Smith, qui lui a coûté 500 fr.

Une partie de ses froments ont été semés avec ce semoir, à raison de quatre-vingts litres à l'hectare.

M. Trousseau a des charrues Howard ; mais comme elles se cassent facilement, il compte les remplacer par celles de Grignon.

Il est enchanté des herses jumelles de Howard ; il a une machine à battre à la vapeur, de Lotz, pour aller battre dans ses quatre métairies sa part de céréales. Dans deux ans, il n'aura plus de métayer ; il cultivera alors ses quatre cents hectares, sa culture ne s'étend encore que sur moitié de cette étendue.

M. Trousseau a aussi une machine à battre à poste fixe de Duvoir ; pour faire de la belle paille qu'il vendra à Tours, dont il n'est qu'à dix kilomètres, pour l'argent qu'il en retirera, il achètera du fumier à Tours, et du guano ; le fumier se vend dans cette ville plus de 6 fr. le mètre cube et il y a pour arriver sur ses terres les plus éloignées trois lieues à faire. Je pense que M. Trousseau ferait mieux d'acheter des chiffons de laine et du guano en place de fumier ; le prix en serait trop cher transporté à une aussi grande distance.

Il met pour ses froments, cinquante mètres cubes de fumier et ajoute au printemps deux cents kilogrammes de guano, sur les champs où le froment n'est pas assez beau ; car ses terres naturellement bonnes, ont été complétement épuisées par la mauvaise culture des fermiers du pays. Ses champs de froments sont généralement fort beaux.

M. Trousseau a semé en septembre, un grand champ placé contre la ferme, en ray-grass d'Italie seul; il l'a déjà fauché deux fois et le fera encore plusieurs autres fois; il l'arrose avec du purin, une fois au printemps, au commencement de sa végétation, et chaque fois que cet excellent fourrage vient d'être enlevé. Après deux années de ce traitement, il le laissera monter en graine, qu'il laissera se ressemer, de lui-même; il fera donner deux coups de scarificateur pour enterrer la semence, et finira par le rouler. Il m'a dit qu'on agissait maintenant de cette manière en Angleterre pour renouveler les ray-grass d'Italie, au lieu de les labourer et de les ressemer ensuite, comme c'était d'abord l'usage.

M. Trousseau a deux hache-paille placés l'un à côté de l'autre, dans un grenier au-dessus d'un cabinet, où l'on mélange le foin et la paille, qui sont coupés par ces deux instruments; il a placé à côté de ceux-ci, un concasseur d'avoine et un brise tourteau; ces machines seront mises en mouvement par une seconde machine à vapeur, qui est posée à poste fixe pour servir de moteur à la machine à battre de Duvoir. On y ajoutera un lavoir à racines, un cylindre pour séparer la poussière des balles de froment, et un autre pour passer dans le même but, le fourrage coupé, puis un second tarare et un trieur de grain, pour achever de rendre le grain parfaitement propre.

M. Trousseau, après avoir eu des attelages de bœufs en même temps que ceux de chevaux, a renoncé aux premiers; il se sert principalement de juments Percheronnes et d'un étalon de la même race, pour élever des poulains.

Il laboure ses prés qui sont peu productifs, quoique sur fonds de terre excellent.

M. Trousseau a importé d'Angleterre un pelleur de

chaumes, excellent instrument, avec lequel on pelle les chaumes, aussitôt la récolte enlevée : ce travail est bientôt fait, cet instrument opérant sur plus de quatre pieds de largeur. On herse ensuite et les premières pluies font germer toutes les graines de mauvaises herbes, qui se sont ressemées : un bon labour les détruit, et assure la propreté de la terre.

Cet excellent cultivateur fait, à l'instar des fermiers anglais, du colza destiné à être consommé en vert, avant la maturité des navets qui précèdent les rutabagas, dans la consommation du bétail ; après ceux-ci arrivent les betteraves, il est bon d'ajouter qu'on a remarqué en Angleterre, qu'en faisant manger aux brebis du colza en vert quelque temps avant, et pendant le temps de la lutte, cette nourriture les disposait à prendre le bélier.

Une bonne partie de ces machines agricoles d'un grand prix ont été données à M. Trousseau, par M. son père, grand amateur de culture, mais qui n'a pas le temps de s'en occuper dans sa terre près d'Étampes.

Je me suis rendu de là, à la ferme du château de la Bellangerie, que M. Hingot faisait valoir d'une manière si remarquable ; son remplaçant comme régisseur, M. Brochard, m'a fait voir de beaux froments sur trente-cinq hectares, des jarousses sur trente, dix hectares de colza qu'il était en train de battre, huit en seigle fourrage déjà remplacés par de la vesce de printemps, et du maïs, neuf en avoine, vingt-six hectares en betteraves qui souffrent beaucoup de la sécheresse, quatre en luzerne, six en pois de printemps et quinze en moutarde blanche.

M. Brochard a en ce moment quatre-vingt-dix bœufs, quinze vaches et neuf chevaux à nourrir ; tout ce bétail, excepté les chevaux, n'a que des débris de carrières de tuf calcaire, pour litière.

Chaque bœuf reçoit par vingt-quatre heures trois paniers de gesces coupées, pesant cent vingt kilogrammes, deux décalitres de drêche de brasserie, qui coûte 19 centimes, et un kilogramme de tourteau de colza, le produit de douze ares de gesces suffit pour nourrir les cent cinq bêtes à cornes par jour. Les vaches viennent de la Mayenne et proviennent d'un croisement avec un taureau Cotentin; elles ont coûté 500 fr. la pièce; leur produit, après vêlage, est de dix à vingt-cinq litres. On leur donne un kilogramme de tourteau de lin, ce qui n'est pas bien calculé; cette espèce de tourteau convient mieux pour l'engraissement que pour la vache laitière; au contraire, le tourteau de colza convient mieux pour les vaches laitières; il augmente la quantité et la qualité du lait ainsi que celle du beurre, mais à condition de faire bouillir ce tourteau, ce qui l'empêche de donner un mauvais goût au lait et à ses produits.

M. Brochard dit que sur sa ferme qui est d'environ cent hectares, il peut nourrir et engraisser toute l'année, cent cinquante bêtes à cornes en leur donnant la nourriture ci-dessus indiquée; il ne compte guère que sur une vingtaine de francs de bénéfice net par tête de bœuf et son fumier, après une moyenne de trois mois de nourriture.

Dans le moment de ma visite, ces bœufs qui pesaient six cent cinquante kilogrammes en moyenne lors de leur vente aux bouchers, ont coûté maigres 350 fr. et sont vendus 460 fr.

Je suis allé coucher chez M. Manuel; son magnifique château de l'Orfrasière, est au milieu d'une terre d'environ mille hectares, située à cinq lieues de Tours, sur la route de cette ville à Château-Renault. M. Manuel a pris comme régisseur au mois d'août dernier un belge du nom de Hingot, qui depuis une dizaine d'années dirigeait la très-remarquable culture de la Bellangerie dont je viens de parler.

M. Hingot est parvenu en moins d'un an, à transformer la culture de la réserve de l'Orfrasière, qui était loin d'être sur un bon pied lorsqu'il en a pris la direction; il a su y faire une récolte de froment sur soixante hectares, dont environ les trois quarts sont remarquablement beaux; il a une quarantaine d'hectares de fort belles avoines d'hiver; soixante hectares sont couverts de très-belles jarousses ou gesces; il a soixante hectares en betteraves bien fumées. Toutes ces récoltes ont reçu des labours de vingt-cinq centimètres de profondeur faits avec des attelages de quatre bœufs; tous les gens du pays prédisaient qu'avec des labours aussi profonds, aucune récolte ne pourrait réussir.

Il existe sur cette terre depuis trois ans, une distillerie pouvant transformer par vingt-quatre heures, trente mille kilogrammes de betteraves en alcool.

M. Manuel a un beau troupeau composé de cent quatre-vingts bêtes de pure race Southdown; six béliers et vingt brebis viennent de chez M. Jonas Webb; il y a en outre six cents brebis croisées Southdown, et enfin plusieurs centaines de moutons qu'on engraisse, et qui parquent; il y a dans la belle ferme construite par M. Manuel, vingt-cinq chevaux de travail, quarante vaches de diverses belles races, parmi lesquelles se trouvent huit Durham; il y a deux taureaux de cette race. Le nombre des bœufs de travail est très-considérable; M. Hingot en fait mettre quatre par charrue, afin de pouvoir labourer très-profondément; à mesure que ses terres seront drainées, il emploiera après un labour profond, la charrue à sous-sol, dont il a quatre modèles différents; il y a ici six charrues Howard; on ne compte pas les conserver, elles se cassent très-facilement; on leur préfère celles de Dombasle et celles de Grignon sans avant-trains; on aime beaucoup les herses articulées de Howard, et les scarificateurs Coleman;

on a des rouleaux Croskyll, un semoir pour racines de Chandler, qui délivre la graine en même temps que l'engrais liquide; cela permet de les semer par un temps sec; on a des herses et des houes à cheval Malingié.

M. Hingot a fait faire des houes à cheval qui fonctionnent très-bien aussi; mais l'un et l'autre de ces instruments, exigent un trop grand espacement entre les lignes de betteraves pour la sucrerie ou la distillerie; cette distance devrait être de quarante à cinquante centimètres au plus.

Je ne connais pas de meilleure houe à cheval pour les betteraves destinées à la fabrication, que celle de Lemaire fabricant d'instruments aratoires à Saint-Rimeux, non loin de Bresles (Oise). C'est M. Hette fabricant de sucre dans ce dernier lieu, qui cultive plusieurs centaines d'hectares annuellement pour sa sucrerie et sa distillerie, qui l'a singulièrement perfectionnée; elle prend trois lignes de racines à la fois et comme elle est montée sur quatre roues, elle ne se dérange que difficilement de la ligne droite; elle est attelée d'un cheval et coûte 150 fr.

Il existe dans la basse-cour une machine à battre à poste fixe de Duvoir, qui ne bat avec le manége, que vingt hectolitres par jour; il s'y trouve aussi une batteuse locomobile du même fabricant, dont le moteur est une machine locomobile à vapeur venue d'Angleterre; elle bat de cette manière, quatre-vingts hectolitres en dix heures.

M. Manuel avait acheté à Paris un filet destiné à former un parc à moutons, mais ces bêtes s'en sont tellement effrayées, les deux fois qu'on les y a mises, qu'en voulant s'échapper, plusieurs d'entre elles furent étranglées, elles avaient fait passer de force leurs têtes à travers les mailles, et ne purent s'en dépêtrer; si les mailles eussent été beaucoup plus larges, ces accidents ne se fussent pas présentés ici, comme aussi chez M. Lupin à Loroy, ces MM. ont donc abandonné les filets.

J'ai admiré à l'Orfrasière, une fort belle luzerne prête à être fauchée pour la seconde fois ; M. Hingot m'a dit, qu'on l'avait parquée l'an dernier et qu'elle avait reçu ce printemps de bonne heure, deux cents kilogrammes de guano par hectare ; on avait pris les bons moyens pour se former une bonne luzernière, sur une terre sortant des mains de mauvais cultivateurs, en lui donnant d'abord, une jachère effective pour la bien nettoyer, une bonne fumure destinée à la céréale dans laquelle on allait semer la luzerne, enfin les engrais ci-dessus mentionnés.

La porcherie contient des cochons New-Leicester, Essex, Hampshire et Craonnais, mais on ne veut pas conserver ces derniers, dont on n'est pas content.

M. Manuel nous a fait faire le lendemain une promenade de vingt-cinq kilomètres qui m'a fait voir ses environs, nous sommes passés d'abord dans la commune de Nouzilly, dont il est le maire, de là à Beaumont, où le comte de Beaumont possède un château et une forêt considérable, nous avons traversé ensuite une triste et pauvre plaine, où nous avons aperçu le château de la Brosse, propriété de M. de Tempé ; la culture autour du château m'a paru fort soignée et bien entendue.

Nous avons passé ensuite au pied d'une très-grande et lugubre bâtisse, qu'on m'a dit avoir appartenu à l'ordre des Templiers. Les environs sont fertiles ; nous y avons vu des froments généralement beaux, mais j'ai trouvé que les meilleurs, de cette riche plaine, n'étaient pas aussi beaux que ceux de M. Hingot.

M. Manuel a obtenu de M. Demetz, un détachement de quatre-vingts colons; il les loge dans une ferme démontée qu'on a remise en état ; les colons sont sous les ordres d'un chef et de deux sous-chefs de Mettray ; ils travaillent le plus possible, à la tâche, à prix convenus d'avance ; lorsqu'ils sont à la journée, ils gagnent 75 centimes ; ils se nourrissent eux-mêmes. M. Hingot m'a dit qu'il en était fort content, que les plus forts labourent, et le font mieux que les laboureurs du pays.

Une autre ferme démontée a été transformée en faisanderie. Le garde qui y demeure et la dirige, a fait éclore sept cents œufs de perdrix ; les petits viennent fort bien ; ils sont dans un herbage qu'on a entouré d'un grillage en fil de fer ; chaque poule ayant couvé des œufs de perdrix, est enfermée dans une loge en paille tressée, ressemblant beaucoup à une grande ruche ; la poule ne peut passer que la tête à travers le grillage ; au contraire les poussins peuvent sortir ; ils s'éloignent même assez loin de leur mère nourrice, mais ils y reviennent ; on leur apporte dans le commencement des œufs de fourmis remplacés plus tard par du grain ; il y a aussi de jeunes faisans et de belles volailles.

M. Manuel a plusieurs juments poulinières de pur sang, en liberté dans des herbages, avec leurs poulains.

J'ai vu ici pour la première fois, un chien de berger ayant un mors dans la gueule, afin de l'empêcher de mordre les brebis ; cette espèce de mors a une langue qui sort de la gueule et dépasse un peu les dents ; cela n'empêche pas le chien de boire.

On m'a dit, que les terres de ces pays avaient singulièrement augmenté de valeur, depuis qu'on leur avait ouvert des débouchés au moyen des chemins de grande vicinalité et de chemins communaux, qui réunissent les villages aux routes ; les meilleures terres de ces plateaux, naturellement peu fertiles, se vendent de 1 800 à 2 400 fr. ; les médiocres et mauvaises, de 1 000 à 1 500 fr. ; les bonnes terres qui ne s'éloignent de Tours que de huit kilomètres, arrivent à 4000 fr., et les sables d'alluvion du val de Loire; vont à 5000 fr. l'hectare.

Je suis arrivé le 5 juillet vers midi, chez M. Pavy à Girardet près Chemillé, département d'Indre-et-Loire, route de Tours; cette propriété est à trente-six kilomètres de la Chartre, où l'on entre dans le département de la Sarthe.

La famille était malheureusement absente; je ne suis resté que quelques heures, pendant lesquelles j'ai visité cette très-intéressante exploitation avec le chef de culture, ancien élève de la Charmoise; il a 600 fr. d'appointements.

Nous avons commencé par la porcherie, qui contient vingt-cinq mères truies, dont dix de pur sang Middlesex; les autres sont de diverses espèces porcines d'Angleterre.

M. Pavy vend le couple de porcelets Middlesex âgés de six semaines, 200 fr., et ceux des autres truies anglaises servies par des verrats Middlesex, 100 fr. Ces porcs Middlesex sont aussi connus sous le nom de race du capitaine Gunter.

On m'a dit qu'on avait en moyenne, de dix à douze petits par truie chaque année; cette porcherie n'a pas coûté cher comme construction, la partie ajoutée depuis qu'on a plus que triplé le nombre des truies, a été construite en torchis et couverte en joncs, ce qui empêche ces bêtes d'avoir trop chaud en été, et trop froid en hiver; les animaux sont nourris à ce que j'ai pu voir, d'une manière convenable et économique; la nourriture des truies qui allaitent et malgré cela sont très-grasses, se partage en quatre repas, chacun de cinq à dix litres d'une boisson, formée d'un mélange de deux tiers de farine d'orge, un tiers de son, et vingt-quatre litres d'eau, dans laquelle sept cent cinquante grammes de tourteau de colza ont été dissous; les rations se donnent plus fortes, en proportion de la grosseur de la mère, du nombre et de la force des petits; on ajoute à cette nourriture de l'herbe tendre; on cultive aussi pour elles des salades, des choux et des racines; ces deux derniers articles leur sont donnés en hiver.

Les volets qui couvrent les auges, sont suspendus de manière à les fixer à volonté des deux côtés de l'auge; cela empêche les cochons de mettre obstacle au nettoyage des auges; c'est chose essentielle, et qui permet de bien arranger la nourriture, avant de leur laisser prendre leur repas; je voudrais voir ajouter à ces auges que je trouve des plus commodes, une disposition que j'ai rencontrée, chez quelques-unes des personnes que j'ai visitées dans mes voyages agricoles; elle consiste en un madrier posé au-dessus de la mangeoire, il est entaillé de manière que le porc qui veut manger, est tenu par le cou; de sorte qu'il lui est impossible de battre ses voisins, moins forts et moins hargneux que lui; cette entaille du madrier les empêche aussi de mettre leurs pieds dans la mangeoire; le madrier peut se hausser ou s'abaisser suivant la taille de l'animal.

M. Pavy a imaginé une petite auge double pour les porcelets, qui les empêche de voir leurs voisins lorsqu'ils sont occupés à manger.

Les bêtes qui ne nourrissent pas, ont le même genre de nourriture avec moins de farine.

Le troupeau se compose de cent vingt brebis ou antenaises Southdown, et d'une vingtaine de béliers, les antenais compris; un d'eux a été acheté de M. Jonas Webb.

M. Pavy a deux cents et quelques brebis; provenant de brebis Charmoises ou métisses mérinos, et de béliers Southdown; il a soixante-quinze agneaux Southdown, et cent soixante-quinze croisés, qui m'ont paru fort beaux;

on vend les béliers de 175 à 250 fr. Il a une jolie génisse Durham de couleur blanche, qui est pleine ; une jolie vache Ayrshire venant de chez M. Allier, enfin un taureau, des vaches et des veaux de race Flamande.

M. Pavy a deux fort beaux chevaux de luxe et treize autres de travail.

En fait d'instruments perfectionnés, j'ai vu une machine à vapeur locomobile de Ransom, sa machine à battre vient du même fabricant, ainsi que les charrues et houes à cheval ; les herses sont de Howard ; il a une faneuse et un râteau à cheval de Smith et Ashby, un rouleau Croskyll et un autre rouleau en fonte partagé en trois morceaux, plusieurs charrues à sous-sol, quatre tarares dont un de Vilcoq de Meaux, un trieur Vachon, et enfin un tombereau écossais à ridelles.

La culture de M. Pavy s'étend sur cent soixante-quinze hectares, dont 20 sont en sainfoin, 40 en froment, 1 en seigle, 10 en avoine d'hiver de Chypre, à épis unilatérales, 15 en orge chevalier, 5 en sarrasin, 6 en trèfle, 5 en pommes de terre Chardon, 8 en betteraves, et je ne sais plus combien en navets, comme récolte dérobée.

Il y a aussi des terres semées en pâtures à moutons, et des topinambours ; je ne connais pas le nombre d'hectares en prés.

Le tout m'a paru fort beau et très-bien dirigé ; les bâtiments de culture sont très-beaux.

J'ai pris ma place dans une diligence allant à la Chartre, jolie petite ville dans la belle vallée du Loir, qu'on suit jusqu'à Château-du-Loir, ces cinq lieues vous font traverser un pays fort beau, très-fertile et bien cultivé ; on fait ensuite cinq autres lieues pour arriver au Lude ; le pays n'est plus si fertile et il devient souvent très-siliceux ; on y voit de petits champs de betteraves, choux et citrouilles.

Je suis arrivé à huit heures du matin au Lude ; on y voit un superbe château, propriété du marquis de Talhouet, maire de cette ville, qu'il habite pendant quelques mois de l'été ; je suis allé chez M. Destrichet premier adjoint, qui m'a conduit dans une ferme située à trois kilomètres de la ville ; il y a fait des améliorations très-remarquables, qui datent depuis plus de dix ans.

Il s'y trouvait une vingtaine d'hectares de prés marécageux, donnant en grande partie plutôt de la litière que du foin ; il ne pouvait les drainer complétement ; le Loir qu'il a pour limite, étant maintenu par la digue d'un grand moulin, à une hauteur qui ne le permet pas ; ce pré était traversé par un ruisseau, qui l'inondait souvent intempestivement, M. Destrichet est parvenu à détourner le cours de ce ruisseau ; il a obtenu ensuite du Gouvernement, la permission de faire une prise d'eau au-dessus du moulin, qui en a toujours plus qu'il n'en emploie ; cette eau, réunie à celle du ruisseau détourné de son cours naturel, forme une chute qui fait tourner une énorme roue hydraulique, formant une noria égyptienne, servant à élever suffisamment l'eau, pour irriguer une partie des prés assainis préalablement, autant que possible, par des fossés ouverts, et à irriguer aussi une vingtaine d'hectares de prés faits sur une plaine de sable mêlé de cailloux ; ces derniers prés ne pourront devenir productifs, que si on peut les fumer convenablement. C'est ce que M. Destrichet ne pourra faire, qu'autant qu'il se décidera après des essais préalables, à acheter une forte quantité de guano du Pérou, je l'ai beaucoup engagé à essayer en petit, la quantité qui lui donnera le plus de bénéfice net ; je pense que deux cents kilogrammes de guano par an avec l'irrigation, pourront transformer ces sables arides et improductifs, en prés donnant un revenu net. Il ferait bien aussi, d'essayer si cinq cents kilogrammes par hectare, ne lui produiraient pas, pendant les trois années qui suivraient l'application de cette bonne dose, autant de foin que la dose annuelle indiquée ci-dessus.

M. Destrichet cultive sur une petite étendue de ces sables, des pommes de terre, des carottes, des betteraves, du maïs et du sorgho de Chine en lignes, et il obtient de bons résultats sur de fortes fumures.

J'ai vu des choux cavaliers plantés l'automne dernier, et des choux branchus du Poitou plantés ce printemps, qui sont d'une grande beauté; ils ont été repiqués sur billons à la Northumberland, fumés à raison de vingt-cinq à trente mètres cubes de fumier par hectare; les choux sont à un mètre les uns des autres dans les lignes; il leur donne au moment du sarclage, le quart d'une poignée de guano à chaque pied, en ayant le soin de faire recouvrir le guano avec de la terre.

Sa roue hydraulique lui a coûté 1 600 fr., pose et terrassements compris; le canal et le redressement du ruisseau ne sont pas comptés dans cette dépense : comme il n'a souvent pas autant d'eau qu'il en faut pour que la noria fonctionne rapidement, ce qui arrive lorsque des bateaux passent à l'écluse, ou que la sécheresse dure assez longtemps, il regrette de n'avoir pas monté une machine à vapeur qui élèverait l'eau nécessaire à ses irrigations.

M. Destrichet réunit le plus de vases et de bonne terre possible, pour en faire des composts avec de la chaux et du fumier; ils servent à fertiliser ses prés; il donne à ceux qui sont en terre d'alluvion les composts formés avec les terres légères, et aux prés faits sur sables, des composts formés avec les terres fortes.

M. Destrichet a commencé, il y a une dizaine d'années, à se servir de taureaux Durham pour améliorer son bétail; il envoyait dans le commencement ses vaches chez

M. le comte de la Pouaze à quelques lieues du Lude ; depuis que le marquis de Talhouet a des Durham, il n'est plus forcé de leur faire faire une aussi longue course.

Le bétail de M. Destrichet est donc fort beau, car il le nourrit bien ; il élève tous les veaux qui sont bons et vend les jeunes bêtes grasses, vers l'âge de trois ans et demi.

M. Destrichet a une machine à faner de Smith de Stamford, un râteau à cheval et des herses de Howard ; il possède un hache-paille et un coupe-racines anglais, enfin des charrues américaines.

Après le déjeuner, M. Destrichet a bien voulu me conduire au château de M. de Talhouet ; j'y ai vu un beau parc de cinquante hectares, bordant la charmante rivière du Loir ; ce parc est peuplé d'une quantité d'arbres superbes. Nous avons traversé la rivière, en barque, pour visiter d'anciens et de nouveaux prés, que M. de Talhouet a établis et fait irriguer.

Les anciens contenant une vingtaine d'hectares sont bons ; mais les nouveaux prés sur une quarantaine d'hectares de sables, n'ont pas réussi, on les a ensemencés en graine de foin sans les fumer, on aurait dû former ce terrain très-plat, en planches bombées ; c'est ainsi que cela se fait en pareille situation, dans les pays où les irrigations sont bien comprises, tels que le pays de Siegen dans la Hesse électorale, qui fournit des irrigateurs à tout le reste de l'Allemagne. On pensait dans l'origine pouvoir amener à plus de cent hectares, l'importance de ces prés.

D'immenses prairies ont été créées dans la Campine, sur des terrains sablonneux plus mauvais que ceux du Lude, mais ils ont été défoncés à la bêche et formés en larges planches bombées, puis on les a couverts d'engrais amenés par des bateaux sur le grand canal qui réunit la

Meuse à l'Escaut; ces engrais provenaient d'Anvers et des autres villes de Belgique et de Hollande. Ces prés si bien établis, ont donné d'abord de bonnes récoltes de foin et l'on se flattait qu'il en serait toujours de même; on comptait que les bonnes eaux de la Meuse seraient suffisantes, pour entretenir cette fertilité qui provenait d'une forte fumure, ainsi que de l'application de terres argileuses sur les sables; mais depuis lors, on a été obligé de donner chaque année, de cent cinquante à deux cents kilogrammes de guano du Pérou, par hectare; les récoltes sont redevenues abondantes, et elles payent à leurs propriétaires un bon intérêt, des capitaux considérables employés à leur création.

J'ai vu dans les prés du château, une machine hydraulique destinée à faire monter l'eau de la rivière pour les irrigations, on cherche à améliorer cette machine qui ne fournit pas beaucoup d'eau; aussi pense-t-on à établir une machine à vapeur pour en élever davantage.

Nous avons vu dans ces prés, une machine à faner et un râteau à cheval.

Je suis allé le 8 juillet de bon matin chez M. le comte de la Pouaze, il habite une très-grande terre qu'il a achetée en 1843, à dix kilomètres du Lude; elle contient environ douze cent cinquante hectares. Son prix d'achat a été de 900 000 fr.

M. de la Pouaze, qui était capitaine d'état-major, a quitté le service en 1823; il s'est occupé alors de l'amélioration d'une terre, qu'il possédait dans la Vendée; elle produisait 9 000 fr.

M. de la Pouaze l'amena à un revenu net de 18 000 fr.

Il acheta ensuite la terre de Ste-Hermine, contenant sept cent cinquante hectares de bonne terre, pour 340 000 fr., après le décès d'une dame qui pendant toute sa longue vie, n'avait pas augmenté les baux de ses nombreux fermiers. Ces gens gagnaient leur vie, sans se donner beaucoup de peine en cultivant fort mal.

M. de la Pouaze améliora cette propriété pendant les quinze années qu'il l'habita, et vendit les terres les plus éloignées de sa belle habitation, ce qui le fit rentrer dans le prix d'acquisition; il fit produire aux cinq cents hectares restant, une vingtaine de mille francs. Ayant donné cette terre à M. son fils, il acheta alors celle-ci, qu'il a depuis lors singulièrement améliorée; mais il lui reste encore beaucoup à faire.

En arrivant ici, M. de la Pouaze trouva de mauvais fermiers, dans des fermes trop considérables pour le capital dont ils disposaient; à mesure que les baux expirèrent, il partagea ces fermes en deux; leur étendue ne fut que de trente à quarante-cinq hectares au plus; il proposa aux fermiers de devenir métayers, ce qu'ils refusèrent tous. Il fit venir alors des familles de cultivateurs des environs de la ville de Sablé, qui devinrent ses métayers; il faut ajouter que les environs de cette ville sont beaucoup mieux cultivés que ceux du Lude.

M. de la Pouaze s'est servi des nombreuses locatures existant sur sa terre, pour former les nouvelles fermes, en ajoutant ce qu'il fallait de bâtiments, afin que les métayers pussent bien loger leur bétail.

M. de la Pouaze remplace maintenant ceux de ses métayers des environs de Sablé dont il n'a pas eu à se louer, par des métayers des environs de Beaupréau en Vendée; ceux-ci engraissent fort bien les bêtes à cornes, et les premiers sont de bons éleveurs.

Les métayers sont à moitié pour les grains, graines et le bétail, mais ils fournissent la moitié du cheptel; ils payent seuls les impôts de leur ferme; ils donnent quelques paires de poulets; on n'élève point de dindons dans le pays. Les métayers donnent au propriétaire la moitié des oies lorsqu'ils en élèvent ainsi que la moitié de la plume; cette condition qui paraît dure a été imposée, afin de dégoûter ces gens d'élever des oies. Ils se sont engagés par bail à suivre l'assolement indiqué par le propriétaire, à se servir de ses taureaux, béliers et verrats.

Les métayers doivent battre avec les machines fournies par le propriétaire; le grain étant nettoyé, on le partage et on prélève sur les deux parts, les semences; si le métayer fournissait de mauvaise semence, on le forcerait à employer celle fournie par le propriétaire et il payerait sa moitié au prix du jour.

L'assolement, pour les meilleures terres qui sont principalement celles de la vallée, est celui-ci : première sole, récoltes sarclées, betteraves, carottes, pommes de terre, choux vaches, le tout avec une fumure de soixante-dix à quatre-vingts mètres cubes, deuxième sole, orge avec quatre mètres de chaux, troisième sole trèfle, quatrième sole, froment qui reçoit vingt-cinq mètres de fumier et quatre mètres de chaux, cinquième sole, vesces plâtrées, sixième sole froment sur vingt-cinq mètres de fumier et quatre mètres de chaux.

Voici l'assolement en terres moins fertiles : première sole, froment avec vingt-cinq mètres de fumier et quatre mètres de chaux; on sème sur moitié de la sole de froment un mélange de trèfle rouge, de lupuline, de trèfle blanc et de ray-grass d'Italie. Ce mélange se fauche pendant la seconde année de l'assolement, il est pâturé dans la première moitié de la troisième; enfin, on le traite en jachère pendant le reste de l'année. L'autre moitié de la seconde sole, est en récoltes sarclées avec une fumure de cinquante mètres et quatre mètres de chaux; dans la seconde moitié de la troisième sole, on met de l'orge ou de l'avoine, et puis on recommence l'assolement.

M. de la Pouaze fait semer des luzernes dans les terres

saines et assez fertiles pour qu'elles y prospèrent. De la sorte les métairies sont bien montées en fourrage.

Il tient la main à ce qu'on ait grand soin des prés, et qu'on mette des cendres lessivées, sur ceux qui ne se trouvent point fertilisés par les inondations ; c'est lui qui fait acheter les cendres et les paye ; elles lui coûtent 2 fr. 50 l'hectolitre. Il dépend de lui d'en donner ou de s'abtenir ; mais il a pour habitude, d'en fournir aux prés tous les deux ans.

M. de la Pouaze cultive, par des domestiques, trois fermes qu'il a choisies dans trois parties de sa terre plus longue que large ; ces fermes sont destinées à servir de modèle, aux métairies qui les entourent.

La première ferme est située près de l'habitation du comte, qui ne se compose plus que de deux pavillons, formant anciennement les communs du château démoli pendant la révolution. Elle est conduite par le régisseur M. Saget, ancien élève de la ferme-école de la Mayenne, qui était dirigée par M. Chrétien ; les deux autres fermes sont conduites par d'autres élèves de fermes-écoles.

La ferme de la basse-cour que M. Saget dirige, tout en étant le régisseur général, mais sous la haute direction du comte, qui habite sa terre toute l'année, ne contient que trente-quatre hectares en terres et six en prés ; on a sorti de l'assolement six hectares mis en luzerne et deux en sainfoins ; il ne reste que vingt-six hectares partagés en un assolement de six ans, que j'ai fait connaître plus haut. On tient sur ces quarante hectares, quatre juments qui élèvent annuellement un ou deux poulains, venant d'un étalon Percheron ; le comté a toujours eu depuis quatorze ans, un taureau Durham ; il a dix fort belles vaches ayant beaucoup de sang Durham ; on élève tous les veaux, autant que possible, les génisses dont on n'a pas besoin pour cette ferme, sont livrées aux métayers pour qu'ils soient bien montés en vaches. On prend en échange des veaux mâles aussi croisés Durham; ils sont castrés et engraissés, pour être tués vers l'âge de quatre ans; j'ai oublié le chiffre des élèves de la ferme, mais il complète plus d'une grosse bête par hectare.

Les appointements de M. Saget sont de 1500 fr., logé, chauffé; il a le lait des vaches, une fois les veaux sevrés à l'âge de quatre mois, et les légumes du jardin, on lui fournit au prix invariable de 20 fr. tout le froment dont il a besoin pour lui et les domestiques qu'il nourrit. Il a 50 centimes par journée de domestique qu'il nourrit.

Les meules de fourrage sont nombreuses près des fermes-modèles.

Les élèves des fermes-écoles qui dirigent les deux autres fermes-modèles, qui m'ont paru être bien mieux cultivées que les métairies voisines, ne gagnent que 300 fr. chacun.

J'ai aperçu près de plusieurs fermes de belles luzernes, de bonnes récoltes sarclées et céréales; on voit dans tous les champs destinés à être ensemencés en froment, d'énormes tas de composts chaux et terre, qui sont tellement blancs qu'on pourrait supposer, qu'il ne s'y trouve pas de terre.

Le comte a fait construire un immense four à chaux, pour fournir aux métayers de la chaux pour les terres.

Il possède deux moulins où ses vingt-quatre métayers sont forcés de faire moudre; les meuniers sont prévenus que s'ils mécontentaient ces pratiques assurées, on permettrait alors aux métayers d'aller à d'autres moulins; leur intérêt est donc de bien les servir.

M. de la Pouaze n'a pas encore drainé, ni essayé le guano, les chiffons de laine, et les tourteaux, pour engrais. Comme on emploie la chaux depuis longtemps, il s'ensuit, qu'on ne fait plus de seigle, excepté celui employé pour liens.

Les bois considérables de cette terre sont fort beaux et bien aménagés à dix-huit ans, au lieu dé l'être à douze ans comme précédemment. Il existe sur la terre de grandes carrières de tuf formant ces belles pierres de taille, connues sur les bords de la Loire et du Cher, et d'autres carrières de bonnes pierres à chaux grasse ; il y a enfin des sablières et de bonnes marnières. J'ai été étonné de voir beaucoup d'épis de froment carriés ; j'en ai parlé à M. de la Pouaze ; il m'a dit qu'il se servait du sulfatage conseillé par Mathieu de Dombasle ; je l'ai engagé à le remplacer par l'immersion de la semence de froment, dans une lessive formée par deux cent cinquante grammes de sulfate de cuivre par hectolitre ; la semence devra tremper pendant vingt-quatre heures au plus, et douze heures au moins. J'ai trouvé que M. de la Pouaze administrait si bien sa belle terre ; que les propriétaires demeurant dans des pays à culture arriérée, auraient beaucoup à gagner en le visitant et en le priant de les mettre au courant de sa bonne manière d'administrer ; ils pourraient alors augmenter leur revenu, d'une façon très-avantageuse pour tout le monde. Ces mêmes personnes compléteraient leur instruction en administration et en culture profitable, si elles allaient ensuite visiter M. le comte de Tracy, dans sa grande terre de Paray-le-Fraisil près de Chevagne, à vingt-cinq kilomètres de Moulins (Allier) ; l'instruction acquise dans ces deux terres si remarquablement conduites, amènerait si elle était bien employée, en peu d'années une si grande augmentation de revenus, que ces propriétaires se trouveraient largement indemnisés, des embarras qu'ils auraient rencontrés.

Étant retourné au Lude, j'y ai pris le lendemain la voiture de la Flèche, qui me fit faire un parcours de vingt-quatre kilomètres par une petite route, suivant en partie la vallée du Loir, pays riche et bien cultivé. On y

voit beaucoup de chanvre; les froments et autres céréales y sont fort beaux; on y cultive beaucoup de pommes
de terre, peu de betteraves, pas mal de choux vaches;
les prés y étant nombreux et abondants, on y voit peu
de prairies artificielles. J'ai eu à admirer un assez grand
nombre de belles et jolies habitations de campagne.

Le conducteur de la voiture à côté duquel j'étais placé,
m'a dit qu'après bien des années d'une vie active et de
privation, il avait pu économiser 5000 fr.; cette somme
avait servi il y a déjà plusieurs années, à payer un hectare d'excellente terre d'alluvion, sur les bords du Loir
à Château-du-Loir. Cette terre est à sous-sol imperméable,
ce qui le force de la faire labourer en planches un peu
bombées, pour éviter la trop grande humidité, il en met
moitié en froment auquel il donne vingt mètres de fumier qu'il paye 130 fr. rendus à son champ, au maître
de poste qu'il sert en sa qualité de postillon. Il y sème
au printemps au moment du hersage donné au froment,
cinq cents kilogrammes de tourteaux de colza-coûtant
12 fr. les cent kilogrammes et 1 fr. par cent pour le pulvériser. Cette fumure est renouvelée tous les deux ans
pour la même récolte, qui produit en moyenne vingt
hectolitres; les autres cinquante ares, rapportent environ
cent hectolitres de pommes de terre; il ne les fume pas,
s'étant aperçu que la fumure augmentait de beaucoup la
maladie. Lorsqu'il remarque que la maladie apparaît sur
les fannes d'une partie du champ, il les arrache de suite, et
rebouche avec les pieds l'ouverture qui reste après l'extraction des fannes; la croissance des tubercules s'arrête,
mais du moins ils ne se trouvent pas atteints de la maladie.

L'année dernière, il a eu deux mille cinq cents kilogrammes de paille à vendre; et comme les pommes de
terre ont atteint un prix élevé depuis plusieurs années,

il tire un bon intérêt du capital employé, à payer son hectare.

Étant arrivé à la Flèche, j'en repartis pour Sablé; le pays que j'eus à traverser étant partagé en très-petits enclos entourés de haies épaisses, garnies d'arbres futaies et de têtaux; je n'ai pu guère juger son agriculture et la qualité de ses terres, qui n'ont pas l'air d'être très-fertiles.

La jolie petite ville de Sablé est située sur une rivière navigable, la Sarthe; un immense château posé sur une éminence, d'où la vue s'étend sur la ville et sur la rivière, est la propriété d'une branche de la nombreuse famille des Rougé, qui habite une autre terre; je pris, en arrivant, un cabriolet qui me conduisit dans la commune de Saint-Loup; j'allais faire une visite à M. Lefevre de Sainte-Marie, inspecteur général d'agriculture, qui y a acheté il y a trois ans, deux fermes, dont une contient une maison de maître, qu'il a fort bien arrangée, et cinquante et quelques hectares de terres en partie fortes et en partie sablonneuses.

Je n'ai trouvé que Mme de Sainte-Marie, qui a eu la bonté de me faire visiter sa très-belle basse-cour, construite par son mari; j'y vis une fort jolie écurie garnie de boxes où se trouvaient de beaux chevaux; son magnifique bétail Durham est composé de deux taureaux, dont le plus jeune venait de remporter le premier prix de sa catégorie, au Concours régional du Mans; de neuf vaches, un jeune taureau blanc qui est destiné à remplacer Wilcome, lorsqu'il aura atteint l'âge convenable, un joli veau mâle de six mois, dont M. Sainte-Marie demande 800 fr. enfin deux génisses et deux veaux.

Tout ce bétail m'a paru fort bien choisi, ce qui est tout naturel chez M. de Sainte-Marie, si grand connaisseur en bêtes Durham.

Une des étables est partagée en boxes, où l'on met les vaches allaitant; une autre a des boxes, où les veaux sont seuls et sans être attachés.

La porcherie construite pour un verrat et quelques truies mères, en contient quatre provenant d'un croisement Coleshyle avec New-Leicester, qui sont de toute beauté; je leur reprochais seulement d'être trop grasses.

Mme de Sainte-Marie me remit ensuite à son jeune régisseur, M. Ulbissain élève de M. Chrétien; M. Ulbissain est sorti, il y a quatre ans, de la ferme-école du Camp, pour entrer chez le comte de Curzai; il y a passé trois ans, sous un habile régisseur anglais M. Price. Nous nous sommes rendus dans la seconde ferme que M. de Sainte-Marie fait aussi valoir; nous y avons vu d'abord une meule considérable, qu'on était en train de former avec du foin excellent, venant de sept hectares de très-bons prés, qui font partie de la propriété.

Il y avait dans l'étable de cette ferme quatre fort jolies vaches Bretonnes, ayant chacune un veau provenant du beau taureau Wilcome et qu'on aurait pu prendre, s'ils ne s'étaient pas trouvés près de leurs petites mères, pour des veaux Durham, tant ils étaient gros; en outre ils n'avaient plus la robe des Bretonnes; l'étable contenait encore trois jeunes vaches croisées Durham, dont deux avaient pour mères de petites Bretonnes; elles étaient fort jolies et avaient chacune leur veau; j'eusse été fort étonné des bons résultats du croisement Durham Breton, si je n'étais pas allé en 1854 à Grand-Jouan, et si je n'avais pas vu et examiné si souvent, les charmantes bêtes croisées Durham exposées en 1856 par l'habile éleveur et cultivateur M. Rieffel; directeur de l'École régionale de Grand-Jouan.

M. Ulbissain m'a fait voir un champ de fort belles carottes, de betteraves, et pommes de terre, le tout très-bien sarclé, du maïs fourrage très-beau, qu'on cultive encore si peu en France, excepté dans le midi, tandis qu'on en voit énormément dans le nord de la Prusse; où la graine est importée de l'Amérique méridionale; cette dernière espèce arrive à neuf et dix pieds de hauteur, avec des tiges très-grosses et juteuses et des feuilles très-larges; les cultivateurs de la Provence devraient cultiver cette belle espèce pour en fournir la graine à la France et à l'Allemagne. Elle a le mérite de donner autant de fourrage que le sorgho de la Chine et d'être bien plus tôt disponible pour la consommation.

On m'a fait voir aussi de très-belles céréales, entre autres de l'orge chevalier et de beaux champs de trèfle et de vesces.

J'ai été surpris de ne pas voir dans cette culture très-intéressante de toutes manières, d'instruments d'agriculture anglais, surtout un gros rouleau Croskyll, qui serait si utile pour briser les énormes mottes, qu'on voit dans ces terres, difficiles de culture; on n'a, jusqu'à cette heure, que des instruments de Dombasle qui sont bons; mais on ne peut pas se dissimuler, que la mécanique agricole a fait d'immenses progrès et en fait encore tous les jours, principalement chez nos voisins d'Outre-Manche.

J'ai été enchanté de l'aimable réception que Mme de Sainte-Marie a eu la bonté de me faire. La culture de cette propriété, ses Durham et ses croisements Durham Bretons, m'ont laissé les meilleures impressions.

Je suis reparti le lendemain de très-bonne heure de Sablé, pour aller visiter M. le vicomte de Charnacé, qui vient de remporter la prime d'honneur au Concours régional du Mans. J'ai eu l'avantage de le trouver chez lui; il a eu l'extrême obligeance de me faire voir en détail son excellente culture, dans laquelle il a eu de grandes difficultés à vaincre, pour l'amener au point où elle est.

La culture de M. de Charnacé n'embrasse que quarante hectares, dont 8 sont en bons prés. Il a défoncé
ses terres, malgré une grande quantité de grosses pierres,
que les charrues et les fouilleuses rencontraient à la surface ; des pionniers extrayaient celles qui avaient résisté
aux charrues.

M. de Charnacé a rechargé de terre les parties de ses
champs où la roche était trop près de la surface. Il a
drainé ses terres les plus humides, au moyen de pierres
plates de nature schisteuse mises sur champ, qu'il re-
couvrait ensuite avec de la pierre cassée, comme pour les
routes, mettant des gazons par-dessus les pierres.

M. de Charnacé a dirigé de cette manière toutes les
eaux nuisibles là où elles pourraient être employées utile-
ment. Il a amené ainsi une source dans le château, dans
la laiterie, dans la basse-cour, et dans les jardins ; il emploie la plus grande partie de ces eaux en irrigations.

M. de Charnacé emploie six familles à l'année. Lorsqu'il n'y a pas de travaux de culture, il fait de grandes
améliorations foncières, telles que défoncements, à re-
chargements de terre, là où il en manque, drainage, etc. ; il
emploie ainsi tous les pauvres ouvriers de ses environs,
lorsqu'ils manquent d'ouvrage dans la morte saison.

Les journaliers gagnent ici, les hommes 75 centimes,
les femmes 60 plus la nourriture qu'il estime à 50 centimes.

Les récoltes de M. de Charnacé sont fort belles en tous
genres ; mais ce qui m'a frappé le plus, ce sont ses
champs de choux vaches, qui alternent, dans la ligne,
avec des betteraves ; les lignes sont séparées par quatre-
vingts centimètres ; les labours ont le plus souvent quatre-
vingts centimètres de profondeur ; la terre est parfaitement meuble et nette de toutes herbes ; sa houe à cheval
de Dombasle, au lieu de pieds plats, a des dents de sca-

rificateur; ses charrues sont des Dombasle ou des Grignon.

Il se sert des premières pour les labours profonds, en les attelant de quatre bons bœufs; on ne met que deux bêtes à celles de Grignon; son scarificateur est de chez M. Bodin de Rennes; son rouleau Croskyll est venu de Grignon, où il coûte 450 fr. il en fait faire pour des amis, et il espère pouvoir les leur livrer à 100 fr. de moins.

Il a un beau champ de pommes de terre, dont une partie est plantée de l'espèce dite Chardon.

L'assolement que M. de Charnacé a adopté, est quatriennal, la première sole est en racines, elle reçoit quarante mille kilogrammes de fumier et trente hectolitres de chaux par hectare. La deuxième sole, froment avec deux cents kilogrammes de guano; il met moitié de la troisième sole en trèfle rouge et l'autre en trèfle hybride, qui peuvent alterner ainsi tous les quatre ans sans inconvénient. Sa quatrième sole est du froment, recevant quarante mètres d'un compost contenant un tiers en fumier, un tiers en terre, et un tiers en chaux.

Son bétail se compose de quatre chevaux de luxe, qu'il a élevés et qui m'ont paru fort beaux, quatre chevaux de travail, deux fort beaux bœufs de race Parthenaise, qui ont coûté 1100 fr. et qui me semblent bien plus chers que les très-beaux Charollais que j'ai vus chez MM. de Béhague, Nouel et Fevet.

M. de Charnacé a une quarantaine de fort belles bêtes à cornes, provenant de croisements Durham; ceux qui ont le plus de ce sang si utile, en sont au cinquième croisement; j'ai vu huit de ses vaches qui sont d'une très-grande beauté et d'un très-grand poids; deux petites Bretonnes lui ont donné deux jeunes bœufs, qui sont énormes en les comparant à leurs mères. Ses jeunes bœufs gras, à l'âge de trois ans et demi, sont vendus aux bouchers entre 650 et 700 fr. Lorsqu'il les vend à moitié gras à des normands, il en obtient 550 fr.

M. de Charnacé a de belles truies New-Leicester, il a une vingtaine de cochons de tous âges; ses porcelets se vendent pour la reproduction, au moins 50 fr., et ceux de dix mois 100 fr.

M. de Charnacé a récolté l'an dernier sur trois hectares, cent quatre-vingt mille kilogrammes de betteraves, qui avaient été repiquées seules. La laiterie qui contient aussi des vases à lait en zinc dont on est fort content, vient d'être arrangée, pour qu'on puisse tenir les terrines de lait, entourées d'une eau courante en été.

J'ai vu une seconde coupe de luzerne, qui avait un mètre de hauteur et était fort épaisse.

Les jardins de M. de Charnacé sont beaux et bien tenus; ils contiennent des arbres rares et de belles fleurs.

Les nombreuses volailles de la basse-cour, reçoivent des feuilles de choux et de salade, qu'elles aiment beaucoup.

M. de Charnacé a acheté l'an dernier une ferme et des terres qui le joignaient; ces dernières lui ont coûté 3 000 fr. l'hectare; cependant les terres des environs de la ville de Sablé, ne m'ont pas paru très-bonnes; il y en a un assez grand nombre qui sont peu profondes, sur un sous-sol de roches calcaires ou schisteuses; d'autres sont formées d'un sable mélangé d'argile, avec un sous-sol de cailloux, très-épais.

Les arbres, chênes ou autres, qui sont dans les haies, sont d'une belle venue; le pays qui environne l'habitation de M. de Charnacé est fort joli; une petite rivière coulant dans des prés ombragés, fait tourner de nombreux moulins peu importants; M. de Charnacé en possède trois; il en a détruit un et a bien arrangé les deux autres. Je lui ai demandé s'il ne croyait pas qu'on abuse de la chaux, dont l'emploi augmente toujours depuis une vingtaine d'années, qu'elle sert à améliorer les produits de la terre.

M. de Charnacé me répondit qu'il le croyait, mais qu'il pensait que le haut prix actuel de la chaux en diminuerait l'usage. Les propriétaires des mines d'anthracite se sont associés, et se sont entendus avec les fabricants de chaux, qui ont construit d'immenses fours à chaux dans les carrières, ils y vendent la chaux 1 fr. à 1 fr. 10 c. l'hectolitre.

Je suppose que c'est l'énormité de ces fours à chaux, dont la construction doit coûter une dizaine de mille francs au moins, qui empêche les propriétaires ayant beaucoup de terres à chauler, de fabriquer eux-mêmes de la chaux; ils croient peut-être qu'on ne pourrait pas cuire de la chaux dans des fours, qui ne coûteraient que quelques centaines de francs à construire; ils ne savent probablement pas, qu'on fait de la chaux sans fours; en Belgique, en Angleterre, et même en France, dans des lieux fort éloignés de l'anthracite; et qu'on y obtient de la chaux entre 5 et 7 fr. le mètre cube; je citerai comme exemple, la terre d'Argy près de Buzançais, à sept lieues de Châteauroux et de la station du chemin de fer la plus rapprochée; l'anthracite qui y vient de Montluçon, fait trente-deux lieues sur bateau, seize lieues sur chemin de fer, et doit être transportée pendant sept lieues par des tombereaux; eh bien, là, M. Bernier, ancien ingénieur dans les mines de Belgique, fait pour les terres de sept grandes fermes, de la chaux dans des trous creusés en terre; il y cuit de la pierre dure, en morceaux quelquefois aussi gros que la tête. Cette chaux ne lui revient en moyenne, qu'à 6 fr. 60 c. le mètre cube.

M. Bernier n'emploie qu'un hectolitre soixante-trois d'anthracite pour cuire un mètre de chaux, dans ces excavations en terre nommées fours dormants. En apprenant ces faits, les propriétaires des pays où l'on vend la chaux beaucoup plus cher, feront bien d'aller visiter M. Bernier; étudieront ce genre de fabrication qui leur rendra de grands services.

M. de Charnacé n'a pas voulu augmenter le loyer de ses fermes il y a quatre ou cinq ans, à l'expiration d'un bail de neuf ans, dans lequel ses fermiers n'avaient rien gagné par suite des changements de gouvernement, ils ne payent donc que 50 fr. par hectare, ce qui est moins que dans le voisinage où l'on paye 60 fr.

En me rendant de Sablé chez M. de Charnacé, j'ai vu un garçon d'environ onze ans, qui portait un panier paraissant assez lourd; je l'engageai à monter dans mon cabriolet; je le questionnai et j'appris que son père était fermier dans le voisinage de la terre de M. de Charnacé; il cultive trente hectares, avec quatre chevaux qu'il met tous quatre devant sa charrue, sa terre étant très-forte; il avait aussi deux bœufs; moitié de ses terres est en froment, l'autre partie est semée, en luzerne, trèfle, betteraves, carottes, pommes de terre, navets, sarrasin et pâture d'une année; il a aussi un bon pré.

L'enfant n'a pu me dire combien son père payait de loyer : je lui ai demandé s'il allait à l'école; il répondit négativement; son père et sa mère lui apprennent à lire et à écrire; il me fit un grand éloge de la bonté et de la bienfaisance de M. de Charnacé, il fait travailler les pauvres gens et les nourrit bien; c'était un joli enfant, à figure délicate, dont le teint n'était pas bruni par le soleil. On voit que le climat n'est pas si chaud que dans le centre.

Je suis remonté en diligence à Sablé pour me rendre au Mans; une fois arrivé à environ seize kilomètres de Sablé je traversai un pays peu peuplé et moins bien cultivé; on y voit bien moins de composts de chaux dans les terres, de même que sur le reste de la route du Mans.

Dans une jolie vallée où coulait, je pense, la Sarthe, que nous suivîmes pendant quelque temps, j'ai retrouvé des vignes peu vigoureuses, sur des coteaux de terres calcaires. Durant ce voyage, je vis beaucoup de champs de pommes de terre, de petits champs de potirons et de betteraves, sans oublier les choux, et j'ai remarqué que partout où la culture des choux est établie, le bétail paraît bien meilleur, que dans les localités où cette culture n'est pas introduite.

Je me suis rendu à Laval par le chemin de fer de Rennes, et de là en diligence à Craon; joli voyage, surtout celui fait en voiture; on parcourt un pays riche bien cultivé et on y voit beaucoup de champs accidentés, garnis de nombreux arbres fruitiers. Ce qu'on doit reprocher à ce beau et bon pays, c'est la petitesse des enclos et la largeur et hauteur des haies, garnies de chênes et têtaux, qui diminuent le produit des terres, au moins de la valeur des loyers; les enclos ne devraient pas être de moins de quatre hectares, et les haies devraient être en aubépine et taillées. Le lendemain matin je pris un cabriolet pour me conduire chez M. le comte du Buat; au château de la Subrardière, jolie habitation construite par lui dans un charmant site, orné de nombreuses et fort belles avenues, d'excellents prés et de belles eaux.

Cette terre contient environ quatre cents hectares, partagés en métairies de trente à quarante hectares, et en seize borderies ou petites métairies de dix à douze hectares au plus; dont le produit est d'environ 60 à 70 fr. par hectare.

M. du Buat cultive une réserve d'environ trente hectares de terres labourables et vingt en prés. Les terres que j'ai vues sont assez fortes; elles contiennent beaucoup de pierres schisteuses, qu'on ramène du sous-sol en labourant profondément; quoiqu'elles n'annoncent pas à l'œil une grande fertilité, elles sont cependant toutes couvertes de récoltes remarquablement belles; une forte partie des froments sont versés; les betteraves sont repiquées ici, à une bien plus petite distance que celles que j'avais vues les jours précédents.

Les nombreux bâtiments de culture sont très-simples mais commodes; surtout une étable contenant dix vaches de pur sang Durham. Elles sont chacune dans une boxe où le veau est en liberté et tette quand il a soif; aussi sont-ils fort beaux. Derrière chaque vache est une barrière large de deux mètres, qui peut à volonté se fixer contre le mur de basse-goutte; ou bien si l'on veut passer derrière les vaches, cette barrière se fixe contre le poteau de la stalle, opposé à celui qui porte ladite barrière; de cette manière la boxe est petite, ou grande, suivant le côté où l'on fixe la barrière.

M. du Buat a douze vaches Durham; la plupart sont fort belles; il a le même nombre de bêtes croisées ayant beaucoup de sang Durham; son superbe taureau de cette excellente race, donne de fort beaux produits; il en a vendu l'an dernier deux pour 5 500 fr.; j'ai vu plusieurs jeunes mâles dont il veut de 800 à 1000 fr.

Huit grands bœufs Parthenais de travail, deux juments de gros trait et six chevaux de luxe y compris ceux de M. Chabot son gendre, une vingtaine de brebis et béliers Dishley, autant de cochons New-Leicester très-beaux; toutes ces bêtes forment à peu près, une soixantaine de têtes de gros bétail, tenues sur cinquante hectares; dont à la vérité les deux cinquièmes sont en prés.

M. du Buat consomme tous les produits de sa culture chez lui, excepté le froment qui se vend; son bétail lui produit une moyenne de 6 à 8 000 fr. par an.

Il m'a fait examiner ses bœufs de travail, qu'il m'a dit choisis exprès, hauts sur jambes et mal conformés pour la boucherie, afin qu'ils marchent vite et puissent lui faire beaucoup d'ouvrage.

M. du Buat m'a dit aussi qu'en en faisant travailler une paire le matin et une autre paire le soir, ils labourent de quatre-vingts ares à un hectare par jour; ces bœufs n'avaient que de fort petites cuisses. Toutes ses bêtes à cornes ont soignées par deux vachers, qu'il a fait venir de la Vendée, et auxquels il donne 300 fr. au lieu de 180 fr., prix des valets de ferme de la Mayenne; le laboureur qui est un journalier, a le temps de prendre son repas et de se reposer entre les deux attelées.

M. du Buat nourrit ses gens de journée; il m'a fait voir un pétrin mécanique fait à Bordeaux, avec lequel deux femmes font en une heure cent cinquante kilogrammes d'excellent pain de ménage.

Il laisse les veaux teter pendant six mois, et fait prendre le taureau aux génisses, pour qu'elles vêlent âgées de deux ans.

M. du Buat vient de terminer une grange ayant cinquante mètres de long, sur douze de profondeur; la toiture est montée à la Philibert de Lorme; les basses-gouttes ont quatre mètres de haut et sont garnies de beaucoup d'ouvertures, par lesquelles on peut remplir la grange sans y entrer.

Un élève de la ferme-école de la Mayenne dont M. Chrétien est le directeur depuis douze ans, fait exécuter ici les ordres du propriétaire. Un ancien serviteur, homme de confiance, est chargé des partages avec les très-nombreux métayers.

J'ai beaucoup admiré une belle avenue, plantée alternativement de châtaigniers et de hêtres. M. du Buat en faisait arracher une autre de très-beaux frênes, qui étaient sur leur déclin ; elle avait été vendue 4000 fr., mais c'est surtout l'avenue principale, plantée en chênes par le grand-père de M. du Buat en 1760, qui faisait mon admiration, elle est de toute beauté ; le diamètre de ces beaux arbres est de 1 mètre à 1 mètre 33 centimètres.

Une bonne partie des prés de la réserve sont irrigués et l'on répand sur les parties les plus faibles, les poussiers de granges et autres balayages de cour. M. du Buat m'a dit que sa terre de quatre cents hectares, lui donne ordinairement trente bonnes mille livres de rente.

Voici l'assolement qu'il suit : première sole féveroles de printemps fumées ; deuxième sole froment ; troisième sole moitié en fourrage mélangé et moitié en trèfle, avec de la chaux ; quatrième sole orge ; cinquième sole choux, betteraves, pommes de terre, colzas ; sixième sole froment.

Ce très-intelligent et actif propriétaire me disait que ses métayers sont si routiniers, que malgré les bons exemples qu'il leur donne depuis si longtemps, ils labourent toujours en billons, au lieu de faire comme lui des planches de cinq tours ; ils conservent toujours leurs lourdes et informes charrues, attelées de six bœufs, au lieu d'adopter les charrues américaines, qui ne sont pas chères et passent si facilement en terre.

M. du Buat eut la bonté de me faire conduire le lendemain à la ferme-école du Camp, chez M. Chrétien, malheureusement absent, mais Mᵐᵉ Chrétien a bien voulu me faire visiter l'intérieur de la ferme, et la très-belle vacherie impériale, contenant une quarantaine de vaches, grandes génisses, ou taureaux en état de servir ; d'autres âgés de sept à huit mois seront vendus en août prohain : on m'a dit que les mâles se vendaient de 500 à 2000 fr.

Le taureau principal est réellement très-beau, ainsi qu'une partie des vaches.

J'ai vu avec plaisir un des trois bœufs qu'on prépare

pour le Concours de Poissy de 1858, il est fils d'une petite vache Bretonne avec un Durham ; il est énorme, ce qui est une nouvelle preuve du grand avantage qu'il y a à croiser ces jolies petites vaches de couleur noire et blanche, avec des taureaux courtes cornes.

On m'a fait voir un jeune taureau qui a été trépané, afin d'extraire les hydatides qui l'avaient rendu tournis ; il a échappé à la mort par suite de cette terrible opération.

Mme Chrétien m'a remis ensuite entre les mains du comptable, qui m'a fait parcourir une partie de la ferme ; j'y ai vu de fort beaux champs de froment, un champ de choux vaches mélangés de betteraves, un autre de pommes de terre, le tout sur une terre dure et difficile à cultiver.

La ferme a une étendue de soixante hectares, sur lesquels il n'y a que trois hectares de prés irrigués.

M. Chrétien a acheté de compte à demi avec un ami, un étang de vingt hectares, qu'il a transformé en un pré irrigué ; il paye 1 000 fr. de loyer à son copropriétaire, comme loyer des dix hectares. Cet étang était loué 600 fr. avec le moulin qui y était attaché.

M. Chrétien envoie au printemps sur ce pré, vingt-cinq vaches pour y paître la première herbe, elles y sont attachées au piquet ; il laisse ensuite pousser le foin, et si le regain n'est pas assez beau pour être fauché, on le fait pâturer une seconde fois, il a produit l'an dernier quatre-vingt mille kilogrammes de foin. Cette propriété se trouve à deux lieues de la ferme-école.

J'ai vu un champ de choux vaches, entre lesquels on a semé ou planté des betteraves, des pommes de terre, et des féveroles ; le tout est en lignes.

Le potager est très-bien tenu, et d'une assez grande étendue. J'y ai vu avec étonnement des lupins à fleurs rosées, venant bien sur terrain calcaire.

On laboure ces terres schisteuses très-dures habituellement, avec deux bœufs de moyenne taille ; lorsque la besogne est trop forte, on en met un troisième attelé en arbalète, et ayant un collier au lieu d'un joug simple.

J'ai remarqué ici un énorme bœuf attelé à un tombereau ; il rentre les fourrages verts, et va à la ville située à sept kilomètres de la ferme du Camp, pour y conduire des produits et en rapporter de la drêche.

Cette ferme qui jouit d'une grande réputation, a presque toujours son nombre de trente élèves au complet ; lorsqu'ils sont intelligents et actifs, ils ont beaucoup de chances d'être bien placés à la fin de leurs études agricoles.

Je connais cinq ou six bons régisseurs, qui sont d'anciens élèves de M. Chrétien ; ce sont M. Lemanceau chez le comte de Falloux, M. Saget chez le comte de la Pouaze, M. Ulbissain chez M. de Sainte-Marie, M. Brochard chez M. Bordes à la Bellangerie près Tours, un autre encore dont je ne retrouve pas le nom, chez M. le comte du Buat, enfin un autre chez M. le duc de Fitz-James dans les environs de Nîmes.

On déballait à la ferme du Camp, une machine à moissonner de Dray, et Mme Chrétien m'a dit, que son mari en avait une pareille dans la terre du duc de Fitz-James près de Nîmes, avec laquelle il venait de faire la récolte de cette grande terre.

Le comptable m'a conduit dans une habitation très-voisine ; elle a été construite par M. Guichard, propriétaire de la ferme-école du Camp ; ce monsieur ayant acheté cent vingt hectares de bois qui n'étaient pas d'un grand produit, les défricha pour en faire deux grandes fermes ; la superficie a payé le principal et la terre lui est restée pour rien.

M. Guichard a construit d'abord la ferme occupée par M. Chrétien, après l'avoir louée ; il a bâti une autre fort belle ferme, et à côté d'elle une très-jolie maison de maître, qu'il habite.

M. Guichard a fait faire un étang, servant d'abreuvoir aux deux fermes.

J'ai vu dans les étables une cinquantaine de jolies bêtes à cornes croisées Durham.

M. Chrétien fait travailler les jeunes bœufs de demi-sang Durham et il en est fort content, il me semble qu'il y aurait plus d'avantage à les vendre gras âgés de trois ans, en les remplaçant par des bœufs Parthenais, pour la culture.

Les campagnes que j'ai traversées depuis le château de la Subrardière, jusqu'à Laval, m'ont paru fort belles et bien cultivées ; il s'y trouve beaucoup d'excellents prés ou herbages, et un grand nombre d'arbres fruitiers.

Mon conducteur m'a dit que M. Guichard et une autre personne, avaient fait construire chacun quatre énormes fours à chaux, dans des carrières de marbre qui ne se trouvent qu'à vingt kilomètres au plus, de mines d'anthracite ; ils vendent cependant la pipe, contenant quatre hectolitres de chaux, à raison de 6 fr.; elle doit leur coûter moins de 2 fr.; ces MM. gagnent ainsi 200 p. %.

Je n'ai aperçu dans ces environs, bien moins de composts composés de terre et de chaux, que du côté de Sablé.

Ayant repris le chemin de fer à Laval, j'ai été forcé de stationner plusieurs heures au Mans, et ne suis arrivé qu'à une heure du matin à la Ferté-Bernard, où M. du Grip, le propagateur des pommes de terre Chardon, m'avait donné rendez-vous ; il me conduisit à cinq heures du matin chez M. Bary, grand fabricant de toile, qui s'occupe aussi de culture ; ce M. nous fit voir un troupeau de grandes brebis métis-mérinos ; j'ai regretté qu'au lieu d'un bélier de la même espèce, elles n'eussent pas un bélier Dishley, ou un Cotswold ; aux produits femelles dudit croisement, il faudrait ensuite donner un bélier d'Alfort ; ces deux croisements successifs, donneraient beaucoup plus de poids de viande, plus de précocité, et de disposition à prendre la graisse ; les toisons plus longues de mèche, et plus pesantes, donneraient au moins autant d'argent que celles des métis-mérinos.

M. Bary ne donne le bélier aux Antenaises, que lorsqu'elles ont deux ans.

Il a de belles vaches croisées Cotentin et Durham, et deux Cotentines qu'il a payées ensemble 1 500 fr.

Nous avons vu de belles luzernes, céréales, pommes de terre, carottes et des betteraves très-remarquables ; il y avait un beau verger, et la ferme contenait de grands et beaux bâtiments.

Nous avons été ensuite, prendre M. Girard, le maître de poste, qui nous attendait ; il nous a fait voir une très-belle ferme, qu'il a fait construire à deux kilomètres de la Ferté-Bernard ; il a drainé un pré, a de belles prairies artificielles et de bonnes céréales ; son troupeau métis-mérinos, a des béliers Dishley.

M. Girard est propriétaire d'une assez grande partie de cent trente hectares d'excellents herbages, qu'il couvre de bœufs mis à l'engrais ; il tient ordinairement deux cents bœufs ou grosses vaches, qu'il prépare, on achève d'engraisser dans de vastes étables ; une partie de ces bœufs passent tout l'hiver sur les herbages les moins humides ; ce sont ceux qui sont le plus tôt prêts, pour être vendus comme bœufs d'herbage.

M. Girard y met tous les ans une vingtaine de poulains Percherons, achetés en moyenne de 350 à 400 fr. à l'âge de six mois ; ils sont revendus un an après aux fermiers de la Beauce, dans les prix de 650 à 700 fr.

Ces poulains sont hivernés dans une espèce de grange,

ou hangar abrité de tous côtés; mais ils parcourent par tous les temps les herbages; on ne les attache jamais.

M. Girard a de jolies vaches Cotentines, auxquelles il donne un taureau croisé Durham, venant de chez le marquis de Torcy.

Il m'a dit que son père lui avait donné 6 000 fr., pour commencer ses affaires lorsqu'il se maria, et que maintenant il possède plus de 400 000 fr.

M. Girard avait été un des concurrents pour la prime d'honneur, que M. le vicomte de Charnacé a remportée.

Il est à regretter que le jury, qui a opéré dans la Sarthe, n'ait pas imité celui du département de l'Eure, qui a demandé pour M. Legrand de Guitry, une grande médaille d'or.

M. du Grip m'a conduit de là, à travers un pays fort accidenté et pittoresque, dans sa propriété qui touche celle de son père; à elles deux, elles couvrent une étendue de cinq cents hectares; dont une grande partie est en beaux bois, couvrant les coteaux qui bordent une jolie vallée; cette vallée contient d'immenses prairies ou pâtures, souvent marécageuses, par suite des retenues d'eau faites pour les moulins; et dans bien des cas, les moulins font bien plus de mal aux riverains qu'ils ne produisent de loyer comme usines. La propriété de M. du Grip a une étendue de cent soixante-huit hectares, partagés en trois fermes; là-dessus, 46 hectares sont en prés ou pâtures, abîmés par les fréquents débordements de la petite rivière, ou par des sources et suintements qui se trouvent au pied des coteaux.

Ce propriétaire intelligent et actif, a déjà drainé 29 de ces 46 hectares; qui n'avaient jusqu'alors fourni qu'une pâture louée 900 fr.; on est occupé à faucher la première coupe, qui m'a paru fort belle; on l'estime à une moyenne de trois mille kilogrammes par hectare; ce produit est aussi dû en partie, à une application de soixante hectolitres par hectare, de cendres mêlées de suie.

Les anciens prés de cette propriété, donnent avant le drainage, un mauvais foin aigre et dur, quoique le sol soit très-fertile ; une partie de ce foin sert de litière.

M. du Grip a aussi drainé une pièce de terre assez pierreuse, fortement inclinée, et d'une étendue de plus de six hectares ; elle souffrait beaucoup de l'humidité malgré sa forte pente ; elle est maintenant couverte d'une belle récolte de froment, qu'on estime valoir 40 p. % de plus, qu'une pièce voisine en pareille position et fonds, qui a obtenu la même dose d'engrais, mais n'a pas été drainée.

Le drainage de ces terres très-pierreuses, est revenu à 370 fr. par hectare ; cela tient à la dureté du sol ; les rigoles, à 10 mètres, et profondes de 1 mètre 30 centimètres, n'ont pu se faire qu'au pic.

M. du Grip occupe toujours six excellents terrassiers à cette première de toutes les améliorations, pour tous les terrains à sous-sol imperméable.

Il ne connaît pas encore le prix exact de l'assainissement d'un hectare de ses prés ; il a lieu de croire qu'il ne dépassera pas 300 fr., ce qui est encore fort cher ; mais il a été forcé par la grande quantité d'eau fournie par les sources, d'employer une grande quantité de tuyaux ayant un diamètre de vingt centimètres ; ils coûtent près de Sablé 500 fr. le mille ; et il faut ajouter 100 fr. de port par mille de ces énormes tuyaux, dont le poids est de dix kilogrammes la pièce. On a été forcé faute de pente suffisante, de faire passer la rigole principale de ce drainage par-dessous une rivière large de douze mètres et pour cela on a dû enterrer un gros tuyau en tôle bitumée, à près de deux mètres de profondeur ; ce remarquable drainage a été fait sur les plans et sous la direction de M. Harel, irrigateur et draineur du département de la Sarthe.

M. du Grip a l'intention de faire monter une machine hydraulique, qui lui permettra d'irriguer toute cette vaste prairie.

Il a construit presque tout à neuf, une belle et grande ferme; il s'y trouve de belles juments et des élèves de l'excellente race du Perche, de bonnes vaches, et des brebis qu'il croise avec des béliers de la Charmoise.

J'ai remarqué dans ce voyage, beaucoup de champs de pommes de terre de l'espèce Chardon; M. du Grip m'a montré une quantité de lettres venant des quatre coins de la France et d'Algérie; on le remerciait d'avoir procuré cette espèce, qui est maintenant couverte de bouquets de belles fleurs blanches.

M. du Grip m'a appris que deux inspecteurs généraux d'agriculture MM. Rendu et Boistel, se sont fixés dans ses environs; ils ont acheté chacun, une propriété, qu'ils sont en train d'améliorer.

Je me suis rendu de la Ferté-Bernard, à Alençon; le chemin de fer suit, jusqu'au Mans, le cours de la Sarthe, rivière bordée de très-riches herbages; sur la droite de la voie ferrée, on ne voit que des coteaux et des terres d'un sol siliceux et maigre, qui ne porte que des sapins, de mauvais bois feuillus, ou de pauvres récoltes.

J'ai remarqué une carrière de mauvais moellons, située près de la gare du chemin de fer du Mans, ces moellons contenaient une immense quantité de coquillages marins; j'ai trouvé dans le petit jardin d'un des concierges de cette gare, des lupins à fleurs comme je n'en avais pas encore vus, ils poussaient avec vigueur dans un sable qui m'a paru contenir du calcaire; si cela est exact, cette variété de lupins pourrait être cultivée avec succès dans des terres marnées, chaulées, ou d'une nature calcaire, quoique peu fertile.

Du Mans à Alençon, on voit que le pays s'améliore; la culture est meilleure; on remarque beaucoup de champs de chanvre.

Je venais à Alençon, assister à une exposition agricole, dont les primes étaient données par l'Association normande; cet excellent M. de Caumont est le fondateur de cette Société ou Association, qui a été la mère de l'Association des cinq départements de la Bretagne, ainsi que de celle des cinq départements du nord de la France.

M. de Caumont nous a réunis le soir de mon arrivée, dans une des salles de l'hôtel de ville; j'ai entendu plusieurs agriculteurs parler avec talent et connaissance de cause, de l'agriculture en général, et de la leur en particulier; nous avons visité le lendemain l'exposition des animaux et des instruments agricoles; j'y ai remarqué de belles vaches, mais surtout sept à huit bêtes Durham, que MM. Gernigon et de la Tréhonnais, avaient envoyées sous la conduite de M. Bocher; ces MM. se sont associés dans le but d'importer et de vendre en France, de beaux et bons Durham de pure race, des Dishley et des Southdown, achetés dans les meilleurs troupeaux, enfin des cochons des meilleures espèces; ils ont loué dans ce but, une ferme à herbages, près de la ville de Lisieux; ils y envoient le bétail perfectionné qu'ils importent d'Angleterre, pour l'y nourrir, en attendant qu'ils trouvent à le vendre.

Les bêtes exposées par ces MM. m'ont paru fort belles; il y en a eu de primées parmi elles.

Il y avait fort peu de bêtes à laine, car ce pays n'a point, ou n'a que de fort petits troupeaux de bêtes Normandes assez fortes, à tête et pattes d'un rouge foncé.

M. Cécire, maître de poste et maître d'hôtel à l'Aigle,

exposait deux béliers et cinq brebis mérinos, d'une fort belle espèce; il a obtenu le premier prix des brebis; M. Poutrel de Bavant, cultivateur des environs de Bayeux, bien connu comme importateur des bêtes Dishley et Southdown, avait deux beaux béliers Dishley, qui ont remporté le premier prix de leur classe. On a donné le second prix à un Southdown, qui était le père de jolis agneaux croisés; le prix des agneaux a été remporté par des agneaux croisés Dishley. Un énorme verrat Craonais a remporté le premier prix; le second a été donné à un New-Leicester; le premier prix des truies a couronné une Craonaise, le second est échu à une Berkshire; les deux truies Anglaises n'étaient pas ce qu'il y avait de mieux dans ces espèces.

J'ai vu essayer les moissonneuses Dray et Mazier sur un seigle vert et sur une luzerne, comme faucheuses; elles ont bien fonctionné toutes deux.

M. Ganneron a été mieux traité ici, qu'à l'Exposition régionale d'Évreux, où on ne lui avait accordé qu'un rappel de médaille d'or; il a obtenu un assez grand nombre de médailles pour sa fort belle et nombreuse exposition, de bons instruments d'agriculture.

Une bonne partie des membres du congrès, MM. de Caumont et le comte de Vigneral président du jury en tête, sont allés faire une visite au comte de Seraincourt, dans son château de Lonray, à six kilomètres d'Alençon.

Ce M. qui a fait une brillante fortune dans les affaires, nous a reçus à merveille; il a commencé par nous donner un excellent déjeuner sur le pouce; il nous a fait visiter ensuite son admirable basse-cour, qui contient dix espèces de bêtes à cornes; une grande partie a été choisie parmi les bêtes primées du Concours international de 1856; ces bêtes sont au nombre de cent quatre-vingts, les veaux compris.

J'ai vu de très-beaux taureaux adultes, dont un couple Durham, un taureau Ayrshire, un autre Cotentin, qui est méchant ; cela empêche de l'atteler, comme les autres, qui rentrent les fourrages verts et font les petits travaux. C'est un exercice utile et qui les empêche d'être méchants, et de devenir trop lourds pour bien faire la saillie ; il s'y trouvait aussi un petit taureau du Holstein province du Danemarck ; cette race est renommée pour sa lactation, mais elle ne paraît rien moins que belle, d'après les échantillons venus au grand Concours ; aussi M. de Seraincourt a-t-il fait vendre ce taureau.

Les vaches comprenaient de fort belles bêtes Durham, Ayrshire, Angus, Cotentines, Flamandes, Bernoises, Schwitz, du Holstein, Charollaises, Bretonnes, et Aubrac ; enfin bien d'autres provenant de divers croisements Durham.

Plusieurs vaches jusqu'alors stériles, entre autres une Durham, et une énorme Fribourgeoise âgée de cinq ans, (celle-ci, pesée devant nous ; dépassait mille kilogrammes ;) ont été rendues mères par le petit taureau d'Aubrac ; outre le grand mérite comme reproducteur, d'empêcher la stérilité, il est comme bête de trait d'une force extraordinaire ; il était en limons et avait trois taureaux attelés devant lui ; après leur avoir fait faire plusieurs tours dans la cour, conduits par un jeune et vigoureux vacher suisse, on détela les trois taureaux de devant ; il ne restait que l'Aubrac ; on lui fit traîner la grande charrette, chargée de vesces en vert ; il l'a amenée sur la bascule, ce qui nous fit voir, qu'à lui tout seul, ce petit animal traînait une charge de trois mille cinq cent cinquante et quelques kilogrammes, qu'il rentra fort bien à la grange.

On donne ici les taureaux Durham, aux vaches qui n'ont pas de taureaux de leur race ; elles sont au nombre de six.

Le comte de Seraincourt a une quarantaine de bêtes de pur sang, dans son beau parc ; il nous a fait voir de très-belles juments Percheronnes et des juments de Bourbourg. Quelques-uns des jeunes chevaux de pur sang devant courir, se trouvaient dans de belles boxes.

Nous avons fini par examiner les instruments d'agriculture, rangés sous un immense hangar ; il y en avait un certain nombre de bien choisis ; mais d'autres étaient bien primitifs, on regrettait de les y voir ; il s'y trouvait une caisse montée sur roues, pour conduire les purins dans les champs, elle était venue d'Angleterre, ainsi que des semoirs, des houes à cheval, une faneuse, un râteau à cheval, un rouleau Croskyll, etc. ; j'ai regretté de n'y point trouver un semoir à récoltes sarclées, sur lequel se trouve une petite caisse contenant du purin, qui tombe en terre en même temps que la semence ; ce semoir dont je ne connais qu'un seul en France, au château de l'Orfrasière près Tours chez M. Manuel, est, on ne peut plus estimé dans la Grande-Bretagne ; on peut avec lui, semer les racines par la plus grande sécheresse, avec l'assurance d'une bonne levée ; cet instrument devrait se trouver surtout chez les fabricants de sucre, ou les distillateurs qui cultivent ; son prix d'environ 700 fr., leur serait bientôt rentré, par l'augmentation des récoltes de betteraves. Je ne puis dire grand'chose de la vente à l'enchère, que M. de Seraincourt n'a faite que deux jours après, car ayant été obligé de causer avec plusieurs agriculteurs, je n'ai pu la suivre et prendre des notes, comme je l'avais projeté.

On a présenté un grand nombre de bêtes ; mais la plus grande partie a dû être retirée, faute d'enchérisseurs ; le pauvre taureau du Holstein a été vendu à un boucher, quoiqu'il eût été primé au Concours international.

Un jeune cheval de pur sang, engagé pour le derby, a

été retiré, parce qu'il n'avait pu atteindre le prix de 7000 fr.; il avait été poussé jusqu'à 6950 fr.

Un certain nombre des assistants se trouvant engagés à dîner par M. de Seraincourt, il nous promena, après la vente, dans plusieurs voitures, à travers de son parc; nous avons vu de belles futaies et de bons herbages; nous avons visité ensuite son beau et fort grand potager, qui contient un très-grand nombre de réservoirs d'eau, faits en ciment; au moins vingt, ils sont tenus toujours pleins, par une magnifique source, située à deux kilomètres, et que le comte a amenée dans son château, dans ses fossés, son potager, et sa basse-cour.

Il a refait en grande partie les façades de son grand et maintenant fort beau château, on est en train de distribuer et arranger l'intérieur.

M. de Seraincourt avait loué un grand nombre d'omnibus qui ajoutés à plusieurs de ses voitures, ont amené les visiteurs à la vente et les ont reconduits à Alençon.

Cette vacherie sera fort curieuse à visiter, d'ici à une couple d'années, surtout à cause du grand nombre de divers croisements, qui s'y font.

J'avais vu en 1856, chez M. le baron de Riese Stalbourg, près de Prague, une vacherie encore plus nombreuse et plus extraordinaire; elle contenait douze espèces différentes des plus belles bêtes bovines, achetées en grande partie au Concours international de 1856, et dans la Grande-Bretagne; en outre, M.de Riese avait ramené deux beaux étalons et quatre juments, bien choisis, de race Percheronne.

Il avait aussi importé chez lui les meilleurs instruments trouvés dans ce magnifique Concours.

M. Pichon-Premelé, maire de la ville épiscopale de Sées, nous ayant engagés à visiter sa culture à quelques kilomètres de cette ville, nous avons vu de bons herbages et d'excellentes terres qu'il cultive avec soin et activité ; son bétail est de race Normande, sans croisement Durham. Nous avons admiré ses beaux champs de colzas et de froments. Sa culture s'étend sur une centaine d'hectares, dont une quarantaine sont en prés ou herbages.

Il nous a fait voir une grande quantité de bons instruments d'agriculture, arrivés récemment de Paris.

M. Pichon-Premelé est un des concurrents pour la prime d'honneur, au Concours régional de l'Orne, qui aura lieu en 1858 à Alençon.

Nous avons eu, à la suite de cette visite agricole, un beau et bon déjeuner. Nous nous sommes rendus à Sées, et nous y avons eu une séance agricole présidée, d'abord, par M. le comte de Vigneral et, plus tard, par M. Pichon-Premelé. Ce dernier a entretenu l'assemblée d'une manière fort intéressante ; mais comme il avait parlé contre les croisements Durham, j'ai cru devoir demander la parole pour répondre aux objections de M. le Maire. « M. Pichon-Premelé ai-je dit croit, comme on le fait assez généralement sur le continent, que toutes les vaches Durham sont mauvaises laitières, et par suite, qu'en donnant des taureaux Durham, à des vaches bonnes laitières, les produits de ce croisement seront moins bons sous ce rapport, que leurs mères, cela pourrait être ainsi, ai-je dit, si l'on négligeait de bien choisir son taureau Durham ; et si l'on s'adressait à une ferme, où l'on ne s'occupe depuis longtemps, que de la beauté des animaux et où l'on ne réforme jamais les vaches donnant peu de lait ; enfin où on les tarit aussitôt que le veau est sevré, afin de les avoir bien grasses. De cette manière les acheteurs les trouvant plus belles, se décident plus facilement en leur faveur. Beaucoup de personnes ignorent que tous les fermiers, anglais ou écossais n'agissent pas de cette façon ;

on trouve bien des vacheries Durham où l'on cherche à avoir des vaches donnant beaucoup et de bon lait; c'est dans les fermes conduites ainsi, qu'il faut aller choisir des taureaux; si l'on n'est pas à même de le faire, du moins ne faut-il jamais acheter un taureau qui ne soit bien écussonné, si l'on désire que les génisses croisées Durham, donnent autant de lait que leurs mères.

» Je puis dire, que j'ai visité un grand nombre de fermes, où les vaches Durham ou celles provenant de ce croisement, étaient fort bonnes laitières au dire de leurs propriétaires, qui n'avaient aucun intérêt à m'induire en erreur. Une autre preuve qui me confirme dans cette opinion, c'est que presque tous les nourrisseurs de la Grande-Bretagne, n'ont presque que des vaches croisées Durham, dans leurs vastes étables, qui contiennent souvent plusieurs centaines de bêtes; enfin, je connais un grand nombre de cultivateurs trop honorables pour que je puisse douter de leur véracité; M. Rieffel le directeur de Grand-Jouan entre autres, m'a assuré plusieurs fois, qu'une de ses vaches Durham de pur sang, donne plus de quatre mille litres de lait, en trois cent soixante-cinq jours; il m'en a fait voir beaucoup de croisées Durham, dans les nombreuses visites que je lui ai faites; dont le produit en lait dépassait le chiffre de trois mille litres, dans le même nombre de jours.

» M. Salvat, au château de Nozieux près Blois, vous dira comme à moi, que beaucoup de ses belles vaches Durham de pur sang, (il n'en a pas d'autres,) sont de très-bonnes laitières; et tant d'autres personnes, de moi très-bien connues m'ont affirmé la même chose.

» Si donc par un bon choix de taureaux Durham, on peut opérer des croisements qui ne diminuent pas, la quantité de lait donnée par les mères des bêtes croisées, il ne devrait plus avoir d'objections contre les croisements Durham ; toutes les personnes qui ont vu des bêtes croisées courtes cornes, nourries comme doivent l'être des bêtes de bonne race, seront obligées de convenir du perfectionnement de la carcasse des produits croisés Durham.

» On pourra dire aussi, que les bœufs croisés Durham travaillent mal ; assertion que je repousse encore par des faits ; car j'ai vu en France, en Belgique, et en Angleterre, des bœufs croisés Durham même à plusieurs générations, fort bien travailler, et supporter mieux la fatigue du travail que leurs camarades de joug, des races Hollandaises, Salers, ou Limousines ; on pourrait s'assurer de la vérité de ce fait, en visitant MM. Auclerc à Bruère près Saint-Amand sur Cher ; M. de Pitteurs à la sucrerie d'Ordange, près Saint-Trond (Belgique) ; enfin à Sarsden-Loge près la station de Shipping-Norton, non loin d'Oxford, chez M. Langston beau-père de lord Ducy, qui fait labourer ses bœufs croisés Durham, avec de très-bons résultats. »

Après cette séance, la ville de Sées a donné aux membres de l'Association normande, un beau dîner et on est retourné à Alençon.

Le lendemain dernier jour de cette réunion, la ville d'Alençon a donné à son tour un très-beau repas, pendant lequel il y a eu de fort beaux et bons discours, de prononcés.

Le soir et le lendemain matin, tout le monde est parti, enchanté d'avoir pu assister à cette très-intéressante réunion.

Je me suis rendu à l'Aigle, où M. le vicomte de Caudecoste mon neveu, m'attendait pour me faire visiter une terre dont il a entrepris l'amélioration, comptant y passer une partie de l'année, il y a construit une fort belle habitation.

M. de Caudecoste a des fermiers qui tirent un bien mauvais parti de ses terres ; il a repris il y a dix-huit mois, une de ses fermes qu'il veut améliorer ; il s'est adjoint dans ce but un jeune homme sortant de Grand-Jouan ; il a l'air d'avoir bien profité du temps qu'il a passé dans cette ferme régionale et sous un directeur aussi habile que M. Rieffel.

M. Rousseau le jeune régisseur, a marné des terres à raison de quatre-vingts mètres ; on met dans ce pays jusqu'à cent mètres cubes de marne par hectare ; comme il y a à seize kilomètres de la terre du Châtelet, des carrières de pierres à chaux grasse, j'ai engagé mon neveu à y acheter une carrière, à y construire un four à chaux continu, se chauffant au bois comme il en existe dans ces environs, ainsi que près de Grandville dans la Manche ; le charbon de terre est encore fort cher à l'Aigle, qui est à une assez grande distance d'un chemin de fer ; le chaulage des terres à raison de cent ou cent cinquante hectolitres par hectare, lui reviendrait ainsi bien moins cher que le marnage à si fortes doses ; il aurait surtout le grand avantage, d'être bien plus expéditif, et par conséquent de mettre ses terres plus tôt en état de donner de bonnes récoltes ; il faudra encore le drainage, pour rendre ces terres très-productives, et il est très-coûteux dans ce lieu, où la terre est farcie de pierres ; il coûte 400 fr. l'hectare.

M. Rousseau m'a fait voir un champ de froment fait sur une terre drainée, marnée, labourée profondément, et fumée avec quatre cents kilogrammes de guano par hectare ; le froment était très-beau et bien supérieur à celui dans la même terre traité de même, à cela près qu'elle n'avait pas encore été drainée.

On a desséché un étang contenant une énorme quantité de vase de bonne qualité, qu'on a transportée sur les terrains environnant le château, et qui doivent être mis en pelouses et en potager.

M. Rousseau laboure ses terres avec une charrue Dombasle attelée de quatre bons chevaux; il veut leur donner un bon labour au lieu de labours très-superficiels en usage dans ces environs.

M. de Caudecoste m'a conduit à la Trappe de Mortagne, qui n'est qu'à huit kilomètres du Châtelet.

Ce monastère contient cent quatre-vingts religieux, les frères compris; on vient d'y créer une colonie d'enfants repris de justice; ils sont au nombre de deux cents, et se trouvent surveillés par onze frères lais, ne portant point le costume religieux.

La colonie est logée dans de grands et beaux bâtiments, construits pour la recevoir; ils sont situés à environ cinq cents mètres du monastère, qui lui-même se trouve dans une petite vallée solitaire à peu près circulaire, et traversée par un cours d'eau alimentant un grand étang, près la chaussée duquel existe un moulin; les coteaux environnants sont boisés.

Le révérend père chargé de la direction de la culture, nous a fait parcourir la basse-cour et les champs avec une parfaite complaisance.

Il nous a dit qu'on l'avait mis il y a deux ans, à la tête des travaux agricoles, sans qu'il s'en fût jamais mêlé précédemment.

Il a ajouté que le gouvernement avait fourni une somme de 30 000 fr. pour édifier la colonie; mais la dépense avait de beaucoup excédé l'allocation, ce qui gênait singulièrement le monastère; et d'autant plus qu'ils construisent encore une immense grange, devenue nécessaire par l'augmentation des cultures, suite de cette adjonction de deux cents jeunes ouvriers.

Cette immense grange va leur coûter plus de 20 000 fr.;

comme elle est très-haute, elle exigera beaucoup de main-d'œuvre pour y déposer et monter les récoltes. On eût dû, à l'imitation des meilleurs cultivateurs étrangers et français, construire une couple de grands hangars, dans lesquels on eût logé les récoltes de céréales et de foin, bien plus facilement et à moins de frais, que dans cette grange d'une hauteur inaccoutumée. Les charrettes se déchargent bien plus facilement dans un hangar qu'elles peuvent traverser, elles se trouvent ainsi toujours contre le tas de gerbes qu'on élève, arrangement qui ne peut avoir lieu dans une grange qui n'a qu'une ou deux grandes portes, servant au passage des voitures. Enfin, des hangars pouvant loger la même quantité de récoltes que la grange, eussent coûté beaucoup moins.

Notre bon père nous a dit que leur ordre avait pour règle fondamentale, de ne s'établir qu'à côté de chutes d'eau, pouvant faire tourner un certain nombre de paires de meules, suivant le nombre des religieux du monastère.

Le bétail de cette culture, qui s'étend sur environ deux cent dix hectares de terres fort légères, se compose de seize bons chevaux, de huit petits bœufs de travail élevés dans la ferme, et d'une cinquantaine de vaches et élèves.

Ils ont une porcherie bien montée en Essex, Berkshire, et New-Leicester, qu'ils sont en train de remplacer par de grands cochons Français, dont la chair leur coûtera à produire de 25 à 30 centimes de plus, par kilogramme, que celle des moyennes races anglaises, qu'ils veulent cesser d'élever. La raison en est que, les habitants des environs qui leur achètent les porcelets, préfèrent ces grandes, vilaines et mauvaises bêtes.

Les récoltes que nous avons pu voir étaient belles, eu égard à la qualité du terrain.

En revenant à l'Aigle, j'ai visité la culture de M. Cécire, maître de poste et maître de deux hôtels dans cette ville.

Comme il relaye plusieurs diligences et qu'il loge bien des chevaux, cela lui fournit pour sa culture d'environ soixante-six hectares, dont moitié sont sa propriété, le fumier d'une trentaine de chevaux chaque jour.

M. Cécire a aussi chaque jour, au moins un mètre de boues de ville; il nourrit ensuite sur sa ferme, six chevaux de travail, une douzaine de belles vaches ou élèves croisés Durham, un taureau, une vache et un veau mâle Durham de pur sang, achetés au haras du Pin, une douzaine de cochons Anglais ou Normands perfectionnés, enfin un troupeau Mérinos; la souche du troupeau a été achetée dans les meilleurs troupeaux des environs de Melun et dans le département de la Côte-d'Or; les brebis ont coûté 100 fr. la pièce; ce troupeau se compose de trois cent cinquante têtes.

Il est nourri, pendant une grande partie de l'année à la bergerie, tous les champs étant couverts de récoltes qui s'opposent à la pâture; il a payé les béliers jusqu'à 800 fr. la pièce.

M. Cécire vend annuellement de vingt-cinq à trente béliers de 150 à 200 fr. la pièce, et cent vingt à cent trente bêtes réformées, à 40 ou 45 fr.; elles sont très-recherchées par les éleveurs des environs.

Le produit moyen en laine de ce troupeau est d'environ 3000 à 3300 fr.; son troupeau a si bien prospéré entre ses mains, qu'il a obtenu aux Concours universels de 1855 le troisième prix et à celui de 1856 le second prix des béliers.

M. Cécire m'a fait voir les plus beaux froments qu'on puisse désirer, dans les terres les plus fertiles; les siennes ne le sont devenues, que par suite de son excellente et très-remarquable culture; ses féveroles et trèfles étaient de toute beauté, ainsi que les luzernes.

Ses treize hectares de racines ou tubercules sont très-bien sarclés; il avait 18 hectares en colzas, en froment 13 hectares et demi, en seigle 2, en trèfle et luzerne 8, en vesces mélangées d'avoines et en prés et pâtures 12 hectares.

Ses toisons pèsent, en suint, de neuf à dix livres, et celles des agneaux cinq.

Les froments lui donnent de trente à trente-cinq hectolitres par hectare.

Les betteraves de quarante à cinquante mille kilogr.

Sa première coupe de trèfle de cette année lui a donné sept mille cinq cents kilogrammes de foin sec, et la seconde, qui est en partie versée, a quatre-vingts centimètres de hauteur et est d'une extrême épaisseur.

Ses féveroles sont semées en lignes et très-bien sarclées; elles donnent de trente à quarante hectolitres l'hectare.

M. Cécire a environ un tiers de ses terres en colzas semés en lignes, ou repiqués, et un quart en racines; le tout très-bien sarclé; et près d'un tiers en fourrage, sans compter les prés; cela est une conséquence des nombreuses récoltes dérobées qu'il fait.

M. Cécire a obtenu depuis 1852, trente-cinq médailles.

Ses terres sont défoncées à trente-huit et quarante centimètres; on en a arraché pour arriver à ce but, des montagnes de pierres et de cailloux; les fumures appliquées aux colzas et racines, sont de quatre-vingt-dix à cent mille kilogrammes par hectare.

M. Cécire tient une comptabilité très-exacte.

Je suis allé de l'Aigle, faire une visite au comte des Brosses, au château de Chêne-Brun, à seize kilomètres; sa terre se compose de deux cent quatre-vingts hectares, dont 100 en bois et 30 en bons prés irrigués, que M. Donné, ancien élève de Grignon son régisseur, a formés en partie sur des terres; cela a exigé bien des terrassements.

La petite rivière servant aux irrigations, fait aussi tourner trois paires de meules que M. des Brosses exploite; il distille des betteraves, et a un rectificateur, car c'est la seule distillerie des environs.

Le comte s'est mis à cultiver, il y a sept ans; ses terres en sortant des mains des fermiers, étaient complétement épuisées, et pleines de chiendent et de chardons; il a fallu les défoncer et en extraire les grosses pierres; mais il reste une énorme quantité de petites pierres très-tranchantes, ce sont des silex ou pierres à fusil, qui usent beaucoup les charrues; ces terres sont maintenant couvertes de belles récoltes en tous genres; il y a quinze hectares semés en betteraves, belles et parfaitement sarclées; les prairies artificielles sont fort nombreuses et belles.

Le bétail se compose de vaches et d'un taureau d'espèce Cotentine, d'un troupeau métis-mérinos recevant des béliers Châtillonnais, enfin d'une porcherie contenant des Berkshire et des cochons Normands.

En fait d'instruments, j'ai remarqué un rouleau Croskyll, et des charrues et scarificateurs Dombasle.

Je me suis rendu de l'Aigle, au haras du Pin; n'ayant pas trouvé M. Malo le directeur de la vacherie impériale, le chef des étables me les a fait parcourir. J'y ai vu et admiré vingt-trois taureaux Durham, dont vingt pourront être vendus l'an prochain; bon nombre parmi eux, sont bien écussonnés, et ne contribueront donc pas à diminuer dans leurs produits, la quantité de lait donnée par les mères; le plus âgé, qui fait encore fort lestement le saut, a neuf ans; on l'a conservé si longtemps, parce qu'il faisait très-bien.

Je n'ai vu qu'une vingtaine de très-belles vaches et leurs veaux; les autres au nombre d'environ cinquante bêtes, les élèves compris, ont été envoyées à Corbon; on les y laissera encore deux ans, pour les ramener ensuite à la vacherie du Pin. On reprendra pour cette époque, les herbages et les terres qu'on avait louées pendant le temps de leur absence, on n'a pas trouvé que les herbages de Corbon, qui sont plus riches, fissent de plus beaux élèves que ceux qui sont nourris au Pin.

Le plus grand nombre des taureaux se vend de 12 à 1600 fr.; quelques-uns passent 2000 fr.

La porcherie contient seize truies d'espèce New-Leicester; on les nourrit maintenant avec des vesces mélangées à de l'avoine, qu'on fauche en vert; on vend 25 fr. la pièce, les porcelets New-Leicester âgés de six semaines.

La culture de M. Malo ne s'étend maintenant que sur cinquante hectares de terres labourables; ce que j'en ai vu, m'a paru couvert de très-belles récoltes de froments anglais; le Mary-Gold était admirable, le Spalding prolific, et le rouge d'Écosse, très-beaux; une autre espèce dont le nom m'était inconnu et que j'ai oublié, était aussi très-beau; les avoines d'hiver, très-belles, et les féveroles énormes et très-bien grainées; j'ai vu aussi un champ de betteraves et un autre de rutabagas, venant fort bien.

Les meules de foin sont très-bien faites; comme on a eu un magasin de foin incendié il y a quelque temps, on vient d'en construire un autre qui a l'air d'être un magasin à poudre, car il est entouré de murs fort élevés; il appartient au haras.

Je suis allé à pied faire une visite à M. de Saint-Pierre, qui demeure à environ trois kilomètres du haras; son charmant petit château est posé à mi-côte, d'où la vue s'étend sur une riche et pittoresque vallée. M. de Saint-Pierre est un excellent éleveur de Durham, ce qui ne l'empêche pas d'être aussi un habile horticulteur, qui remplit son charmant parc, de fleurs et même des fleurs les plus rares, qu'il rapporte chaque fois qu'il revient de Paris.

Il vient de construire une ferme des plus commodes et des mieux arrangées ; il a des boxes pour ses taureaux et pour les vaches qui viennent de vêler ; elles y restent tant qu'elles allaitent leurs veaux ; j'ai revu avec plaisir un de ses taureaux qui venait de remporter le premier prix au Concours régional d'Évreux ; il fait à merveille son service quoique âgé de cinq ans ; c'est dommage de le voir destiné à être bientôt engraissé.

M. de Saint-Pierre en a deux autres, qui sont aussi fort beaux ; il a une vingtaine de têtes, de cette excellente race, dont neuf vaches, qui proviennent d'une première acquisition des deux vaches achetées en 1848, à la vacherie du Pin.

Comme il demeure à petite distance de la vacherie, il a pu choisir dans la quantité des taureaux qu'on y élève, ceux qui avaient les mérites des défauts des vaches qu'il voulait faire couvrir ; il évitait en même temps de prendre les taureaux qui avaient les mêmes qualités que les vaches à servir ; car trop de la même qualité, amène un défaut dans le produit ; je crains de mal expliquer ce qui m'a été dit par de fameux éleveurs de la Grande-Bretagne.

M. de Saint-Pierre prend 10 fr. pour le saut de son meilleur taureau et 5 fr. pour celui des autres ; cela lui produit une somme annuelle d'environ 1000 fr.; ces trois taureaux se trouvent placés à une certaine distance les uns des autres, afin de les mettre plus à la portée de ceux qui s'en servent.

Il engraisse une quarantaine de vaches Mancelles dans ses herbages ; chacune d'elles a besoin du parcours de quatre-vingts ares d'herbages, pour être en bon état de vente.

Le loyer d'un hectare d'herbage est d'au moins 100 fr.

ainsi, en ne comptant pas l'intérêt du capital d'acquisition, l'entretien des haies, la surveillance des bêtes et les accidents, etc., etc., l'engraissement de chacune des vaches lui revient au moins à 80 fr.

M. de Saint-Pierre dit que ses herbages ne conviennent pas si bien à l'engraissement qu'à l'élevage, et il assure que les bons herbages pour l'engraissement des bestiaux, ne sont pas en général convenables pour l'élevage.

Ses vaches Durham de pur sang, sont presque toutes fort bonnes laitières, m'a-t-il assuré, il en a qui donnent vingt-quatre litres par jour, pendant trois mois après leur vêlage; elles conservent très-longtemps leur lait; plusieurs parmi elles, en ont encore au moment de vêler de nouveau.

M. de Saint-Pierre laisse teter les veaux mâles destinés à la reproduction, pendant cinq mois, et les génisses pendant trois mois seulement; M. Malo laisse teter tous les veaux pendant cinq mois.

M. de Saint-Pierre m'a dit avoir vendu l'an dernier pour plus de 10 000 fr. de bêtes Durham; parmi elles se trouvaient deux bœufs gras, vendus 2 500 fr. au Concours de Poissy.

Étant retourné au tournebride du haras du Pin, j'y ai appris que l'on avait drainé, cette année, huit hectares; la dépense a été de 225 fr. par hectare dans ces terres fortes et froides, qui en ont grand besoin; l'allocation destinée par le ministère à cette si utile amélioration, ne permettra l'année prochaine de faire que cinq hectares.

Les chaulages seraient aussi de la plus grande utilité pour la culture de M. Malo; mais on ne peut en faire, faute de fonds.

J'ai vu ces magnifiques et très-pesantes vaches Durham de la vacherie impériale, descendre péniblement à une mare bien encaissée; le chemin boueux les faisait glisser;

j'ai demandé pourquoi on ne les abreuvait pas dans des auges; la réponse fut qu'il n'y a qu'un puits très-profond, avec une mauvaise pompe qui se dérange fort souvent; ce puits ne pouvait pas fournir assez d'eau, pour abreuver un si nombreux bétail.

Il arrive donc en hiver, lorsqu'il gèle, qu'on est obligé de faire casser la glace de la mare, dont l'eau, trop froide, peut faire avorter les bêtes pleines, et par le verglas, elles risquent de tomber et par conséquent de se blesser; on ajoutait qu'un entrepreneur avait offert, il y a plusieurs années, d'obvier à ces graves inconvénients, en creusant un bon puits, armé d'une bonne pompe, mais que sa proposition n'avait pas été acceptée, faute d'argent pour le payer.

Je suis allé visiter le baron de Corbet, directeur du haras, que je n'ai pas trouvé chez lui; il est venu me rendre ma visite et a eu la bonté de me faire voir ses magnifiques écuries, où se trouvent cent quarante étalons; il reste de la place pour en loger cent de plus; cette place sert, à l'époque où l'on achète les étalons destinés à garnir les autres haras et les dépôts d'étalons, du reste de la France.

Les deux jumenteries ayant été supprimées, on a logé les cinquante plus beaux étalons dans autant de boxes, ayant chacune une cour où ils peuvent prendre l'air, et passer les nuits lors des chaleurs.

M. de Corbet m'a engagé à rester quelques jours de plus, pour assister aux courses qui devaient avoir lieu quatre jours plus tard. J'ai infiniment regretté que mon temps ne me permît pas de rester, et d'être arrivé trop tôt au Pin.

M. de Corbet m'a dit, qu'il était heureux de voir que les concurrents pour gagner les primes, augmentaient chaque année davantage, et qu'il voyait aussi se produire une grande amélioration dans l'élevage des chevaux de ce pays.

M'étant remis en route, j'ai retrouvé du côté d'Argentan un pays découvert, fertile et assez bien cultivé. Je suis arrivé au château de Durcet, chez le comte de Torcy, à qui son père le marquis, paraît avoir cédé cette belle terre, qu'il a améliorée depuis longtemps.

M. de Torcy, nouvellement marié, était allé se promener avec madame ; je n'ai pu les retrouver qu'après une grande tournée, qui m'a fait voir une bonne partie de ses cultures.

J'ai aperçu un grand nombre de faneurs, dont une partie était occupée à charger ou à décharger, des charrettes attelées de trois fortes juments Percheronnes ; il y avait déjà un certain nombre de grandes et belles meules de terminées.

La terre contient vingt-cinq hectares de prés, qui ont été drainés à une époque où le drainage perfectionné et complet, était encore peu connu ; on y a employé des pierres, faute de tuyaux ; on a établi des rigoles sur une longueur de dix kilomètres ; mais, soit qu'elles n'aient pas été assez rapprochées et approfondies, soit qu'il y en ait eu beaucoup de rebouchées, il me paraît qu'il serait très-utile de perfectionner ce drainage, maintenant qu'on peut se procurer des tuyaux ; car les prés sont encore en partie, très-humides et froids ; leur produit n'est ni abondant ni d'une bonne qualité ; je crois aussi, que quelques centaines de kilogrammes de guano par hectare, ou d'autres engrais, les amélioreraient infiniment.

Des eaux de sources et celles de drainage, sont réunies dans un petit étang situé dans un lieu assez élevé ; elles sont employées aux irrigations.

J'ai fait le tour et ai traversé un champ de huit hectares ; dont les deux tiers étaient repiqués en rutabagas et le reste en betteraves; une partie de ces dernières avaient été élevées sur couche; elles se trouvaient infiniment plus grosses que les autres.

J'ai aussi vu un autre champ de deux hectares, planté en pommes de terre et en choux de Poitou fort beaux; je dois dire que toutes ces récoltes sarclées étaient très-propres; les choux ayant été plantés à la fin de l'automne, sont très-forts, et rendent maintenant qu'il fait chaud et sec, un très-grand service.

M. Raphaël de Torcy étant revenu de sa promenade, me conduisit à sa magnifique vacherie; ce terme s'applique aux bêtes qu'elle contient, car il n'y a pas de luxe dans les bâtiments, qui sont au reste fort commodes et tout ce qu'il faut, pour bien loger ce très-remarquable bétail.

L'abreuvoir de la ferme étant pavé, le bétail y entre facilement, et très-volontiers dans les temps chauds; il s'y baigne maintenant avec délices et le parcourt sans en troubler l'eau.

M. de Torcy a quatre-vingt-douze bêtes, dont une vingtaine sont de pur sang; le reste a au moins sept huitièmes et même quinze seizièmes de sang Durham; ce bétail m'a paru admirable et parfaitement soigné; j'ai vu trois taureaux pur sang et deux élèves; on en tient aussi un très-beau, qui provient d'anciens croisements, et qui sert pour les petits cultivateurs du voisinage.

Les étables contiennent trente-six vaches, les génisses pleines, comprises; toutes celles que j'ai pu voir de près, m'ont paru être fort bien écussonnées; les moins bonnes donnent, fraîches vêlées, au moins douze litres, et il y en a qui arrivent à trente litres, m'a dit M. de Torcy; il a douze bœufs à l'engrais; un seul est de pur sang, ils sont, pour la plupart, déjà, fort gras.

M. de Torcy compte en amener huit au prochain Concours de Poissy ; quatre concourront séparément et quatre pour le prix de bandes. Un de ces jeunes animaux, de couleur blanche, est d'une taille et d'un embonpoint énorme ; s'il ne lui arrive pas malheur, par suite de cette graisse, déjà extraordinaire, il est bien probable qu'il gagnera un des premiers prix.

Cette vacherie est assurément une des plus remarquables du continent, tant pour le grand nombre que pour la beauté des bêtes qu'elle contient.

On y élève tous les veaux qu'on obtient, à moins qu'ils ne soient défectueux ; cela prouverait, je pense, qu'on ne doit pas craindre de continuer à donner des taureaux de pur sang, par la crainte que les deuxième, troisième et quatrième croisements, ne produisent des bêtes moins vigoureuses, et moins fortes, que celles de demi-sang.

Lorsqu'on voit ce beau bétail, en pâture, sur ces terres qui sont loin d'être naturellement fertiles, on prendrait presque toutes les bêtes, pour des Durham de pure race. On peut aussi supposer que les croisements Cotentin et Schwitz, conviennent singulièrement pour recevoir le sang Durham, car la plus grande partie des primes remportées par le marquis de Torcy, qui en a obtenu beaucoup plus que tous ses concurrents, ont été gagnées par des bêtes ayant du sang Schwitz ; les Durham Cotentin n'ont remporté guère que le quart de ces primes.

Les instruments de culture, de la ferme de Durcet, que j'ai aperçus, sont, un semoir Hugues, un extirpateur d'un ancien modèle, des charrues Rosé, de deux dimensions, une houe à cheval pour la culture des racines séparées par soixante-dix centimètres, des herses Valcourt, un rouleau en granit de petit diamètre, un autre plus gros en bois.

Il faudrait dans ces terres en partie assez fortes, un

gros rouleau Croskyll ; il faudrait encore une machine à battre ; on en fait maintenant qui battent très-bien, sans être chères ; le manége servirait aussi à faire tourner le hache-paille, le coupe-racines, et le laveur ; on pourrait y ajouter une paire de meules, pour faire la farine du ménage et celle qu'on fait consommer par le bétail, tout cela serait fort utile.

M. de Torcy partage ses herbages en petits, ou moyens enclos, au moyen de fortes claies dont les pieds pointus, s'enfoncent facilement en terre ; elles mériteraient d'être copiées par les cultivateurs, qui envoient leurs bêtes en pâture dans les prés.

L'assolement de Durcet est, première sole racines fumées à raison de soixante mille kilogrammes d'engrais très-consommé ; deuxième sole vesces de printemps avec trente mètres de fumier ; troisième sole froment ; quatrième sole trèfle avec trente mètres de fumier ; cinquième sole froment ; sixième sole avoine dans laquelle on sème pour pâture trente-cinq litres de ray-grass anglais six kilogrammes de trèfle blanc et autant de lupuline ; cela forme la septième sole. Je préférerais au ray-grass anglais, celui d'Italie, qui produit infiniment plus et dont le fourrage est bien meilleur. Huitième sole avoine, et puis l'assolement recommence.

On a planté dix hectares en sapins disposés en quinconce ; ce terrain est pâturé par un petit troupeau de fortes brebis à figures et pattes d'un brun foncé ; on va leur donner un bélier Dishley.

J'ai vu des cochons Berkshire, qu'il serait avantageux de croiser avec un New-Leicester ou un Essex.

Il vaudrait mieux tenir dans des boxes et sans les attacher les bœufs à l'engrais et les veaux, une fois qu'ils sont sevrés. De plus, les veaux devraient pouvoir à l'occasion, être lâchés dans de petits enclos.

Il serait aussi très-utile de laisser le fumier pendant au moins quinze jours sous les chevaux de culture et les bêtes bovines, comme cela se fait chez beaucoup des meilleurs cultivateurs français et anglais.

MM. de Torcy, père et fils, ayant été depuis longues années, successivement maire de leur commune excepté en 1848 et 49, se sont beaucoup occupés de la réparation et du bon entretien des chemins vicinaux; une partie des terres sont très-pierreuses; on en fait extraire les pierres au moyen de labours profonds; pour les faire ramasser ensuite. Ces MM. ont ainsi doté la commune d'excellents chemins.

Toutes les céréales sont semées au semoir, dans cette belle et bonne culture.

Je suis monté, le 26 juillet, dans une diligence qui passait au bout du parc de Durcet; j'y ai trouvé un pauvre homme, ayant l'air d'être bien malade; il m'a appris qu'il avait conduit pendant trois années, à Paris une de ces énormes voitures attelées de cinq chevaux très-forts; étant tombé malade, il revenait chez ses parents, pour se soigner.

L'ayant questionné sur son genre de travail, voici les détails que j'ai obtenus de cet homme, qui était petit et ne paraissait pas fort; il attelait presque toujours à quatre heures du matin, et ne dételait que rarement avant onze heures du soir; il conduisait sa charrette à la carrière, dételait ses chevaux pour les mettre à côté; il attendait que les carriers eussent chargé la charrette avec leurs énormes pierres, ce qui durait d'une à deux heures suivant la taille de ces pierres; cela fait, il attelait de nouveau les chevaux qui avaient employé ce temps à faire leur déjeuner, composé d'une portion, d'un double décalitre d'avoine, d'autant de son et d'une botte de foin, par cheval, ces quantités pour vingt-quatre heures; la

voiture chargée, il partait et se rendait près du bâtiment
en construction, auquel ses pierres étaient destinées. Le
plus habituellement le poids du chargement est de quinze
mille kilogrammes, mais arrive encore assez souvent à
vingt mille, et cet homme m'a dit, qu'il avait mené une
fois avec ses cinq chevaux trente mille kilogrammes, mais
c'était alors, sur pavé, et en terrain plat ; pour sortir des
carrières, ils ont des chemins de traverse bien mauvais,
en hiver. Lorsque la voiture était déchargée de son pesant fardeau, il retournait à la carrière et faisait faire à
ses chevaux leur second repas, pendant que lui, prenait
le sien. Lui ayant demandé combien il gagnait, il m'a
répondu qu'il recevait 180 fr. par mois, et qu'il dépensait,
par jour, de 3 à 4 fr. ; car, disait-il, on est obligé de
bien se nourrir pour pouvoir supporter ce rude métier ;
et encore vous voyez dans quel état il m'a mis ; il toussait
comme un poitrinaire, et je ne pense pas qu'il ait pu se
rétablir.

Le pays que j'ai eu à parcourir m'a paru fort beau ;
il est partagé en champs entourés de haies garnies d'arbres et de têtaux ; on en voyait beaucoup plantés en
pommiers ; les chaumières étaient ordinairement au milieu d'herbages garnis d'arbres fruitiers ; le pays devient
très-pittoresque en avançant dans la basse Normandie ;
on se trouve souvent dominé par des côtes rocheuses. La
ville de Domfront qui est loin d'être belle, est posée sur
une de ces hauteurs, d'où l'on a une vue fort belle et
très-étendue.

Je m'y suis rendu pour visiter la ferme-école et les
grands défrichements de MM. Louvel frères ; je connais
l'un d'eux, pour l'avoir vu au Concours régional d'Évreux ;
il y était comme membre de la Commission, qui avait
donné la prime d'honneur à M. de Beauce.

MM. Louvel, qui font un grand commerce de toile,

ont le goût de l'agriculture ; étant très-actifs, ils se sont décidés à reprendre une mauvaise forêt de plus de deux cents hectares, acquise de l'État pour 22 000 fr. par une personne qui n'avait pas le capital nécessaire ; cette affaire devait être bonne, pour qui saurait et pourrait en tirer parti, puisqu'il y avait du bois pour une somme bien supérieure, au prix auquel la forêt avait été adjugée.

Ces MM. payèrent aux créanciers du premier acquéreur, 40 000 fr. pour devenir propriétaires desdits bois. Ils y construisirent une très-grande ferme et obtinrent ensuite la ferme-école du département.

Ils s'occupèrent du défrichement des parties déboisées de la propriété, qui est plus longue que large ; elle est heureusement bordée par une bonne route départementale qui vient d'être achevée.

Ces MM. ont déjà construit une grande partie d'un bon chemin macadamisé, parallèle à la route, mais sur l'autre bord de leur terre ; ils établissent de distance en distance de bons chemins, qui traversent leur propriété en réunissant les chemins principaux à la route ; ils ont ainsi une excellente et facile viabilité sur leur terre.

Ils ont déjà défriché les trois quarts de ce qu'ils ne laisseront pas en bois ; ils ont formé soixante hectares de prés dans les parties les plus basses, en nivelant ces terrains inégaux et sauvages, enlevant la surface sur les parties trop hautes, pour combler les creux et fondrières ; des milliers de mètres cubes venant des coteaux voisins y furent engloutis ; une fois la besogne ainsi bâclée, ils semèrent sans labour du ray-grass, des trèfles rouges et blancs ; on voit dans ces prés improvisés des parties garnies du meilleur fourrage ; mais malheureusement il s'en faut de beaucoup qu'il en soit partout de même ; bien des places sont restées sans végétation et d'autres présentent des joncs, des fougères et autres plantes sauvages, en place de légumineuses, qui sont fort belles là où elles ont pu lever.

Ils doivent regretter d'avoir été trop pressés d'obtenir des prés; ils eussent dû labourer cette terre sauvage pendant trois ou quatre ans, en la fumant bien, surtout dans les parties où la surface avait été enlevée, pour remplir les creux; enfin ce n'est qu'après avoir bien marné ou chaulé, qu'ils eussent dû semer les graines de prés.

On n'emploie le noir animal en Normandie que pour faire le sarrasin et les choux vaches du Poitou; on ne sait pas qu'il est excellent dans les défrichements de bruyères ou de bois; mais son prix actuel est trop élevé pour l'employer avec succès et profit; il coûte 18 fr. l'hectolitre, et il est à peu près certain, qu'il n'est pas pur.

Ces MM. mettent soixante à quatre-vingts mètres cubes de fumier par hectare de défrichement; et le fumier à leur disposition ne peut pas suffire pour fumer, à cette dose, une étendue très-considérable; au lieu qu'avec cinq ou six hectolitres de noir par hectare, ils obtiendraient facilement de très-bons produits; ils pourraient remplacer le noir par quatre cents kilogrammes de guano faute de fumier; il en serait de même, des os calcinés dans un four, ou bien tenus pendant six heures dans une espèce de générateur bien clos en y mettant la vapeur poussée à cinq atmosphères et demie; cela les attendrit assez pour pouvoir les pulvériser facilement; on peut aussi tremper les os dans une dissolution d'eau, contenant moitié ou un tiers au moins, d'acide muriatique, ce qui a pour effet, de séparer le phosphate de la gélatine; en faisant sécher cette dernière on en peut faire de la colle; le phosphate de chaux se trouve réuni au fond des vases, et ressemble à du plâtre en poudre qu'il est facile de répandre à la volée, lorsqu'il est sec. On peut s'en servir pour praliner les semences trempées pendant douze ou vingt-quatre heures dans de l'eau, contenant cinq cents grammes de vitriol bleu, pour deux hectolitres de semence afin de prévenir la carie. On enduit ensuite la semence d'une colle peu épaisse, le phosphate de chaux (ou bien le noir animal bien pulvérisé), s'attache après les grains et cela produit ainsi plus d'effet, que s'il avait été semé à la volée sur la terre.

Le bétail de la ferme-école se compose de bêtes provenant d'un croisement Durham Normand ; les cochons sont des Berkshire assez dégénérés ; ils auraient besoin de bons verrats Essex ou New-Leicester.

La porcherie est bien construite ; chaque toit a une cour.

Les fumiers sont bien soignés.

Les écuries et étables sont fort bien tenues ; il s'y trouve un certain nombre de boxes pour loger les juments ayant un poulain, ou bien les jeunes bêtes bovines.

Les harnais sont propres, et bien rangés à leur place, ainsi que les outils employés par les jeunes gens de la ferme-école.

Les charrues sont des dombasles fabriquées par M. Bodin, de la ferme des Trois-Croix près Rennes ; elles sont excellentes, très-solides et bon marché ; il y a un rouleau Croskyll de petit diamètre, des herses Valcourt, des houes à cheval et des buttoirs.

Le potager et la pépinière sont fort bien conduits ; ils s'étendent sur quatre hectares.

Le jardinier ayant travaillé pendant dix ans à Paris, est très-habile dans la culture maraîchère, ainsi que dans la taille des arbres. Cela ne l'empêche pas d'aimer et de cultiver les fleurs. La pépinière donne déjà de bons produits à ces MM., car il n'en existe pas dans les environs; on était obligé de faire venir d'Angers les jeunes arbres.

La chambrée des jeunes élèves, est fort bien tenue.

Les écuries sont très-élevées, et les greniers sont d'une hauteur peu ordinaire; ils ont dû coûter beaucoup et le foin s'y conserve beaucoup moins bien que dans des meules bien faites.

J'ai engagé ces MM. à visiter M. Decrombecque, à Lens, (Pas-de-Calais), M. Hette, à Bresles (Oise), M. Nouel le comte, commune de Saint-Denis-en-Val près Orléans, afin d'y étudier la manière dont sont montés, premièrement le hache-paille au-dessus du bluttoir à fourrage coupé, pour en séparer la poussière, excellent préservatif contre la pousse des chevaux; le concasseur à tourteaux, l'aplatisseur d'avoine qui permet sans aucun inconvénient, de diminuer d'un quart la ration d'avoine des chevaux. Le laveur de racines; le coupe-racines ou mieux vaut encore un pulpeur, un moulin à farine, la pompe, enfin la machine à battre avec ses tarares et son trieur; le tout marche par une machine à vapeur; la vapeur au lieu de s'échapper et de se perdre, sert à cuire les aliments d'un immense nombre de porcs, gros et petits. Ils y apprendraient aussi, le grand avantage qu'il y a à laisser le fumier sous les chevaux et bêtes à cornes, pendant au moins quinze jours ou un mois et même plus; on améliore ainsi sa qualité, en diminuant les litières, pour peu qu'on n'en ait pas en abondance. Tous les cultivateurs qui n'ont pas encore adopté la méthode économique de nourrir leur bétail, auraient un grand avantage à visiter ces trois éminents cultivateurs; ils auraient encore bien des choses à y admirer et à y apprendre.

Un grand reproche que mérite le plus grand nombre des cultivateurs français est, d'être trop sédentaires; ils ne vont pas assez les uns chez les autres, et surtout visiter ceux d'entre eux qui s'occupent d'introduire dans leur culture, les améliorations et les perfectionnements reconnus bons et utiles.

MM. Louvel ont acheté dans les environs de Caen, neuf cents hectares de bois pour 650 000 fr., ils prétendent qu'après avoir vendu la superficie, le fonds qui est excellent, ne leur coûtera rien.

Ces MM. en ont défriché cent hectares; ils ont construit une ferme, qu'ils ont mise sous la direction d'un de leurs anciens élèves.

Ils ont récemment établi une jolie petite ferme, sur trente hectares de leurs défrichements près de la ferme-école; ils l'ont garnie d'un cheptel composé de deux bonnes juments, l'une desquelles a fait récemment un poulain, de sept vaches et deux veaux; le jardin est bien planté et semé; enfin le froment et les prairies artificielles de l'assolement s'y trouvaient en bon état. Le tout a été estimé par de bons experts; MM. Louvel y ont mis comme métayer un de leurs plus anciens élèves, qui avait passé quatre ans chez eux, et qui venait de se marier; ils ont l'intention de faire de même, pour ceux de leurs jeunes gens qui sont sans fortune, et dont ils auront été très-contents; ils sont persuadés que tout en étant très-utiles à ces jeunes gens, ils obtiendront un produit plus considérable de ces métairies bien montées, qu'en louant l'hectare à raison de 50 fr. comme c'est le prix pour ce genre de terres.

MM. Louvel possèdent encore une ferme de 22 hectares à la porte de la ville; elle est en grande partie, en prés ou herbages; ils font une petite culture très-intensive sur ces fonds, qu'ils pourraient vendre 10 000 fr. l'hectare. J'ai vu sur ces excellentes terres, des betteraves repiquées au fur et à mesure de l'enlèvement, des seigles ou vesces coupés pour les vaches; celles qui avaient été repiquées vers la fin de juin, sont aujourd'hui 25 juillet, grosses comme des bouteilles, et tellement garnies de feuilles, qu'on se croit obligé de les effeuiller pour les vaches.

Je suis arrivé pour coucher, à Mortain, petite ville assez jolie, d'où je n'ai pu partir pour Avranches, que le lendemain vers trois heures après midi. Les environs en sont charmants; une riche et admirable vallée est garnie de beaucoup de villages, dont plusieurs ont de beaux clochers; un joli ruisseau forme plusieurs belles cascades, et fait tourner les roues d'une grande filature, qui se trouve malheureusement en faillite, ce qui met m'a-t-il été dit, environ trois cents ouvriers dans une triste position.

De Mortain à Avranches, neuf lieues faites par monts et par vaux; je ne me souviens pas d'avoir suivi une route, d'ailleurs très-bien entretenue, aussi droite à travers un pays excessivement accidenté; on ne fait que monter et descendre avec des pentes très-roides; notre voiture, simple cabriolet attelé d'un cheval, contenait une dame et son fils, d'une douzaine d'années, un abbé habitant Paris, et moi. Le cocher une fois hors de la ville, laissa monter le chef des employés des contributions indirectes, qui a fait les deux tiers de ce voyage pour rien. Le cocher obtient ainsi de ne pas être tracassé, chaque fois qu'il a dans sa voiture deux personnes de plus qu'il n'est autorisé à prendre; ces tours de bâton se pratiquent souvent à ce qu'il paraît; il m'est arrivé aussi dans ce voyage, de voir monter deux gendarmes dans une diligence qui avait déjà une surcharge de deux personnes.

Le cheval qui avait déjà fait le matin neuf lieues, les a de nouveau parcourues sans un coup de fouet et en ne mettant qu'un peu plus de quatre heures à transporter six voyageurs; il a été pendant tout ce temps au trot, excepté dans les parties les plus roides de ces fortes côtes; il descendait ensuite bon train quoiqu'il n'y eût point de mécanique d'enrayage ; le tout sans faire un faux pas ; il se repose un jour et fait dix-huit lieues le lendemain ; voilà cinq ans qu'il fait cette besogne forcée, et c'est encore un joli cheval, qu'on ne donnerait pas pour 500 fr. prix qu'il a coûté.

Je me suis rendu le 28 juillet, de bonne heure, chez le comte de Saint-Germain que je n'ai pas trouvé ; lui et sa famille prenaient les bains de mer à Jersey, qu'on assure être un séjour charmant.

Le comte ne cultive pas lui-même, mais il a une vingtaine d'hectares de prés, dans lesquels serpente une petite rivière, dont les eaux servent à irriguer une partie de ces prés ; si M. de Saint-Germain avait visité MM. de Talhouet et Destrichet au Lude, M. Thoré au Mans, M. de Parceval près de Mâcon, il eût probablement suivi le bon exemple donné par ces MM. ; ils ont établi des norias pour élever l'eau à une certaine hauteur, ce qui leur permet d'irriguer une plus grande partie de leurs prairies.

M. de Parceval n'a qu'une chute très-faible pour faire tourner deux grandes norias, qui arrosent une grande étendue de beaux prés, près sa ferme-école. On pourrait obtenir le même résultat dans bien des lieux, où cela rendrait de grands services.

Le comte a semé beaucoup de champs en luzernes qui, à la longue, deviennent des prés dans ce climat humide.

J'ai poussé ma promenade un peu plus loin, pour faire ma seconde visite à un fermier voisin M. Théol, que j'avais vu en 1849. Sa ferme n'a que vingt hectares d'étendue ; 12 sont en prés ou herbages, et 8 sont cultivés. Il a un étalon de demi-sang, acheté âgé de six mois, pour 600 fr. ; il a cinq juments dont quatre de demi-sang, et six élèves provenant tous des étalons de la station d'Avranches. Son étalon était alors trop jeune ; mais maintenant il fait la saillie pour 10 fr., et obtient une cinquantaine de juments.

M. Théot avait lors de ma première visite, un énorme taureau et trois vaches qui provenaient d'un taureau Durham ; M. de Sainte-Marie avait placé ce taureau pour la monte à Avranches, comme il l'avait fait aussi dans plusieurs villes de la basse Normandie.

Il a cessé de le faire, lorsqu'il sut que la Société d'agriculture de Valognes, avait décidé que toutes les bêtes qui auraient du sang Durham, seraient mises hors concours, lors des distributions de primes.

M. Théot m'avait dit alors, ce qu'il m'a encore confirmé aujourd'hui, et ce que le jardinier de M. de Saint-Germain, que j'avais questionné à cet égard, venait aussi de me dire. C'est que deux de ces trois vaches demi-sang Durham, donnaient à elles deux, quarante-quatre litres de lait, étant fraîches vêlées, et que la troisième, superbe et très-forte bête, en donnait trente-six litres pendant plusieurs mois ; six semaines avant de vêler de nouveau, elle donnait encore six litres.

M. Théot m'a fait voir des vaches qui proviennent d'un vieux taureau du nom de *Va de bon cœur ;* que M. Malo avait conservé jusqu'à l'âge de dix ans. M. de Saint-Germain l'avait acheté, et conservé encore quatre ans ; il m'a dit qu'une de ses filles donnait, à nouveau lait par vingt-quatre heures, plus de trente litres, produisant six kilogrammes et demi de beurre par semaine ; une autre donne vingt-six et une troisième vingt-deux litres de lait, par vingt-quatre heures.

Il m'a fait voir plusieurs génisses que j'eusse prises presque pour des Durham, tant elles étaient fines de tête et de membres ; elles provenaient d'un taureau et de vaches de demi-sang Durham.

M. Théot a toujours sept à huit vaches et une quarantaine d'élèves ; le total de ses bêtes bovines est maintenant de cinquante-une têtes ; cela fait, en comprenant les chevaux, plus de soixante grosses têtes de bétail sur vingt hectares.

Il fait rentrer ses bêtes à l'étable pendant le milieu de la journée, pour leur donner du fourrage vert, et les mettre à l'abri. L'extrême chaleur qu'il fait, dessèche et brûle les prés qui ne peuvent être irrigués.

M. Théot m'a dit qu'il vend ses chevaux à l'âge de quatre ans, de 500 à 1 000 fr., suivant leur qualité.

Il vendait ses jeunes bœufs croisés Durham, à des engraisseurs vers l'âge de deux ans ; maintenant il ne peut plus vendre les Normands avant l'âge de trois ans, pour en faire des bœufs de trait. Son taureau est Cotentin ; je lui ai conseillé d'acheter au comte de Torcy, un bon veau mâle, et de l'élever pour en faire un taureau.

M. Théot paye 2 000 fr. de loyer et 400 fr. d'impôts pour ses vingt hectares ; c'est 120 fr. par hectare ; il est très-mal logé et n'a pas assez de place pour bien loger son nombreux bétail.

Il m'a dit qu'on demanderait maintenant volontiers des taureaux Durham, s'il s'en trouvait dans le pays.

Ayant demandé à M. Théot si l'on expédiait des bêtes à cornes de ses environs, en Angleterre, il m'a dit que depuis dix-huit mois ou deux ans, il n'en avait pas vu prendre cette direction, mais que précédemment, il s'en vendait beaucoup pour ce pays.

Les hommes de journée gagnent en ce moment 1 fr. et la nourriture ; les plus forts gagnent 25 centimes de plus ; les domestiques mâles, de 150 à 180 fr. ; il estime la nourriture valoir de 60 à 75 centimes ; les femmes de journée gagnent ce dernier prix.

Il n'y a point de pommes, mais beaucoup de poires dans

les vergers, qui cachent presque les habitations, des campagnards de ce beau et riche pays.

Étant allé coucher à Pontorson, je me suis rendu le 29 juillet, de bonne heure chez le marquis de Verdun, au château de la Crêne qui n'est encore qu'à moitié construit et paraît devoir être fort beau. Les terres et prés m'ont paru de fort bonne qualité; les fermes sont louées à raison de 70 fr. l'hectare; les terres louées en détail, produisent jusqu'à 150 fr.

Le drainage sera très-utile dans bien des parties de la propriété.

M. de Verdun a un très-beau taureau, acheté l'an dernier au haras du Pin; une vieille vache Durham provenant du même lieu, lui a produit une belle vache, une jolie génisse et un veau mâle âgé de cinq mois, qui promettent beaucoup; la mère de cette belle progéniture, a coûté 700 fr. à l'âge de onze ans; M. de Verdun avait aussi acheté il y a quatre ans, un taureau Durham, qui a été le premier de cette excellente race, importé dans ces environs; il a produit avec de bonnes vaches Cotentines, d'excellentes bêtes croisées.

M. de Verdun a acheté à la même époque, un bélier et dix brebis Dishley; depuis lors, il a encore acheté à la bergerie impériale de Moncavel, deux béliers, l'un Dishley, et l'autre Southdown.

Il prend pour le saut de son taureau 10 fr. et pour celui d'un beau taureau Cotentin 5 fr.; on lui amène beaucoup de vaches. Le marquis prend 3 fr. par brebis qu'on amène à ses béliers; mais il la nourrit chez lui pendant quinze jours, afin d'être sûr que la bête est pleine.

Il vend 80 fr., ses agneaux mâles de race Dishley. Ses cochons de race New-Leicester, sont fort beaux; il vend 30 fr. ceux de six semaines ou deux mois; cela n'est pas cher. Deux petits cochons âgés à peine de trois mois, qu'on prépare pour le Concours de Poissy, sont déjà si gras, qu'ils ont beaucoup de peine à se lever; il est à craindre qu'ils ne crèvent de gras-fondu, avant l'époque du Concours.

Le marquis élève des chevaux; il a deux jolis poulains de l'an dernier, et n'en a qu'un de ce printemps, sur six qui lui étaient venus; une maladie en a enlevé cinq cette année.

Son taureau qui est très-doux, est enveloppé d'une couverture de coutil, pour le garantir des piqûres de mouches; il est en liberté dans une boxe.

Les domestiques et les journaliers sont peu payés dans ce pays; ceux employés toute l'année, ne gagnent que 1 fr. 25 c. sans être nourris; une bonne cuisinière n'a que 150 fr. par an.

Les moissonneurs qui se louent à Pontorson pour un jour, ne gagnent que de 1 fr. 25 c. à 1 fr. 50 c., mais alors ils sont nourris.

M. de Verdun a bien voulu me conduire à la baie du Mont-Saint-Michel, pour examiner les grands travaux d'endiguement entrepris par une société, qui a chargé M. Mosselnan de les faire exécuter.

On commence par forcer la petite rivière du Quasnou, qui se répand dans les sables de la baie, à ne pas sortir d'entre deux fortes digues, entreprises il y a longtemps, mais qui n'avaient pas été achevées.

Lorsqu'on aura réussi à maîtriser le cours de la rivière, on commencera un polder ou relais de mer, et lorsqu'il sera achevé, on en fera un autre, et ainsi de suite.

De là, nous sommes allés visiter M. Doynel de Quincey, qui avec cinq autres personnes, a formé il y a sept ans, un petit polder parfaitement réussi; il n'a pas deux cents hectares d'étendue, et a coûté 54 000 fr.; les sociétaires en cultivent chacun trente hectares, et ces sables blancs, qui ne sont que de la tangue, comme tout le fonds de la baie du Mont-Saint-Michel, sont d'une fertilité sans pareille. Un des sociétaires de ce polder, a fait six ans de suite du froment, sans donner aucune espèce d'engrais à son sable blanc ; et le froment de la sixième récolte n'est pas mauvais.

M. de Quincey sème sans engrais son froment dans ce sable coquillier ; au printemps suivant il sème du trèfle sur le froment ; ce trèfle est fauché une fois dans la seconde sole et lorsqu'il a bien repoussé, on l'enterre au lieu d'en faire du foin ; on sème sur ce labour, du colza par poquets distants dans les lignes, de cinquante centimètres ; celles-ci sont séparées par soixante-six centimètres ; les femmes mettent un peu de semence dans les trous préparés à cet effet, et en recouvrent la graine avec le pied.

M. de Quincey nous a fait voir un rouleau qu'on a fait d'après son dessin ; il se compose de trois cercles en fer, armés de plantoirs pour former les trous destinés à recevoir la graine de colza, aux distances ci-dessus indiquées. Il est parvenu à faire faire, je crois chez M. Bodin, de la ferme des Trois-Croix, près Rennes, une charrue flamande à versoir en fonte, qui enterre parfaitement la seconde pousse de ses trèfles, qui est très-épaisse et a soixante-six centimètres de hauteur. M. de Quincey m'a dit que si je connaissais quelqu'un qui eût envie d'avoir une charrue pareille, on pouvait lui écrire directement par Pontorson.

L'assolement triennal qu'il a adopté, est pareil à celui qu'un fermier des environs de Metz, M. Leroy, a suivi pendant une trentaine d'années ; et qui l'a aidé à faire une fortune de plus de cent mille écus, sans s'être occupé d'une autre industrie. L'assolement est froment fumé ; trèfle une coupe, la seconde pousse enterrée et colza ; lorsque le trèfle, après être revenu souvent, était attaqué par une

maladie qui, au milieu d'une très-belle végétation, formait de grandes taches, où cette plante disparaissait,
M. Leroy faisait une récolte sarclée, en place de trèfle.

M. de Quincey dont la culture, dans ce polder, a commencé il y a six ans, a fait deux récoltes de froment, l'une
de trente, et l'autre de quarante hectolitres; deux récoltes
de colza, dont une a donné trente-cinq et la seconde quarante-quatre hectolitres; enfin deux superbes premières
coupes de trèfle; les secondes pousses ont été enterrées
pour fumures.

Les digues de ce petit polder, ont coûté 64000 fr. ou
10666 fr. par actionnaire, qui paye 15 fr. de loyer par
hectare pendant un bail de neuf ans. Le capital fourni par
chacun des six actionnaires est de 10666 fr., l'intérêt à
5 p. % est de 533 fr. 30 c.; les actionnaires cultivent
chacun trente hectares; ils payent de loyer 15 fr. par
hectare ou 450 fr. par culture. Cette somme, réunie à
l'intérêt, fait 983 fr. 30 c. de loyer pour trente hectares,
ou 32 fr. 77 c. par hectare; mais les 10666 fr. ne leur
seront pas remboursés au bout des neuf ans, lors de la
fin du bail; il faut donc ajouter au loyer, la neuvième
partie de la dépense faite pour l'endiguement. C'est
1188 fr. à ajouter à 983 fr. 30 c. de loyer; le loyer
réel des trente hectares est donc de 2171 fr. 30 c. ou
72 fr. 40 c. par hectare.

Les très-belles récoltes que font ces MM., sans application d'engrais, leur laisseront assurément un très-beau
bénéfice.

M. de Quincey a loué dans un polder voisin exécuté
après le leur, douze hectares, à raison de 120 fr. l'hectare, car il n'a pas contribué à son endiguement.

En quittant M. de Quincey, nous avons traversé un
ancien relais de mer, établi du temps de la reine Anne
de Bretagne; il nous a été dit, que les récoltes y sont

toujours belles, à condition de défoncer de temps en temps cette terre à deux piques de bêche.

Nous avons vu dans le polder de M. de Quincey quelques petits coins, où rien ne peut venir ; on dit que le sel en est la cause : cela fait craindre à M. de Quincey, que les terres qu'on est en train d'endiguer maintenant, dans la baie du Mont-Saint-Michel, ne se trouvent dans les mêmes conditions d'infertilité. On m'a dit, lorsque j'ai visité les îles de la Hollande qui bordent l'embouchure de l'Escaut, qu'on était obligé de mettre les polders, récemment enlevés à la mer, en pâturages, pendant cinq ou six ans ; ce qui les désalait suffisamment, pour en faire ensuite d'excellentes terres.

M. de Quincey était occupé, pendant notre visite, à faire mettre sa très-belle récolte de froment en moyettes ; voici la manière dont on s'y prend chez lui.

Deux femmes la commencent, en réunissant plusieurs javelles qu'elles lient un peu au-dessous des épis ; elles posent debout, cette réunion de javelles, et continuent à y ajouter d'autres javelles, jusqu'à ce que la moyette soit d'une grosseur convenable ; elles entourent ensuite cette réunion de javelles, d'un lien, un peu au-dessous des épis ; deux hommes forment, pendant ce temps, une grosse gerbe liée près du pied de la gerbe ; ils la posent sur le pied, et en rabattent la paille, tout autour du pied, jusqu'à terre, ensuite ils l'enlèvent par-dessous le pied, et, la renversant, ils la posent sur le sommet de la moyette, pour lui servir de chapeau.

Voici la manière de faire les moyettes normandes manière que j'ai vu employer ordinairement ; un homme debout, ouvre les bras pour soutenir les javelles qu'un certain nombre de femmes y placent ; une fois que la moyette est assez volumineuse, on l'entoure d'un lien préparé d'avance ; vient ensuite un autre homme qui a disposé une grosse gerbe, pour en faire le chapeau de la moyette; lorsqu'il l'a posée, on met un nouveau lien au-dessus des épis du chapeau.

J'ai vu une immense quantité de voitures, attelées de une à quatre bêtes, chevaux et bêtes à cornes, souvent mêlés dans le même attelage; emmenant de fortes charges de tangue prise dans la baie du Mont-Saint-Michel, et elles viennent de huit et dix lieues de Pontorson pour la chercher; aussi, toutes les routes aboutissant à cette petite ville, sont-elles couvertes d'une épaisse poussière, provenant de la tangue apportée de ce bassin. M. de Verdun, ainsi que plusieurs autres personnes, m'ont assuré qu'on comptait souvent en un seul jour, plus de trois mille charges de tangue emmenée. On pense cependant dans ce pays, que les détritus de coquillages, nommés tangue ne contiennent que du calcaire; si elle ne contient pas aussi une certaine quantité de phosphate de chaux, il serait mal calculé de transporter à de si grandes distances, de la tangue presque toujours humide, et ne contenant pas à beaucoup près, autant de parties calcaires, sur un poids donné, que la chaux. Ce qui décide ces braves gens à venir de si loin chercher de la tangue, c'est je pense qu'ils ne comptent pas leurs peines ni celles de leurs attelages, ni même l'usure de leurs véhicules, lorsqu'ils peuvent prendre la tangue dans la baie à marée basse, elle ne leur coûte rien, dans le cas contraire ils ne la payent pas cher non plus, aux habitants de Pontorson, qui en font des tas qu'on peut charger, lorsque la mer est haute. Une autre raison encore, est, que, la chaux se vend fort cher sur cette côte; où on pourrait cependant la faire à bon marché, le bois n'étant pas cher, le charbon de terre de Newcastle, y arrivant, dans tous les ports. Quant à la pierre à chaux on peut la faire venir par mer des environs de Grandville.

On m'a dit, et j'ai vu moi-même, que la tangue des autres parties de la Normandie et de la Bretagne, n'est pas aussi calcaire que celle de la baie du Mont-Saint-Michel.

Peu de temps après avoir quitté Pontorson, on entre en Bretagne; la route qui conduit à Dol de Bretagne, ville d'environ quatre mille âmes, laisse apercevoir un beau pays, couvert de belles récoltes, malgré la petitesse des enclos, et les énormes haies couvertes d'arbres; vous feraient croire facilement que vous passez à côté d'une forêt.

Je suis allé chez M. Rame maître de poste à Dol, il cultive une cinquantaine d'hectares dans un ancien relais de mer, de la plus haute fertilité; son fils, ancien élève de Grignon, avait acheté une ferme dans l'Indre, près du Blanc qu'il a revendue, au bout d'une couple d'années de culture, ne pouvant s'accoutumer à des terres aussi pauvres, comparées à celles de son père, dont la valeur vénale est de 4 à 5000 fr. l'hectare.

Il a monté chez son père, une distillerie de betteraves, ainsi qu'un énorme four, cuisant, en même temps, vingt-cinq mille briques et trois cents hectolitres de chaux faite avec du marbre venant de quinze lieues, par mer.

M. Rame chauffe avec du bois; la dépense, pour une fournée, s'élève à 300 fr., tandis que le charbon nécessaire lui coûterait dit-il 450 fr.; le bois n'a qu'une très-faible valeur dans ce pays; il vend sa chaux 8 fr. la barrique d'une contenance de cent soixante-quinze litres; c'est un prix exorbitant. Je ne comprends pas qu'on ne fasse pas venir des environs de Newcastle, de la chaux, qui je crois ne coûterait pas le quart de ce prix.

M. Rame battait du froment avec une machine Pinet, demandée pour la force de deux chevaux; mais les deux excellents chevaux, attelés à ce joli manége, n'en pouvaient plus; et il m'a dit qu'on les changeait toutes les deux heures. Il faudrait, je pense, en mettre trois, pour ne pas les abîmer; le même manége sert pour la distillerie.

On est obligé, dans cette riche terre, de semer le froment au semoir en laissant cinquante centimètres d'intervalle entre les lignes, afin de prévenir autant que possible la verse; car l'air rend la paille plus roide et le sarclage empêche les herbes de grimper après la céréale ce qui la ferait verser; le froment, qui résiste le plus à cet inconvénient, chez lui, est le froment anglais blanc à paille rouge, qui lui donne des récoltes dépassant quarante hectolitres; son assolement est, froment et betteraves, celles-ci produisent dans ces riches terres de cinquante à soixante mille kilogrammes.

J'ai pris ensuite un cabriolet pour me conduire chez une dame anglaise, dont le premier mari, M. Hervé, avait acheté il y a vingt-cinq ans, une propriété de cent cinquante hectares, avec une maison de maître qui lui avaient coûté 45 000 fr.; il l'a bien cultivée et a planté ses pâtures rocheuses d'une grande quantité de hêtres, sapins et pins sylvestres qui sont très-bien venus et embellissent beaucoup les alentours de l'habitation.

Ce M. quelques années avant de mourir, a vendu sa propriété 80 000 fr.; et ses deux fils aînés qui ont été au collége à Jersey, en sont maintenant fermiers et ce que j'ai vu, me fait penser qu'ils cultivent fort bien. Ils viennent d'augmenter leur culture, en louant une autre ferme de cinquante hectares, qui joint la première.

J'ai vu là, de bons chevaux, beaucoup de petites vaches Bretonnes, d'excellents cochons Anglais, et des meules bien faites.

Leurs froments sont beaux, mais malheureusement attaqués par la rouille.

MM. Hervé ont un très-grand champ de récoltes sarclées, carottes et rutabagas, très-propres, ainsi qu'un champ de colza qu'on était en train de labourer, herser, et rouler après l'avoir récolté.

Ces MM. ont une grande étendue de belles prairies artificielles, mélangées de ray-grass italien.

Ils ont fait venir d'Angleterre sur la recommandation d'un fermier anglais de leur connaissance, un semoir monté sur quatre roues, avec lequel on sème les racines ou les céréales, cela à toutes les distances convenables ; on peut à volonté éloigner ou rapprocher les boîtes contenant la semence ; ils l'ont prêté à M. Bodin, directeur de l'École d'agriculture de Rennes, qui a, aussi, une fabrique d'instruments aratoires, employant plus de cent ouvriers.

M. Bodin vend 120 fr. cet excellent semoir, qu'on attelle d'un cheval.

MM. Hervé ayant acheté à Londres, un disque du gros rouleau Croskyll, l'ont rapporté chez eux, et en ont fait couler de pareils, en fonte de première fusion, à 30 centimes le kilogramme ; ce rouleau qui a quatorze disques, leur revient à 240 fr., il doit peser de six à sept cents kilogrammes ; il leur rend d'éminents services.

Ils ont l'excellente charrue, à double versoir, de Ransom, qui se transforme en houe à cheval de différents genres, et en petit buttoir.

J'ai été enchanté de ces deux jeunes gens, qui sont devenus de très-bons cultivateurs ; ils ont pour guide, le *Farmers Magazine*, excellent journal d'agriculture, anglais, que je lis depuis 1815.

Je me suis rendu, de là, chez Mme de Lorgeril, veuve d'un excellent agriculteur qui s'est occupé depuis l'année 1806 jusqu'à sa mort, d'améliorations agricoles les mieux entendues ; il a fait planter des chênes, hêtres, mé-

lèzes, épicéas, sapins de Normandie ou à feuilles argentées, laricios, pins d'Écosse, de Riga, sylvestres et du
Lord, qui sont maintenant des arbres de toute beauté.

M. de Lorgeril a planté beaucoup de taillis de châtaigniers avec lesquels on fait des cercles. Les beaux résultats
de ces magnifiques plantations, sont dus au défoncement
de ces terres légères, mais qui ont un fonds argileux;
M. de Lorgeril défonçait ses terres pour culture et plantations, à soixante-six centimètres de profondeur; j'ai été
désolé de voir sa réserve, cultivée par un misérable métayer, qui, à l'exception d'un très-petit champ de betteraves, pommes de terres et trèfles, ne fait pas mieux que
les autres paysans de ce pays si arriéré en culture.

M. de Lorgeril avait fondé le premier Comice agricole
qui ait existé en France.

L'association des cinq départements de la Bretagne, qui
s'est formée à l'exemple de celle des cinq départements
de la Normandie; l'existence de cette dernière association
est due à M. de Caumont, cet homme de bien, qui a consacré toute sa vie et sa fortune, à chercher les moyens de
répandre l'instruction, et les améliorations en tous genres,
sur toutes les parties de la France.

L'Association bretonne a élevé une colonne en granit,
à la mémoire de M. de Lorgeril, qui après avoir formé
son Comice, a donné, pendant de longues années, des
primes aux concours annuels d'agriculture qui se tenaient
dans sa terre.

M. de Lorgeril sachant combien le calcaire est indispensable dans les terres de la Bretagne, a dépensé beaucoup pour en chercher; il n'a pas trouvé de pierres à
chaux ni de marne; mais il a découvert un lit de sable
coquillier, qu'il a eu bien de la peine à mettre en vogue
parmi ses voisins; maintenant on vient en chercher des
centaines de voitures chaque jour de la belle saison; les

très-mauvais chemins durant deux kilomètres ne le permettent pas lorsqu'il ne fait pas sec, on n'en met que vingt-cinq à trente mètres par hectare.

Le fils aîné de Mme de Lorgeril, ancien capitaine d'état-major qui a servi longtemps en Algérie, vient d'acheter une ferme qu'il est en train d'améliorer; elle a grand besoin d'être drainée. Il a des cochons New-Leicester, mais ses voisins ne veulent pas lui acheter ces bêtes de race perfectionnée. M. de Lorgeril veut se défaire des petites vaches de pays qui sont dans sa ferme, pour n'en tenir que de l'espèce noire et blanche du Morbihan.

Il a un gros rouleau Croskyll, des charrues Dombasle à avant-train et d'autres bons instruments agricoles.

M. de Lorgeril a semé des ajoncs à raison de quinze kilogrammes de graine par hectare; il les fait faucher tous les ans et les fait consommer par son bétail, après les avoir simplement passés par un bon hache-paille, sans les faire écraser par une meule à plâtre ou à coups de maillet, comme le font les petits cultivateurs; en les fauchant ainsi tous les ans, ses champs d'ajoncs semés dans de pauvres terres, ne dureront que dix ou douze ans; mais il aura le soin d'en semer de nouveaux deux ou trois ans avant la fin des autres.

Une diligence qui va de Dol à Rennes, m'a porté le lendemain dans cette dernière ville, le voyage a duré trois heures et demie, et m'a fait parcourir un pays bien moins riche et moins beau, que ne sont les environs de Dol et de Pontorson.

Je suis allé de suite, après mon arrivée à Rennes, à la ferme des Trois-Croix, où M. Bodin dirige une école d'agriculture, fondée il y a vingt-cinq ans par la Société d'agriculture de Rennes.

Il y a monté une fabrique d'instruments aratoires, qui emploie plus de cent ouvriers, à faire d'excellentes machines et instruments d'agriculture, répandus, non-seulement dans toute la Bretagne, mais encore dans l'ouest et dans le centre de la France; ils sont perfectionnés, très-solides et meilleur marché que ceux de la plupart des autres fabricants.

La fabrique des Trois-Croix est tellement appréciée, qu'elle ne suffit pas à toutes les commandes. Elle a vendu dans le courant de l'année plus de trois cents machines à battre; celles à manége à deux chevaux coûtent 650 fr.; celles à troix chevaux 15 fr. de plus. Les machines à battre locomobiles coûtent 800 fr. M. Bodin a fait venir une machine à battre locomobile de Ransom, qu'il a payée prise en Angleterre, 2000 fr.; il ne la vend que 1800 fr., et il l'a rendue plus solide. Toutes les machines anglaises qu'il a copiées, ne sont vendues par lui qu'après avoir été rendues plus solides et il les vend meilleur marché que le prix qu'elles coûtent prises en Angleterre.

L'École d'agriculture peut loger vingt jeunes gens; la Société en envoie six et le Ministre fournit douze bourses de 300 fr., pour autant d'élèves; il donne à M. Bodin, comme directeur de cette École 1500 fr.; les directeurs des autres fermes-écoles en reçoivent 2400. Les élèves doivent rester deux ans.

La ferme, que M. Bodin cultive depuis vingt-cinq ans, n'était que de trente hectares; il vient, depuis deux ans, d'en louer une, qui joint l'ancienne; il a un loyer de 8000 fr. pour la ferme actuelle qui contient soixante-cinq hectares; c'est 123 fr. l'hectare; mais la ville payant 2000 fr. pour rendre ce loyer moins onéreux, cela ramène à 98 fr. le loyer de l'hectare.

J'ai vu avec plaisir dans cette ferme, si bien conduite, un beau et nombreux bétail de diverses espèces ou croisements, tels que vaches Bretonnes, ayant reçu un taureau Ayrshire, et ayant donné de bons élèves croisés de

ces deux races; des croisés Ayrshire-Normands des croisés Durham-Normands, des vaches Cotentines.

J'ai vu une petite bergerie contenant une cinquantaine
de Southdown, de Dishley, ainsi que des brebis croisées
Southdown, depuis de longues générations; elles ont été
achetées à Grand-Jouan.

J'ai admiré des étables construites très-économiquement
et cependant très-commodes pour le vacher et pour les
bêtes, qui y sont logées; l'aération y est excellente, les
stalles sont faites pour deux bêtes; l'une est attachée à
gauche, et l'autre à droite, de manière à ne pouvoir se
molester; il y a derrière les vaches, des rigoles bordées
de membrures en chêne, afin qu'elles soient durables et
qu'on puisse les nettoyer facilement.

La charpente de ces étables est extrêmement légère et
cependant solide; le dessous des voliges, est garni de
paillassons, afin de diminuer le froid ou la chaleur; les
étables sont très-bien éclairées.

La cuisine du bétail a les chaudières nécessaires; elle
est très-bien organisée. Le hache-paille, le coupe-racines,
l'aplatisseur de grains, le brise-tourteaux marchent deux
à deux, au moyen d'un manége à un cheval; une paire
de petites meules à farine, marche seule; il y a des citernes à purin.

La porcherie est aussi bien organisée, et contient des
New-Leicester, venus de chez M. de Sainte-Marie, qui en
a de fort beaux.

Les meules sont bien faites; ce qui m'a fait d'autant
plus de plaisir, que ce sont les élèves qui les font.

Voilà ce que j'ai pu apercevoir dans ma soirée. M. Bodin
est venu me prendre le lendemain matin à sept heures à
mon hôtel et nous nous sommes acheminés vers sa ferme
qui touche le faubourg, elle est traversée par la route de
Saint-Malo; une partie de ses champs borde le canal qui

se rend à ce port. Il lui en coûte 5 fr. par mille kilogrammes pour en tirer son charbon, il vient de Newcastle et lui coûte rendu 37 fr. la tonne.

M. Bodin m'a fait parcourir un champ de betteraves de huit hectares. Ce sont les plus belles que j'aie vues dans ce voyage; elles donneront assurément plus de cent mille kilogrammes par hectare, il aura au moins une moyenne de soixante mille kilogrammes, en y comprenant un autre champ de betteraves, qui se trouve dans sa nouvelle ferme.

Le sol de ces environs est une argile à sous-sol de schiste émietté.

M. Bodin m'a fait voir un champ d'orge d'hiver qui a un mètre cinquante centimètres de hauteur, il est d'une grande épaisseur; elle a été faite sur une terre défoncée à quatre-vingts centimètres, par une charrue ordinaire, attelée de quatre forts bœufs, suivie par la charrue la plus forte que j'aie encore vue; celle-ci était attelée de douze bœufs; c'est de cette manière qu'il a pu ramener à la surface une terre forte, mêlée de schiste pourri, qui se délite par la gelée; je ne pouvais comprendre comment l'orge, avait si bien réussi dans une terre aussi sauvage.

Cette charrue géante ne coûte que 120 fr.; elle est d'une grande solidité, et pourrait fonctionner à bien moindres frais avec une machine à vapeur locomobile.

M. Bodin défonce toutes ses terres, les unes après les autres, à cinquante ou cinquante-cinq centimètres de profondeur; il obtient, ensuite, les récoltes les plus complètes qu'on puisse désirer. Ce défoncement lui a encore rendu l'éminent service de détruire l'avoine à chapelets, cette peste des champs, difficile à détruire, une autre manière de s'en débarrasser est la culture des topinambours.

Il sème ses céréales en lignes espacées de trente-trois

centimètres, les sarcle à la houe à cheval, et obtient ainsi des récoltes de froment, dépassant quarante hectolitres par hectare; il se sert, pour cette semaille, du semoir de MM. Hervé, qu'il vend 120 fr.; ses secondes coupes de trèfle, s'élèvent à quatre-vingts centimètres de hauteur.

J'ai été étonné de voir dans ces terres si fortes, de très-beaux lupins à fleurs jaunes, dont la tige principale est déjà défleurie et bien garnie de gousses; ils avaient été semés au semoir et quarante-cinq kilogrammes de semence avaient suffi pour un hectare.

Les attelages de M. Bodin se composent de huit chevaux de travail, deux de voiture et huit forts bœufs Parthenais coûtant 1200 fr. la paire; ils sont excellents pour le travail, mais hauts sur jambes et mal conformés pour pouvoir être engraissés avec avantage.

Il a cinquante bêtes à cornes, deux taureaux compris; l'un est du comté d'Ayr, et l'autre croisé Durham, mais il compte acheter un taureau Durham.

On voit par ce compte, que M. Bodin a plus d'une grosse bête par hectare, ce qui se trouve bien rarement dans une culture.

Il m'a autorisé à faire connaître, qu'il se chargerait de copier les instruments anglais qu'on lui enverrait à cet effet; et ne les ferait payer, que leur prix d'achat en Angleterre.

Il n'admet dans son école que des fils de cultivateurs.

M. Bodin désapprouve fortement la manie qui a fait préconiser, bien au-dessus de son mérite, la petite espèce de vaches, noire et blanche du Morbihan; elle peut être convenable dans les fermes où il n'y a pour la nourrir, que la pâture des bruyères; mais il ajoute qu'elles ne produiront jamais, pour une nourriture don-

née, autant de lait et de viande, que des vaches Cotentines, ou toute autre espèce bien choisie.

Je me suis rendu le lendemain, au château de la Cha-
pelle-Chaussée, chez le vicomte de Genouillac, qui, ainsi
que sa famille, était absent; il ne cultive qu'une très-
petite réserve et a de très-belles récoltes; j'ai été fort
étonné qu'ayant de si bons résultats, il ne prît pas une
de ses fermes entre ses mains, afin de donner de bons
exemples à ses fermiers.

La route que j'eus à suivre en me rendant de Rennes
à Dinan, est une suite continuelle de montées très-roides
et de vallées profondes; le pays est joli, mais toujours
trop couvert de haies garnies d'arbres énormes.

En arrivant à Dinan on est dans l'admiration devant
un pont composé de dix arches, dont six, ont cent quarante-quatre pieds au-dessus de la rivière, la fondation
des pilliers a trente pieds de profondeur; ces arches ont
dix mètres de largeur au pied.

La Rance est navigable, à partir de Dinan jusqu'à Saint-
Malo; un bateau à vapeur fait ce trajet chaque jour; je
suis arrivé après son départ, ce qui m'a empêché à mon
grand regret, de faire cette charmante excursion.

J'ai visité un grand four à chaux, à un kilomètre au-
dessus de Dinan; il est au bord de la rivière, qui lui
amène la pierre à chaux d'environ quinze lieues; son
charbon vient d'Angleterre, à 32 fr. les mille kilogrammes,
cela n'empêche pas que la barrique de chaux contenant
deux hectolitres, se vende 8 fr., prix exorbitant.

On tire de la tangue, non loin de la ville basse de
Dinan.

On faucille les céréales au lieu de les faucher; on lie
les javelles au-dessous des épis, et on les pose debout,
afin de les sécher.

J'ai traversé pendant plusieurs heures, un pays en

grande partie couvert de bruyères, dont le fond paraît bon; le peu de cabanes que j'ai aperçues, étaient bien misérables, et n'avaient pas de croisées; la chose n'est pas étonnante, ces pauvres journaliers ne gagnent que 60 centimes par jour, sans être nourris; dans un temps où le pain est très-cher, on ne comprend pas comment ces pauvres malheureux ne meurent pas de faim; ils ne vivent que de pommes de terre et de bouillie de sarrasin.

Je me suis arrêté à près d'une lieue avant d'arriver à Lamballe, vis-à-vis du château que M. Hougoumar-des-Portes, a fait construire dans des bruyères afin de les défricher, il y a de cela quinze ans; il a fait défoncer à la bêche à un mètre de profondeur, l'emplacement d'une cour à l'anglaise, du potager et du verger; et à soixante-six centimètres, cela en trois piques de bêche, trente hectares de ces bruyères jusqu'alors improductives; maintenant elles sont transformées en bons prés, sur une étendue de vingt hectares; les dix hectares restants ont été plantés après ce défoncement énergique, en taillis de châtaigniers si bien venus, qu'il a pu vendre l'an dernier la superficie de deux hectares vingt-cinq ares pour 2 700 fr. produit net.

Ses prés recoivent chaque année, ou du compost de terre, fumier et chaux, ou cent cinquante kilogrammes de guano; ils donnent après ce traitement, de quatre à cinq mille kilogrammes d'excellent foin.

M. Hougoumar a donné à ses défrichements de bruyères destinés à faire des prés, six hectolitres de noir animal, venant de Marseille par hectare. Ce noir ne lui coûtait alors que 8 fr. l'hectolitre, tandis que maintenant on le paye 16 fr.

Il a semé ses prés avec des poussiers de greniers à foin, auxquels il a ajouté du trèfle rouge, du blanc et de la lupuline.

Les arbres d'agrément aussi bien que les arbres fruitiers, plantés il y a quatorze ans, sont devenus si gros et si branchus, surtout les abricotiers de plein vent, qu'il est obligé d'en arracher une partie.

M. Hougoumar a défriché d'autres bruyères, en les défonçant à quarante centimètres de profondeur au moyen de la charrue Bodin nº 1, qu'il attelle de dix chevaux ; et après les avoir beaucoup hersées, roulées et fait casser les mottes, il y sème du sarrasin avec cinq hectolitres de noir ; la seconde récolte est du froment qui reçoit quarante mètres de fumier, auquel on a mélangé de la tangue ; s'il manque de fumier, il donne à ce défrichement quatre cents kilogrammes de guano.

Les récoltes que j'ai vues dans sa réserve, sont de toute beauté.

M. Hougoumar a acheté il y a plusieurs années, une ferme à laquelle étaient attachés comme pâture, deux cent vingt-cinq hectares de bruyères, le tout loué 225 fr. ; cette propriété dont je ne connais pas le prix d'acquisition, est située à six kilomètres de chez lui ; il a déjà construit trois fermes sur environ moitié de ces bruyères ; il construit en pisé mais couvre en ardoises, et ne fait d'abord que l'indispensable ; et ajoute d'autres bâtiments, à mesure qu'ils deviennent nécessaires ; il n'y met un fermier qu'après avoir défriché, en défonçant à la charrue, quinze hectares, et après avoir ensemencé ce terrain en céréales, sarrasin, et pommes de terre, afin que le métayer qu'il y met, puisse vivre et nourrir ses chevaux, une couple de vaches, et son cochon ; cet homme défriche petit à petit, avec l'aide des attelages de son maître, le reste de ses bruyères ; cette propriété lui rapporte maintenant 4000 fr. au lieu de 225 ; et il lui reste encore beaucoup à défricher.

Le plus ancien métayer des trois fermes établies dans une partie de ses bruyères, a déjà de quoi nourrir cinq chevaux et une douzaine de bêtes à cornes ; sa culture se compose de 5 hectares en froment, 2 en avoine, 5 en sarrasin, 2 en trèfle, 2 en pommes de terre, choux, betteraves et navets, enfin 2 en prés, qui ont été défoncés à deux pieds de profondeur ; ce travail coûte 200 fr. l'hectare. Les journaliers ne gagnent sans être nourris que 60 centimes en temps ordinaire, et 75 pendant la moisson ; mais à ce si petit salaire M. Hougoumar ajoute 15 centimes, ce qui lui attire tous les journaliers des environs. Ce défoncement est fait à la bêche et au pic, car il y a beaucoup de poudings dans le sous-sol.

Ces braves gens sont cependant forts, malgré leur piètre nourriture.

Les laboureurs ont de 100 à 120 fr. de gages par an ; les servantes de 45 à 50 fr. ; les domestiques mâles au château, de 150 à 175 fr. ; la cuisinière qui est très-bonne a 150 fr.

M. Hougoumar m'a dit que la meilleure manière de tirer parti des ajoncs comme nourriture verte en hiver, était d'en semer de dix-huit à vingt litres par hectare à la volée, et de les faucher tous les ans ; je pense qu'il vaudrait encore mieux les semer en lignes, comme cela se fait dans la Grande-Bretagne afin de les sarcler à la houe à cheval, car c'est l'herbe qui les détruit.

Les vaches que j'ai aperçues dans les dix lieues faites dans cette journée, sont petites, mais assez bien faites et de couleur brune ; elles sont mieux faites et plus pesantes que les blanches et noires du Morbihan ; par contre je n'avais jamais vu de cochons et de moutons aussi maigres et d'aussi misérable apparence.

En me rendant de Lamballe à Saint-Brieuc et surtout en arrivant près du bourg de Jugon, on voit un pays fort bien cultivé ; entre autres, beaucoup de champs de fort beaux oignons, cela même sur des terres placées sur des coteaux de terres très-peu fertiles ; on y fait beaucoup de semences de trèfle pour l'Angleterre ; entre Saint-Brieuc et Guingamp, le pays est découvert et chargé de belles récoltes ; mais plus loin, on retrouve de fortes haies garnies d'une grande quantité de grands arbres, des champs d'ajoncs et de genets, enfin des bruyères ; alors les habitations redeviennent rares et souvent fort misérables ; comme celles vues la veille, elles sont faites en torchis et couvertes de chaumes ; elles n'ont point de croisées, ou, au plus, deux carreaux.

Dans les bourgs et villages on voit cependant de grandes et solides maisons.

Je n'ai aperçu que bien peu d'habitations de propriétaires aisés ; nous avons traversé de temps en temps de jolies vallées ; mais aussi les routes sont-elles souvent excessivement roides ; mais elles sont généralement très-bien entretenues ; elles ont le double de la largeur utile.

J'ai vu beaucoup de champs de trèfle, dont la seconde coupe est fort belle, ainsi que des champs de lin.

Nous avons rencontré un convoi de trois machines locomobiles à battre, faites pour quatre chevaux, conduites chacune par un beau cheval de travail ; ayant demandé au conducteur d'où elles venaient ; il me répondit de Château-Gontier et que le fabricant était Stubenrauch, qui les vend 800 fr.

Nous avons traversé, avant d'arriver à Lannion, un bourg fort bien bâti, près duquel se trouvait une ancienne abbaye, ressemblant à un palais, j'en ai oublié le nom.

Il y avait, près de là, une machine à battre mue par la vapeur et faite par un des frères Lotz de Nantes.

J'ai vu plusieurs cantonniers sur les routes de Bretagne, occupés à ramasser les crottins, qu'ils mélangeaient avec des tas de poussière ; on m'a dit qu'ils les faisaient brûler, pour en faire des cendres qu'ils vendaient comme engrais ; je pense que les crottins devraient être plus fertilisants que les cendres qui en proviennent.

Je me suis rendu le lendemain matin au château de Kerdrel, à environ deux lieues de la ville ; chez le général comte de Champagny ancien colonel du 3e régiment de la garde, dans lequel j'avais servi avant qu'il en eût le commandement ; il s'est retiré du service en 1830.

M. de Champagny cultive une réserve d'une trentaine d'hectares. J'ai vu de belles récoltes sarclées sur une assez grande étendue, et aussi un peu de maïs ; il a des vaches Normandes et un troupeau de Southdown.

Le château est entouré de prés irrigués et d'une superbe futaie ; formée d'énormes chênes, hêtres, et sapins à feuilles argentées, qui l'abritent très-bien des terribles vents de la mer dont il n'est qu'à six kilomètres.

Le général fait aussi des défrichements de bruyères, mais n'emploie pas le noir animal.

Le fils aîné de M. de Champagny, a épousé Mlle de Saisy, dont le père et le frère ont fait d'immenses améliorations agricoles, dans les montagnes des Côtes-du-Nord ; le second de ces MM., le vicomte de Saisy a la ferme-école de ce département ; je regrette infiniment de n'avoir pu les visiter.

Le général a drainé ses prés, mais pas encore ses terres ; il m'a dit qu'une tuilerie des environs de Lannion, vendait beaucoup de tuyaux de drainage.

M. de Champagny m'a dit aussi, qu'il venait souvent dans les petits ports de mer de cette côte, des bateaux à vapeur anglais, pour acheter du bétail, du beurre, des homards et d'autres denrées.

J'ai effectivement vu au marché de Lannion, bien des paniers de beurre.

Mon voyage de Lannion à Morlaix, m'a fait traverser

pendant un certain nombre de lieues, un pays couvert de beaux arbres ; mais sur les bords de la mer, où ces terribles vents règnent, aucun arbre ne peut venir et l'aspect du pays est fort triste.

La ville de Morlaix contient une douzaine de mille habitants, elle est posée sur les pentes excessivement rapides de trois ou quatre coteaux, ses quais bordent une petite rivière ; un bateau à vapeur du Havre, le Morlaisien y vient une ou deux fois par semaine, chercher les denrées que ce pays peut fournir et principalement les légumes précoces, que les environs de Saint-Pol-de-Léon et de Roscoff produisent en grande abondance. Les jardiniers-maraîchers les amènent d'une distance de cinq à six lieues, dans leurs petites charrettes.

Un autre bateau à vapeur qui va de Bordeaux à Rouen, touche aussi à Morlaix.

Je suis allé visiter M. Élouet vétérinaire, ancien élève d'Alfort et correspondant de la Société impériale et centrale d'agriculture.

M. Élouet conduit lui-même à six kilomètres de la ville une petite culture que la pluie m'a empêché d'aller visiter avec lui.

Il m'a fait voir des échantillons de céréales d'une grande beauté et d'une grande longueur, tant en épis qu'en paille ; il m'a cependant dit que le produit moyen de ses froments, ne dépasse guère vingt hectolitres, tandis que ceux de la côte maritime vont de trente à quarante.

M. Élouet suit un assolement alterne, très-savamment élaboré, mais qui m'a paru tellement compliqué, qu'il ne peut être adopté par des cultivateurs ordinaires ; il l'a fait connaître, il y a quelques années, à la Société centrale ; l'assolement de ce pays est toujours le triennal ; la jachère est remplacée par des racines ou des fourrages annuels; ce qu'il y a de remarquable dans cette culture, c'est que les planches de pommes de terre, de betteraves, de carottes, ou de panais, sont toujours bordées d'un ou deux rangs de choux comestibles, ou destinés au bétail; cette culture sarclée est très-bien soignée et très-propre.

M. Élouet m'a engagé à visiter M. Félix qui a une grande et excellente culture, dans un relais de mer, à Lannevez, près Plouescat à trois lieues de Saint-Pol-de-Léon; il assure que c'est le meilleur cultivateur breton qu'il connaisse; mais il n'a pas été aux Trois-Croix chez M. Bodin, qui est assurément un des meilleurs de France.

M. Élouet a publié un très-gros volume sur la statistique du Finistère; il a bien voulu me le donner en échange de mon troisième voyage dans la Grande-Bretagne.

J'ai remarqué dans le parcours de la veille et dans celui qui m'a conduit à Saint-Pol-de-Léon, encore beaucoup de champs de genets et de grandes bruyères, souvent à côté de champs bien cultivés, et de belles récoltes; cela annonce au moins que les cultivateurs de cette partie de la Bretagne, comprennent qu'il ne faut cultiver que ce qu'on peut bien fumer; et ils ont grandement raison; malheureusement les cultivateurs d'une grande partie de la France, ne partagent pas cette manière de voir et d'agir.

On fait souvent bien du chemin sans rencontrer d'habitation et on voit bien des terres incultes, même à portée des villages.

On n'aperçoit pas de troupeaux de bêtes à laine, dans ce pays, seulement quelques bêtes de couleur noire, errent sur les chemins.

Les vaches sont toujours fort petites, et cependant il s'exporte beaucoup de beurre du pays.

En me promenant dans les rues de Morlaix, en attendant la voiture, j'ai lu une affiche de vente par licitation, d'une ferme des environs de la ville ; la mise à prix était de 9000 fr., la ferme est louée 450 fr., l'impôt à la charge du fermier ; on pense, est-il dit, que l'impôt et les autres charges à payer par le fermier, peuvent équivaloir à une somme de 450 fr.

Cette ferme se compose de :

<pre>
        5 hectares 10 ares de terres labourables,
                  80 id. de prés,
        1   id.   97 id. de bois,
        6   id.   40 id. de bruyères.
        ──────────────────────
        14 hectares 27 ares.
</pre>

Une autre ferme aussi à liciter, contenait dix-sept hectares.

M'étant arrêté près d'un gros village nommé Landiviziau situé à vingt-deux kilomètres de Morlaix, j'ai pu examiner à mon aise des prés, et des champs de récoltes sarclées, principalement des panais, les planches ayant environ sept mètres de largeur, étaient toutes séparées de leurs voisines par deux ou quatre lignes de choux.

Les feuilles des panais étaient presque toutes, dévorées par les chenilles ; on voyait que les pommes de terre étaient attaquées par la maladie, comme je l'avais remarqué presque partout depuis mon passage dans la Mayenne.

On effeuillait les choux vaches ainsi que les betteraves, ce qui pour ces dernières, est manger son blé en herbe.

Les céréales étaient fort belles ; on les moissonnait avec des volants, espèce de grande faucille, avec laquelle on opère à peu près, comme avec la sape employée par les piqueteurs.

Les femmes moissonnaient avec les hommes.

Nous avons encore vu sur notre route une quantité d'ajoncs et de bruyères, peu d'habitations et des habitants très-sales et couverts de loques et haillons.

Je suis allé le 8 août, de Saint-Pol-de-Léon à Roscoff; cette commune de trois mille âmes se trouve placée sur une baie formée par une partie du continent et l'île de Bâze, qui contient encore trois mille âmes.

Les habitants de Roscoff sont presque tous jardiniers-maraîchers, cultivant principalement les légumes; artichauts, asperges, oignons, choux-fleurs, brocolis, choux, carottes, panais; ils font peu de froment, un peu de trèfle et des pommes de terre.

Les murs qui bordent les chemins, sont garnis à leur base de pierres et faits en totalité de terre, sur laquelle ils ont semé des ajoncs, principale nourriture de leurs chevaux en hiver, comme le trèfle l'est en été.

Le bateau à vapeur allant de Bordeaux à Rouen, touche chaque semaine à Roscoff.

On m'a fait voir dans un jardin abrité des vents de mer, un vieux figuier dont les énormes branches, soutenues par des pilliers en granit, couvrent assure-t-on, trois cents mètres carrés de terrain. Il y a dans ce jardin qui s'étend sur une couple d'hectares, beaucoup de fuchsias à très-grosses tiges, ayant plusieurs mètres de hauteur; ils restent dehors en hiver ainsi que les aloés et autres plantes craignant le froid.

L'église de Roscoff est assez belle; elle a un clocher démesurément haut, comme cela existe à peu près dans toutes les communes du Finistère; ces clochers sont tous construits en granit.

Les terres qui entourent Roscoff, se vendent 4 à 5000 fr. l'hectare; les jardiniers de ce pays n'ont que fort peu d'animaux et par suite, peu de fumier; celui-ci ne se vend que 6 fr. la charge d'un cheval; ce sont la tangue et les herbes marines que la mer jette en abondance sur cette côte, qui servent à entretenir cette extrême fertilité, nécessaire à la culture de ces immenses jardins.

Les journaliers ne gagnent ici que 1 fr. 25 à 1 fr. 50 centimes sans nourriture, en temps de moisson, et 1 fr. en hiver.

On cultive aussi des légumes dans les environs de Saint-Pol-de-Léon ; cette petite ville a des rues assez larges et une très-belle église avec deux beaux clochers ; sa position sur une baie rocheuse, est pittoresque ; on voit dans ce pays, une immense quantité d'énormes et très-beaux hortensias.

J'ai vu le même genre de culture et les mêmes terres vagues que la veille pendant les quinze lieues que j'ai faites aujourd'hui pour arriver à Landerneau.

Les chevaux sont plus forts, et les vaches plus pesantes dans ce pays, que dans les autres parties de la Bretagne, que j'ai visitées jusqu'à cette heure, ce qui tient sans doute à la meilleure culture.

. Je suis parti de bonne heure de Landerneau, profitant du bateau à vapeur allant à Brest ; ce voyage qui n'a duré que deux heures, est des plus agréables ; les bords de la rivière sont des plus jolis et des plus pittoresques ; les terres sont bien cultivées ; il y a de charmants bouquets de bois, et l'on aperçoit des villages et des maisons de maître ; des petites collines rocheuses, ne gâtent rien non plus, dans ce tableau.

Étant pressé, je n'ai pu passer qu'une demi-journée dans la belle ville de Brest ; j'en suis reparti avec un autre bateau à vapeur, qui se rend à Châtelineau ; mais ce trajet n'est rien moins que pittoresque ; des côtes rocheuses sans bois ni habitations, voilà ce qui borde cette vaste baie. On m'a déposé sur la côte, près de l'endroit où l'on met à l'ancre tous les vaisseaux et frégates désarmés.

Un vieux soldat de la garde de Louis XVIII, m'a fait traverser, d'un côté à l'autre de la baie qui est étroite dans cette partie, et j'ai gagné à pied l'habitation de MM. de Pompery ; ce sont deux frères non mariés, qui depuis quinze ans cultivent une vingtaine d'hectares ; cette petite ferme fait partie d'une propriété d'environ trois cents hectares, dans laquelle se trouvent cinq fermes peu étendues et des bois assez considérables, dont une partie plantée par eux ; le reste est en bruyères.

Lorsque ces MM. sont venus en 1841, se fixer dans une habitation que leur père avait abandonnée pour se fixer à Brest, les fermes de ces environs étaient en grande partie en bruyères.

Les terres cultivées par les fermiers de leur père, étaient partagées en petits enclos entourés par d'énormes levées de terres, ayant à leur base jusqu'à cinq ou six mètres de largeur ; ces levées étaient plantées de haies épaisses et contenaient une quantité de grands arbres et d'énormes têteaux, qui par leurs racines, et l'ombre projetée sur ces pauvres récoltes, en détruisaient une bonne partie.

MM. de Pompery, qui ne jouissaient alors que de 1300 fr. de revenu pour eux deux, ne purent aller que bien doucement dans le commencement de leur culture ; mais ayant depuis hérité, ils sont arrivés par ces successions et leurs améliorations conduites avec beaucoup de prudence et d'entendement, à un revenu de 15 à 16000 fr. ; leur but a toujours été de bien cultiver ; mais cela de manière à ce que leurs fermiers et les cultivateurs voisins pussent les imiter, en profitant des bons exemples qu'ils leur donnaient.

Ces MM. ont drainé à l'ancienne manière leurs terres humides et leurs landes marécageuses ; ils ont mis en prés, les parties les plus basses, de manière à pouvoir les irriguer avec les eaux de sources et celles des plateaux supérieurs.

Ils ont adopté d'abord la charrue Bodin, et peu à peu tous les bons instruments qu'il fabrique.

Ils ont fait venir de bonnes espèces de froments, du ray-grass d'Italie, des vesces et féveroles d'hiver.

Ils ont monté une meule pour écraser les branches d'ajoncs de l'année, après les avoir fait passer par un hache-paille.

Ils ont acheté un étalon Percheron et un taureau de demi-sang Durham-Cotentin ; ils sont arrivés ainsi à transformer les petits chevaux du pays, en chevaux qui se vendent pour la grosse cavalerie ou l'artillerie, et à avoir de fort jolies et très-bonnes vaches ; comme leurs taureaux s'étaient avec le temps, éloignés du sang Durham, ils viennent d'acheter un taureau Ayrshire, mais je les ai fortement engagés à se procurer un Durham, ce qu'ils ont fait peu de temps après.

Leur assolement est quadriennal ; le premier quart est complétement en racines, dont moitié en betteraves ; le tout semé ou planté en lignes et fort bien sarclé ; la fumure est de quatre-vingt mille kilogrammes de fumier et de quarante mètres de tangue ; la sole des fourrages est moitié en trèfle, moitié en vesces d'hiver et de printemps mêlées de féveroles. La sole qui vient après les racines, reçoit du froment après les betteraves et de l'orge après les panais et carottes, qui sont arrachés plus tard ; la quatrième sole porte du froment venant après les vesces, qui avaient reçu quarante mille kilogrammes de fumier ; car dans la première sole, les panais n'avaient point reçu de tangue ; cela forme de fait un assolement de huit années, car on change de place les diverses moitiés des soles, à chaque renouvellement.

MM. de Pompery ont sollicité et obtenu depuis plusieurs

années, une station d'étalons des haras placée dans le bourg de Lefaou, chef-lieu de leur canton, qui n'est qu'à cinq kilomètres de leur habitation nommée le Parc; mais ils regrettent qu'un des deux étalons ne soit pas un Percheron.

Ces MM. n'avaient pas encore de machine à battre lors de ma visite; je les ai engagés à acheter celle que M. Bodin a perfectionnée, depuis qu'il s'est procuré une batteuse anglaise; en la prenant portative, ils pourraient la louer à un prix raisonnable à leurs voisins; cela leur rendrait un véritable service, et empêcherait la machine d'être onéreuse pour eux, vu la petite étendue de leur culture.

MM. de Pompery se sont appliqués à bien apprendre le bas breton; cela leur a permis de donner d'excellents conseils aux habitants de leurs environs, qui viennent d'assez loin amener à leurs étalons leurs juments ou leurs vaches; en voyant les belles récoltes de la ferme du Parc et celles des cultivateurs voisins, ils prennent confiance en ces MM., et suivent peu à peu les bons exemples et les conseils qu'ils en reçoivent.

MM. de Pompery sont aussi parvenus à créer un Comice agricole au bourg de Lefaou, où passent les routes de Brest et Morlaix allant à Nantes; ces concours du Comice, réunissent chaque année, de quarante à quatre-vingts charrues, et autant de juments ou poulains, se vendant depuis 500 jusqu'à 1200 fr., au lieu de 150 à 300 fr., prix des bidets existant dans ce pays, avant l'arrivée de ces MM.; ils ont transformé à plusieurs lieues à la ronde, la triste culture ancienne en bonne culture, ou au moins, en culture progressive.

M. Théophile, l'aîné des deux frères, monte dans ces occasions sur une charrette, et prêche en breton, la foule considérable de cultivateurs qui s'assemblent autour de lui; il les gronde de leurs goûts routiniers, applaudit

à ceux d'entre eux qui marchent en tête, dans les améliorations agricoles, et encourage ceux qui ne font que
d'entrer dans cette bonne voie ; ses discours, entremêlés
de plaisanteries à la portée de l'auditoire, et toujours
pétillants d'esprit, ont amené une immense quantité de
ces braves, mais grossiers et entêtés, bas bretons, qui ne
savent pour la plupart, pas un mot de français, à cultiver
mieux qu'on ne le fait dans la plus grande partie de la
France, et même là où la culture n'est pas trop arriérée ;
un assez grand nombre de ces petits propriétaires, ou
fermiers, cultivant habituellement moins de vingt hectares,
ont adopté un assolement alterne de six ans, dans lequel
la cinquième sole est en sarrasin, car il leur en faut pour
leur bouillie et leurs galettes ; et la sixième en avoine
pour avoir de la farine d'avoine, céréale qui entre dans
leur nourriture et aussi pour leurs chevaux et poulains,
dont ils élèvent un grand nombre ; ces mêmes petits cultivateurs ont les bonnes charrues, herses, scarificateurs,
rouleaux, et semoirs à une ligne, de M. Bodin ; plus de
quatre cents familles de ce canton, ont ces instruments,
ou en ont au moins une partie ; et en général, ceux de
ces cultivateurs qui n'ont pas encore adopté l'assolement
alterne, font tous des betteraves et panais, à l'imitation
de MM. de Pompery, pour nourrir en hiver leurs chevaux
et poulains, en mélangeant aux racines, des fourrages
coupés au hache-paille, et principalement de la paille ;
ils y ajoutent aussi de jeunes pousses d'ajoncs ; leurs bêtes
chevalines ou bovines, mangent de cette nourriture préparée tant qu'ils en veulent, viennent bien, et sont en fort
bon état.

Ces braves gens augmentent peu à peu l'étendue de
leurs terres labourables, dont ils savent tirer un si bon
parti, en défrichant leurs bruyères.

MM. de Pompery, sans être riches, vivent bien, quoique

simplement, et ont toujours de l'argent de reste au bout de l'année ; ils en emploient une partie à planter sur leurs bruyères, des arbres destinés à devenir une futaie ; ils bâtissent des maisons, granges, ou étables, pour leurs fermiers que cela arrange fort bien ; mais ils ne tirent aucun intérêt de ces sommes dépensées pour leurs fermiers, quoique ceux-ci payent de bien faibles loyers.

L'un d'eux, qui, au lieu de gagner de l'argent, se ruinait, lorsqu'ils sont venus à son secours, par de bons conseils et de l'argent, a si bien profité de leur bon exemple, qu'il a économisé 9 000 fr., cela lui a permis en payant 2 000 fr. de faire remplacer son fils tombé à la conscription ; mais ce brave homme est fermier, au lieu d'être métayer, et il ne paye que 650 fr. de loyer.

Ils m'ont montré de la pierre à chaux, qui se trouve dans une partie du sous-sol ; ils devraient vérifier si cette pierre calcaire existe en assez grande abondance, afin de pouvoir faire de la chaux ; ils rendraient par là, un grand service à leurs environs, surtout aux cultivateurs, qui sont éloignés des bords de la baie, ou qui ont de trop mauvais chemins, pour pouvoir apporter facilement de la tangue à leurs terres. Cette tangue est fort lourde, et ne contient pas, à beaucoup près autant de calcaire que la chaux. Si la tangue qui est composée de détritus coquilliers, contenait une certaine quantité de phosphate de chaux, cela devrait la rendre singulièrement améliorante. Mais le préfet du département des Côtes-du-Nord, en a fait analyser bien des échantillons, pris sur les différentes côtes maritimes de son département, et ces analyses n'y ont trouvé que de bien minimes quantités de phosphates de chaux, la chaux remplacerait donc la tangue avec grand avantage partout où celle-ci coûte beaucoup de transport, surtout si on faisait sa chaux au lieu de l'acheter le triple de son prix de revient.

Un de ces MM. me ramena à mon embarcadère, et le
bateau de Brest me conduisit à Châteaulin; d'où je partis
à onze heures du soir par le petit courrier, qui n'avait
guère de place que pour lui, et qui prit cependant un
second voyageur; nous fûmes on ne peut plus gênés; ce
qu'il y avait de plus extraordinaire dans notre équipage,
c'était le petit cheval breton, qui nous traînait au grand
trot, en montant, et descendant continuellement des
pentes très-rapides et longues, sans souffler ni broncher;
et cela jusqu'à trois heures du matin. Arrivé dans un
bourg où je montai dans un autre petit courrier, qui
m'amena enfin à Châteauneuf; je me rendis de là à pied,
dans une très-grande propriété appartenant à MM. de
Kerjégu, deux frères, dont l'un reste à Brest, où je lui
avais fait une visite; l'autre habite cette terre; il dirige
la ferme-école du département du Finistère, ayant pour
son directeur M. Leroux; ancien élève de M. Bodin, qui
fut si content de sa capacité et de ses excellentes qualités
qu'il obtint du conseil général d'Ille-et-Vilaine, et de M. le
Maire de la ville de Rennes, qu'on enverrait M. Leroux à
l'École de Grignon; il en sortit pour devenir sous-directeur de la ferme-école.

MM. de Kerjégu possèdent par indivis, la belle et
grande terre de Trévarez, dont la contenance est d'environ deux mille cinq cents hectares.

L'aîné de ces MM., qui fournit une grande partie des
bois de construction, employés dans le port de Brest,
possède une autre terre d'à peu près pareille étendue, à
quelques lieues de celle-ci; elles contiennent toutes deux,
une énorme quantité de bois; et des landes, qu'ils sont
en train de défricher depuis plusieurs années, avec un
véritable succès.

M. de Kerjégu, le cadet, possède une terre dans le
Léonnais, qu'il a cultivée et améliorée, avant de venir

ici; il l'a louée à son ancien régisseur, un autre élève de M. Bodin.

Ces MM. sont très-satisfaits de leurs élèves de la ferme-école, qui sont sans exception, fils de cultivateurs; ils sont au nombre de trente, et tous de force à bien travailler.

Il existe sur cette terre, de nombreuses prairies bien irriguées; le gouvernement leur paye un irrigateur, en sus des autres employés, attachés ordinairement aux fermes-écoles; cet irrigateur, ainsi que le chef de pratique, sont d'anciens élèves de la ferme-école.

Les terres qui en général sont sur un sous-sol schisteux, m'ont paru être en grande partie de bonne qualité.

Les céréales qui sont encore sur pied, sont fort belles.

Les sarrasins, betteraves, panais, carottes et choux sont très-bien venus, très-bien cultivés, sarclés et semés en lignes.

Ces MM. ont déjà assaini bien des marais et les ont transformés en prés.

Ils ont tous les bons instruments fabriqués par M. Bodin et travaillent avec succès à les répandre parmi les petits propriétaires de leurs environs; ils ont dans ce but, aidé un jeune maréchal qui a travaillé à Paris, à monter à Châteauneuf, une petite fabrique d'instruments aratoires, copiés sur ceux de M. Bodin. Cela a déjà amené plus de deux cents cultivateurs de cette partie de la Bretagne à adopter les excellentes charrues, ainsi que les autres instruments perfectionnés.

MM. de Kerjégu ont reçu de Grand-Jouan, quelques bêtes à cornes des espèces Devon et Westhyghland; avec lesquelles ils ont essayé de faire croiser des vaches Bretonnes; il en est résulté un certain nombre de jeunes bêtes qui promettent de bien faire.

Ces MM. ont fait venir du comté d'Ayr, en Écosse, un

taureau et six vaches d'assez grande taille, pour l'espèce ;
ils ont fait saillir un certain nombre de leurs jolies vaches
Bretonnes, noires et blanches, par le taureau Ayrshire ;
mais comme leurs terres sont bonnes ainsi que leur culture, suis persuadé je que s'ils achetaient un bon taureau
Durham bien écussonné, ils obtiendraient de bien meilleurs résultats de ce dernier croisement.

M. de Kerjégu comme bon breton, tient infiniment à
la petite race du Morbihan, qu'il espère amener à la
longue, à une bonne taille, à l'aide d'une excellente
nourriture ; je ne sais s'il réussira ; mais je suis persuadé
que cette race ne peut pas payer une bonne nourriture
aussi chère que les bêtes croisées, Durham-Bretonnes.

Il a des verrats de race Hampshire, qu'il croise avec
les truies du pays.

M. de Kerjégu améliore ses bois, qui couvrent une
grande étendue, en les assainissant et en repeuplant les
clairières.

Il a déjà fait de grands drainages, mais n'ayant pas
de fabrique de tuyaux à sa portée, il met les pierres arrachées dans ses champs par ses charrues, dans les rigoles de drainage.

Il a déjà commencé à agrandir ses enclos, en arrachant
les arbres têteaux et haies, plantés sur ces énormes levées
de terre, qui demandent beaucoup de travail, et par conséquent de dépenses, pour être défaites et nivelées ; il
a l'intention, d'amener ses enclos à une étendue d'environ douze hectares, ce qui sera assurément une grande
amélioration.

Cette immense et fort belle terre, contient environ
soixante-dix fermes de petite étendue.

Il y a de belles carrières d'ardoises sur cette vaste
propriété, qui ne se trouve qu'à deux kilomètres du
grand canal allant de Nantes à Brest ; on peut faire ve-

nir de la chaux par ce canal, mais son port à partir des environs de Châlonnes la rend trop chère, pour qu'elle puisse servir au chaulage des terres, on en fait aussi à Châteaulin, mais en trop petite quantité pour qu'elle puisse être employée comme amendement.

Le pays que j'ai parcouru, entre Châteaulin et Châteauneuf, et même à quatre lieues plus loin que cette dernière petite ville, est, un peu montueux, souvent beau et d'une apparence fertile. On y voit malgré cela une grande quantité de landes, au milieu desquelles on voit de temps à autre, de belles récoltes de froment et trèfle, et même des champs de chanvre, ce qui étonne dans un pareil voisinage.

Étant enfin arrivé à Quimper dans une petite charrette louée à Châteauneuf, j'ai pris de suite un cabriolet pour aller visiter un relais de mer, d'environ quatre cent cinquante hectares, que MM. de Crézoles et du Plessis Grénédan, ont mis depuis sept ans à l'abri de la marée montante; les deux tiers de cette terre, gagnée sur la mer, ou trois cents hectares, appartiennent au premier de ces MM.

Il y a construit trois fermes, dont une est habitée par ce courageux propriétaire, qui la fait valoir lui-même.

La sécheresse a brûlé toute l'herbe des prairies qu'il a établies; j'ai cependant aperçu quelques parties des secondes coupes de trèfle, qui étaient belles.

Les prés, qui ordinairement, donnent de quatre à cinq mille kilogrammes de foin, sont maintenant de couleur brune, au lieu d'être verts.

Les betteraves qui se trouvent dans les terres fortes sont belles, mais dans les terres légères, elles ne valent rien.

Ces MM. ont d'abord fait un endiguement qui a fort bien réussi, cela les a encouragés à entreprendre une

digue bien plus difficile à faire, quoique de peu d'étendue ;
il s'agissait de couper un petit bras de mer assez profond ; cette digue a été culbutée deux fois par des coups
de mer ; enfin ils ont réussi la troisième fois ; mais cette
digue a coûté 110000 fr., tandis que la première ne leur
en avait coûté que 20000.

M. de Crézoles a dépensé 40000 fr. en bâtiments. Il
ne cultive que soixante hectares, et a loué le reste de manière a avoir 4 p. % de tout l'argent dépensé, ainsi que
des deux tiers des 40000 fr. payés au gouvernement
pour le relais de mer. Cette propriété enlevée à la mer,
contient une grande étendue de dunes sablonneuses excessivement maigres. J'ai engagé M. de Crézoles d'y essayer les lupins à fleurs jaunes ; s'ils peuvent réussir, ils
lui seront d'une immense ressource, comme nourriture,
pour son troupeau, croisé Southdown ; il a fait venir pour
1500 fr. un bélier et quatre brebis de chez Jonas Webb ;
ses agneaux croisés sont superbes.

M. de Crézoles a fait aussi venir d'Angleterre, l'année
dernière, un taureau et six vaches ou génisses Durham,
il en a trois élèves dont il eût pu vendre deux veaux
mâles âgés de trois mois pour 1000 fr. ; mais il espère
en tirer 2000 fr. lorsqu'ils auront un an ; j'ai trouvé ces
bêtes excessivement maigres, la très-grande sécheresse
peut être cause du mauvais état où se trouvent ces pauvres bêtes ; mais, en cas de manque de fourrage, avec de
la paille hachée et du tourteau bouilli à grande eau, pour
humecter cette paille, en la laissant pendant huit heures
dans un tonneau recouvert, on nourrit à merveille des
bêtes ; et M. de Kerjégu ne paye ses tourteaux de lin que
15 fr. les cent kilogrammes. C'est M. de la Tréhonnais
qui a fait ces acquisitions.

Le sous-sol de ce relais de mer est formé d'une argile
grise et onctueuse, qui ramenée à la surface pour la mêler

avec le sable mélangé de coquilles ferait un excellent sol; les betteraves semées dans les parties où l'argile grise est à la surface, sont fort belles; elles sont tout à fait mauvaises dans la terre sablonneuse.

M. de Crézoles m'a dit que cette côte donnait une immense quantité de varechs et goëmons, qui une fois secs forment une excellente et très-abondante litière, mélangée encore humide par couches avec le fumier, ces herbes marines deviennent très-fertilisantes; elles arrivent sur la plage en si grande abondance, que les cultivateurs riverains de la mer, ne peuvent pas les employer toutes, elles sont trop lourdes étant humides, pour les emmener au loin; on pourrait les brûler, pour employer leurs cendres comme engrais; mais les douaniers s'y opposent, car en lessivant la cendre, on pourrait en obtenir du sel.

M. de Crézoles m'a dit, que, très-près de l'endroit qu'il habite, se trouve une étendue considérable de terres protégées contre la mer par les dunes sablonneuses; ces terres sont si fertiles, qu'elles se louent 200 fr. l'hectare; on y cultive une année du froment, et l'autre des pommes de terre; les goëmons permettent aux cultivateurs, de n'avoir que des bêtes de trait et quelques vaches à lait; le peu de fumier que donnent ces bêtes, mêlé avec les goëmons, entretient la fertilité de cette terre, malgré l'assolement si épuisant en usage; les pommes de terre sont vendues à Quimper.

J'ai infiniment regretté que mon temps ne me permît pas d'aller du côté de Pont-l'Abbé, pour visiter ce pays, si remarquablement fertile.

M. du Plessis Grénédan, tout jeune homme, vit avec Mme sa mère veuve de M. du Plessis Grénédan, qui avait contribué à faire ce relais de mer; il n'avait encore bâti qu'une ferme sur ses cent cinquante hectares, lorsqu'il a été enlevé par la mort.

Ce jeune homme surveille la culture de cette ferme, dirigée par un régisseur.

J'ai traversé, en allant de Quimper chez M. de Crézoles, une grande terre, dont le château considérable est entouré de bois très-étendus; ils contiennent une fort belle futaie. Cette propriété appartient à M. de Kersaint qui ne l'habite que pendant une couple de mois, chaque année.

Étant parti de grand matin de Quimper, je suis arrivé vers neuf heures à Quimperlé; je me suis rendu de suite à la charmante habitation de M. du Couédic, située à une petite distance de la ville; elle est placée sur un coteau fort élevé, planté de très-beaux arbres et couvert de prés irrigués dans la saison pluvieuse.

La famille était absente; on me fit voir une vacherie où l'on tient une vingtaine de vaches du Morbihan; il s'y trouve des râteliers mais point de mangeoires; on a posé derrière les vaches une espèce de claire-voie formée de rondins, à travers lesquels l'urine peut gagner une rigole qui la conduit dans une citerne.

J'ai vu un champ peu considérable, de récoltes sarclées, où les betteraves étaient encore fort petites.

On m'a conduit dans un jardin maraîcher, considérable et bien tenu.

J'ai vu plusieurs pièces d'eau, ou réservoirs, qui servent à conserver les eaux de pluies, destinées par la suite aux irrigations.

M. du Couédic fait prendre les vidanges de la ville, dont il n'est qu'à deux kilomètres; elles servent à améliorer l'eau contenue dans les réservoirs.

Il a fait poser dans la ville, des urinoirs au fond desquels se trouvent placés des vases en zinc, destinés à recueillir les urines. Un tombereau contenant un tonneau, fait le tour de la ville on y vide ces vases à urine, dont le contenu sert aussi, à améliorer l'eau d'irrigation.

Je n'ai pas vu d'instruments d'agriculture remarquables, excepté des charrues Dombasle, une ancienne machine à battre qui emploie quatre chevaux, et ne bat m'a-t-on dit, que de treize à quinze hectolitres par jour.

Je me suis rendu à Lorient, en louant un cabriolet, afin de n'être pas forcé d'attendre au lendemain, le passage d'une diligence.

Je suis arrivé vers trois heures dans cette ville au moment du départ d'une diligence pour Vannes; craignant de ne trouver d'autre occasion, je n'ai pu aller visiter le port, ce que j'ai regretté; nous ne sommes arrivés à Vannes que la nuit, et j'en suis reparti de grand matin. Un voyageur, qui est monté dans la diligence à la Roche-Bernard, m'a appris que j'étais passé sans le savoir à côté de plusieurs bons cultivateurs.

Voici leurs noms; M. le marquis de Perrieu, près de Lorient; M. Bonnement, ancien armateur à Nantes, dont le château est situé à une demi-lieue de la chapelle de Sainte-Anne d'Auray; il a une étable considérable de bêtes Ayrshire. On m'a cité encore un M. de la Rochette au château du Quesnay, à quatre lieues de la Roche-Bernard, il a un régisseur belge; M. Loroy, ancien préfet, même pays; enfin M. de l'Anglais, qui cultive bien entre Pont-Château et Saint-Nazaire.

Je suis passé près du très-beau château de la Bretèche, bâti il n'y a pas longtemps, par un M. Perron, dont le père, savoisien, avait fait une fortune considérable dans l'Inde. Le fils ayant acheté la très-grande terre de la Bretesche, y a construit ce beau château, qu'il a donné, avec la terre, à l'ordre des Jésuites, dans lequel il s'était fait recevoir; on ajoutait que M. Perron, ne s'étant pas arrangé de son nouvel état, voulut le quitter ; mais la terre avait été vendue par les Jésuites pour plus d'un million, au comte de Montaigu.

Ce M. ajouta, que M. de Montaigu avait fait venir depuis plusieurs années, ainsi que d'autres propriétaires de ces environs, des fermiers belges, qui cultivent fort bien, et qui remportent une grande partie des primes données dans les Concours du pays.

Ayant quitté la diligence à Pont-Château, je me suis rendu à la ferme-école de Saint-Gildas, dont M. Delauze est directeur et propriétaire ; il était absent, mais le sous-directeur M. Cormery, auquel M. Delauze abandonne son traitement de 2400 fr., m'a fait parcourir une partie de ses cultures ; les froments encore sur les champs, mais rangés en douzaines, sont fort beaux, quoique venus sur terrain tourbeux, enlevé à un vaste marais ; d'énormes fossés, ou pour mieux dire de petits canaux une fois terminés, partageront cette portion du marais d'une étendue de cent hectares, en enclos, dont les joncs et les lèches ont été écobués avec une forte épaisseur de gazon, afin d'obtenir beaucoup de cendres et de détruire les plantes marécageuses ; on sème dans la cendre, de l'avoine avec des graines de prés ; on laisse exister ce pré trois ou quatre ans, aussi longtemps que l'herbe est abondante ; on l'écobue de nouveau et on y sème des betteraves, des rutabagas, des carottes, des navets, du colza, des pommes de terre et même du chanvre, après l'application d'une bonne fumure ; toutes ces récoltes réussissent fort bien ; les pommes de terre plantées avant l'hiver, dans les parties les mieux assainies, n'ont pas encore été atteintes par la maladie ; après les récoltes sarclées, on sème du froment dans les parties du marais les plus anciennement défrichées, et qui ont déjà été écobuées plusieurs fois ; il y vient fort bien ; les cendres de tourbe donnent de la consistance à cette nouvelle couche de tourbe, tout en détruisant son acidité.

La partie du marais qui avoisine le terrain solide, où la tourbe n'a qu'une petite épaisseur, a été défoncée de manière à mélanger le sous-sol avec la tourbe; ce terrain est des plus productifs.

M. Delauze a acheté une trentaine d'hectares de bruyères communales qui avaient été partagées entre les habitants et propriétaires de la commune; une cinquième partie de ces bruyères, ou six hectares, était en marais; il l'a drainée.

M. Delauze y a construit une métairie qui lui a coûté 6 000 fr.; après avoir défriché ce terrain en trois années par un labour d'hiver et beaucoup de hersages, on y a semé du sarrasin avec sept hectolitres de noir animal, acheté en dernier lieu jusqu'à 18 fr. l'hectolitre, dans les raffineries de Nantes; une fois le sarrasin en fleurs, on a semé par-dessus cette plante, du colza qui récolté l'année suivante, a donné vingt et un hectolitres; on déchira ensuite la surface de ce premier labour, par de nombreux coups de herse à dents de fer; on ne voulait pas donner un second labour, qui eût ramené à la surface les gazons de bruyère pas assez décomposés, pour pouvoir être pulvérisés, sans de nombreuses et onéreuses façons; on y sema du froment avec encore sept hectolitres de noir animal, et sa récolte dépassa dix-neuf hectolitres; on a donné ensuite le second et le troisième labour, avec bien des coups de herse, on a passé le rouleau et l'on a semé des vesces d'hiver; on a aussi planté des choux vaches avec du noir animal et le peu de fumier que les attelages avaient pu faire jusqu'alors; tout étant terminé, M. Delauze a fait, de son chef de culture dont il était content, un métayer, qui suit ses ordres comme par le passé; l'établissement de cette métairie toute défrichée, le cheptel compris, ne lui coûte pas plus de 12000 fr., et lui rapporte année commune, au moins 2000 fr., et le métayer qui n'avait rien est à l'aise. Sa cour est pleine de meules, il a du beau bétail qu'il nourrit bien, avec ses choux de Poitou et autres récoltes sarclées ; il est occupé en ce moment à semer des navets, sur un chaume de froment, qu'il vient de labourer ; enfin, il se sert du taureau Durham de la ferme-école.

M. Delauze ayant acheté un bois de pins maritimes d'environ cent hectares, pour une douzaine de mille francs, lors de la vente d'une grande terre propriété du prince de Joinville, en a défriché depuis lors, un tiers environ ; il a semé en prés les parties les plus humides. Il a construit dans cette propriété, la moitié des bâtiments nécessaires pour la culture de ces cent hectares, lorsque tous les pins qui ne profitent plus auront été défrichés.

Il sème beaucoup de colza dans ses défrichements et en a vendu cette année, quatre cent soixante hectolitres, à 30 fr.

On ne saurait trop recommander aux cultivateurs qui défrichent des bois ou des landes, de semer d'abord des colzas et d'y planter des choux vaches ; car ce sont les crucifères, qui réussissent le mieux dans les terres encore acides ; ces plantes donnent non-seulement de l'argent, mais aussi beaucoup de nourriture, pour les bœufs qui servent à faire les défrichements ; la paille de colza donne une litière qui fait du fumier gras ; et toutes ses parties fines, passées par le hache-paille, et mélangées avec d'autres fourrages, ou simplement arrosées avec de l'eau bouillante dans laquelle on a fait dissoudre du tourteau, sont fort bien mangées par le bétail à cornes, ou par les moutons.

M. Delauze, malgré ces diverses et grandes cultures, vient encore de louer quarante hectares de ce grand marais, à raison de 20 fr. l'hectare, seulement pour neuf ans ; cela prouve il me semble, qu'après une expérience de bien des années dans la culture des marais tourbeux, il sait en tirer un bon parti.

M. Delauze membre du conseil général du département de la Loire-Inférieure, est encore président du Comice agricole de Saint-Gildas, qu'il a formé ; les nombreux membres de ce Comice, la plupart fermiers, métayers ou petits propriétaires de ces environs, ne payent que 2 fr. pour en faire partie ; le Comice s'assemble chaque année dans une des cinq plus fortes communes du canton, pour un concours de charrues et de bestiaux ; le Ministre de l'agriculture donne annuellement une somme de 200 fr., et le département 500 fr., à distribuer en primes.

M. Delauze a deux machines à battre allant par la vapeur, qui battent ses récoltes et sont louées aux cultivateurs de l'arrondissement à raison de 75 centimes par hectolitre ; il fournit trois hommes, l'huile, et le combustible.

En quittant M. Delauze, je me suis rendu à Grand-Jouan, près la ville de Nozay (Loire-Inférieure). Le pays que j'ai traversé, ce jour, dans une petite charrette, louée à Pont-Château, n'est rien moins que beau ; il est très-peu peuplé ; on y voit encore une immense quantité de landes, quoiqu'il en ait été défriché beaucoup.

J'ai trouvé M. Rieffel le savant directeur de la ferme régionale, chez lui, et il a eu la bonté d'être mon guide dans l'exploration de son excellente culture. Il m'a appris que le frère de M\ Rieffel, avait loué à l'État trois cents hectares pour soixante années à partir de 1849, à raison de 30 fr. par hectare. Le beau-père de M. Rieffel avait acheté vers 1825, la propriété de Grand-Jouan ; elle se composait de plus de cinq cents hectares, presque tous couverts de bruyères ; il l'avait payée 40 fr. l'hectare. Maintenant les deux cents hectares, et qui sont la propriété de Mme Rieffel, partagés en métairies d'environ trente hectares, produisent en moyenne plus de 40 fr. par hectare.

M. Rieffel est devenu en 1829 le régisseur de cette espèce de désert, il a commencé par écobuer des bandes larges de quinze mètres, en travers et autour de la propriété; il y a semé du seigle et de la graine de pins maritimes, afin de se créer des abris contre les vents violents, qui règnent pendant certaines saisons, dans ce pays peu éloigné de la mer.

M. Rieffel a défriché peu à peu toutes ces bruyères, il cultivait environ cent cinquante hectares, et avait établi une école d'agriculture; il élevait en même temps une vingtaine de pauvres garçons, en les faisant travailler une partie de la journée, et en leur faisant donner de l'instruction; par la suite, l'école supérieure est devenue école régionale, et l'autre, une ferme-école qui existe toujours.

La culture de l'école régionale s'étend sur deux cents hectares, et il y a cent hectares en bois.

M. Rieffel emploie seize chevaux et douze bœufs pour cette culture et pour l'école; les bœufs sont de race Parthenaise; il a cent soixante-dix bêtes à cornes des espèces Durham, Ayrshire, Kerry; cette race est très-estimée en Irlande, pour la quantité de lait qu'elle donne; il a aussi des Cotentines, des Parthenaises, des Bretonnes, enfin des croisées Durham avec des vaches de ces diverses races.

Le fameux baudet Poitevin, de l'Institut agricole de Versailles, est à Grand-Jouan; il procrée un certain nombre de muletons.

M. Rieffel a des cochons Anglais de plusieurs races; il a enfin, un petit troupeau de bêtes Southdown de pure race, et un autre troupeau croisé depuis 1840 avec des béliers Southdown ; on pourrait presque regarder ces bêtes comme de purs Southdown ; il est composé de deux cent cinquante belles brebis et d'au moins autant d'élèves.

La vache la plus abondante en lait, est sans contredit une Durham, qui donne en trois cent soixante-cinq jours, plus de quatre mille litres de lait ; c'est-à-dire onze litres par jour pendant toute l'année.

Les plus mauvaises vaches laitières de l'établissement sont les Kerry, achetées au nombre de six au Concours international de Paris en 1856 ; cela tient probablement à ce que n'étant arrivées ici que depuis quinze mois, le changement de climat et de nourriture, ainsi que la péripneumonie qu'elles ont apportée de Paris, toutes ces circonstances ont dû nuire à leur production en lait ; elles ont donné au bétail de Grand-Jouan cette funeste maladie, qui n'a disparu que par suite de l'inoculation au bout de la queue, d'une liqueur qui se trouve dans le poumon malade des animaux atteints.

La pleuropneumonie a enlevé treize vaches ou élèves, dans les étables de Grand-Jouan.

Les vaches reçoivent ici pendant le temps de leur lactation, de un à deux litres d'un mélange de farine de sarrasin ou de petits grains, avec des tourteaux de colza écrasés.

On vend 1 fr. le kilo poids vivant, vers l'âge d'un mois les veaux qu'on ne veut pas élever.

J'ai appris de M. Rieffel, qu'aux ventes à l'enchère qui se font deux fois par an à Grand-Jouan, les taureaux Durham d'environ quinze mois, n'arrivent qu'à des prix de 3 à 500 fr., et les vaches ou génisses de même race, à celui de 250 à 400 fr.

On conserve toujours dans la vacherie trois taureaux Durham et deux Ayrshire.

La nourriture des veaux dans les premierstrois mois, se compose de lait pur autant qu'ils en veulent, (on le diminuerait si la diarrhée se présentait), on remplace le lait peu à peu, par du thé de foin, qui se fait en versant de l'eau bouillante sur une poignée du meilleur foin, mise dans un seau ; ce foin doit tremper pendant quelque temps.

On alloue aux veaux suivant leur poids vivant, 3 p. %o de valeur en foin, par exemple, une génisse Durham âgée de six mois, qui pèse environ cent cinquante kilogrammes, reçoit huit litres de thé de foin, dix kilogrammes de feuilles de choux ou autre bon fourrage vert, deux litres de farine d'orge, un demi-litre farine d'avoine, et trois kilogrammes de paille pour litière.

J'ai vu avec bien du plaisir, les belles brebis Southdown, au nombre de trente-cinq, achetées, il y a un peu plus d'une année, chez M. Jonas Webb, à Babraham près Cambridge. Les deux magnifiques béliers achetés en même temps, ont coûté ensemble 15 000 fr.

M. Rieffel fait venir ses agneaux à partir du commencement d'août, depuis fort longtemps ; il m'a dit qu'ayant voulu, il y a trois ans, changer l'époque de l'agnelage, pour le mettre au mois de mars, ses agneaux avaient mal réussi, et qu'il avait été forcé de les réformer pour la plupart. En outre il avait dépensé en provende 800 fr. de plus qu'à l'ordinaire.

Les brebis qui agnellent en été, trouvent une abondante nourriture et sont alors, bonnes nourrices.

M. Rieffel a depuis bien des années, un excellent berger qui conduit si bien son troupeau, qu'il n'a jamais été atteint de cachexie, quoique les terres de cette propriété soient toutes, à sous-sol imperméable.

Les brebis Southdown pures dont on se défait aux ventes à l'enchère, arrivent au prix de 100 fr.; les croisées, qui sont absolument comme si elles étaient de pure race, ne se vendent que 30 fr.

Il y a ici une brebis Dishley âgée de treize ans, qui a donné onze agneaux; on a vendu à des voisins, des brebis réformées à l'âge de huit à neuf ans, qui ont fait jusqu'à trois agneaux chez leurs nouveaux propriétaires.

Nous avons vu faucher de très-beau sarrasin, pour le bétail de la ferme régionale.

M. Rieffel est occupé à battre sa récolte, avec une machine locomobile mue par quatre chevaux, qu'on relève toutes les deux heures; elle est de Garrett; elle ne vanne pas les soixante à soixante-dix hectolitres de froment battus par jour. Il pense qu'il aura une moyenne de vingt-trois à vingt-cinq hectolitres de cette céréale, sur ses terres naturellement très-pauvres et sableuses.

Il a de fort belles récoltes sarclées, carottes, rutabagas, betteraves, pommes de terre et choux vaches; il faut de ceux-ci, dix-huit mille pieds pour repiquer un hectare à l'usage de ce pays; M. Rieffel vient d'essayer de les planter trois fois plus serrés, afin d'éviter le cueillage des feuilles, qui est une opération très-pénible en hiver, par le givre et la neige; il fera couper un rang de choux, entre deux au pied, au lieu d'en faire cueillir les feuilles; si c'est encore un ouvrage trop dur, il les fera couper tous au pied selon les besoins de la consommation, comme cela a lieu dans le département du Nord. Au reste, nous avons trouvé que les choux très-rapprochés, sont en apparence bien inférieurs aux autres; mais M. Rieffel pense que trois choux plantés rapprochés, pèsent plus qu'un seul chou planté à grande distance.

M. de Rieffel a cette année, une bien plus grande étendue en betteraves que dans les années précédentes; je ne les ai pas trouvées aussi belles que chez M. Delauze; ses terres n'ont pas encore reçu assez de chaux, et, en outre elles sont d'une nature trop légère pour que les betteraves y prospèrent ; si, comme en Angleterre et en Écosse, on ajoutait à une fumure de trente à quarante mille kilogrammes de fumier, quatre ou cinq cents kilogrammes de guano du Pérou par hectare, il en serait probablement autrement ; ou bien si l'on suivait l'exemple de MM. de Charnacé et de la Pouaze, qui mettent dans chacun de leurs assolements, de trente à quarante hectolitres de chaux par hectare en sus d'une forte fumure, les betteraves et même toutes les autres récoltes seraient plus belles. Le sel est encore un amendement, qui augmente de beaucoup les récoltes de betteraves.

On ne peut faire assez de fumier ici, pour fortement fumer ses deux cents hectares en culture ; et comme il n'est pas permis au directeur, d'acheter tous les engrais pulvérulents qui lui seraient nécessaires, pour obtenir des récoltes complètes, M. Rieffel est forcé de faire beaucoup de pâturages à moutons, qu'il laisse durer trois ans ; ils ne payent pas bien le loyer de la terre pendant la seconde année, à plus forte raison la troisième ; un autre grave inconvénient, c'est que le chiendent, l'avoine à chapelet et les chardons, s'emparent du terrain pendant les trois années de pâture.

M. Rieffel repique beaucoup de colza chaque année, le premier semé lève dans ce moment, il va continuer ce semi, malgré l'extrême sécheresse qu'il fait ; quel dommage que les trois fermes régionales de France, n'aient pas les fonds nécessaires pour pouvoir acheter les meilleurs instruments ayant fait leurs preuves, tant dans notre pays, qu'à l'étranger et qui sont encore peu répandus ; s'il existait à Grand-Jouan un semoir à engrais liquides, on serait certain de la réussite du plant de colza, comme de celle de toutes récoltes sarclées, qui, très-souvent lèvent mal, par suite de la sécheresse ; ce semoir est on ne peut plus apprécié, par tous les bons fermiers de la Grande-Bretagne.

J'ai engagé M. Rieffel à enduire sa graine de colza, d'une huile nommée *olea spicæ,* ou en français, huile d'aspic, mais ce n'est pas l'essence de térébenthine, à laquelle on donne souvent, dans les campagnes, le nom d'huile d'aspic; de très-bons cultivateurs des bords du Rhin, m'ont assuré que depuis bien des années ils se servaient de ce préservatif contre les altises, avec le plus grand succès, pour toutes les espèces de crucifères.

Les prés ne rendent ici que deux mille cinq cents à trois mille kilogrammes de foin; si on pouvait leur donner deux à trois cents kilogrammes de guano par an et par hectare, ils produiraient le double, et de meilleur foin; il en serait de même pour les froments; si on pouvait leur administrer deux cents kilogrammes de guano, l'augmentation de produit payerait grandement la dépense.

On a semé l'an dernier, un champ avec un mélange de cinq variétés de bons froments anglais; il a produit bien plus que les champs voisins, dans la même position de fertilité.

On chaule ici tous les huit ans, à raison de cent hectolitres par hectare; la chaux coûte prise à sept lieues d'ici, 1 fr. 75 l'hectolitre.

Depuis ma dernière visite il y a trois ans, on a construit un vaste hangar pour rentrer les instruments et véhicules agricoles, et deux grandes salles, où les trente élèves de la ferme régionale, peuvent prendre de l'exercice pendant les mauvais temps.

M. Berg fabricant d'instruments aratoires, qui était attaché à la ferme régionale, est allé se fixer à Nozay, où il a élevé une fabrique.

M. Rieffel l'a remplacé par deux bons ouvriers, un forgeron et un charron, qui réparent les machines et en font de neuves.

Il m'a fait voir ses essais de culture de lupins à fleurs jaunes; il les a semés en lignes séparées par cinquante centimètres, lorsqu'on achète cette graine encore chère dans notre pays, il vaudrait mieux pour s'en procurer une assez grande quantité de semence pour l'année suivante, planter cette graine comme cela se fait pour les haricots; on couvrirait ainsi une assez grande étendue avec une petite quantité de graine, et la plante n'étant pas gênée par ses voisines, produirait plus; pour obtenir plus de semence il faut semer dans de mauvais terrains sablonneux et surtout pas calcaires. M. Rieffel cultive aussi en petit des lupins blancs, d'automne et de printemps, il est probable que le rapprochement de la mer, empêche les premiers d'être gelés.

Il sème avec grand avantage des champs de serradelle qui vient fort bien et que ses bêtes bovines et ovines, consomment avec avidité.

L'état-major de la ferme régionale se compose, du directeur, de six professeurs, dont les appointements sont de 4000 fr., de deux répétiteurs, ayant 1 200 fr., ainsi que le surveillant de la ferme-école.

Le berger est logé, chauffé, a un jardin et 800 fr.; le maître vacher, venu comme le précédent de l'École de Roville, a 600 fr., il est nourri; le second vacher qui est à la tête d'une autre vacherie de soixante bêtes, a 500 fr.

J'ai été fort étonné de voir que la ferme régionale louée par le Ministère d'Agriculture, depuis 1849, et pour soixante ans, n'ait pas de grange. M. de Rieffel est donc obligé de suivre l'usage du pays, qui est de battre tous les grains aussitôt que la moisson est finie; c'est-à-dire au moment où le manque d'ouvriers se fait le plus

sentir, et où on les paye le plus cher ; enfin dans un temps
où les averses viennent souvent interrompre le battage
en plein air ; si la pluie dure elle gâte bien du grain ;
cet ouvrage intempestif empêche de faire d'autres travaux
essentiels, tels que la fenaison, à cause de la récolte des
colzas et de leur battage au commencement de juillet ;
on ne peut pas sarcler les racines, tubercules et choux,
qui en souffrent singulièrement ; cela donne le temps aux
mauvaises herbes qui les envahissent, de mûrir et de
s'égrener ; et c'est ainsi que les terres se salissent, pour
un avenir bien prolongé.

Si on avait des granges même peu considérables, on
pourrait y battre les meules rentrées les unes après les
autres, lorsqu'on ne serait plus si pressé d'ouvrage ; si
l'on voulait éviter les meules, qui ont aussi leurs inconvénients, ce qu'il y a de mieux, et peut se faire sans de
très-grandes dépenses, c'est de construire de grands
hangars, montés sur des poteaux élevés, et couverts en
papier goudronné.

M. Caillard aux Bordes à deux lieues de Beaugency
(Loiret), en a construit deux immenses pour moins de
10 000 fr. ; dont chacun peut suffire à une très-grande
ferme bien cultivée ; la rentrée des récoltes dans ces
hangars, est bien plus facile et moins dispendieuse, que
l'engrangement, ou la façon des meules et leur couverture.

En Angleterre où il n'existe que de petites granges,
pouvant contenir au plus deux ou trois meules et leur
paille, on a une grande bâche à colza, posée à cheval
sur une corde fixée au bout de deux fortes perches,
plantées de chaque côté de la meule en construction ; la
toile entoure la corde, lorsqu'il fait beau, des cordeaux
attachés à ses quatre coins, servent à l'étendre en la
fixant à des piquets placés d'avance en carré, à quelques
mètres de la meule ; une tente se trouve formée en un

clin d'œil et met la meule en construction, à l'abri de
l'orage.

M. Rieffel m'a fait voir une machine de Clayton, qui
fait d'excellents tuyaux ; mais comme on ne lui alloue
que 1000 fr. par an pour le drainage, il ne peut faire
que des essais, de cette première des améliorations, pour
les terres à sous-sol imperméable, comme le sont toutes
les siennes ; il est obligé de laisser la tuyauterie en repos,
faute du capital nécessaire pour fournir à dix lieues à
la ronde, des tuyaux qui rendraient d'immenses services
à ce pays.

J'ai engagé M. Rieffel à essayer le trèfle hybride, ou
de Suède, nommé aussi trèfle alsic ; cette espèce de trèfle
a plusieurs mérites ; il peut alterner tous les quatre ans
avec le trèfle ordinaire, sans qu'ils se nuisent réciproquement ; il vient naturellement dans les prés humides
de quelques parties de l'Allemagne et de la Bohême ; il
prospère dans les terres fortes et humides ; il vient, cependant, dans les terres légères à sous-sol argileux, et y
dure autant que la luzerne ; il conviendrait donc d'en
semer dans les prés qu'on forme, ainsi que dans les pâtures destinées à durer plusieurs années ; lorsque, dans
un assolement quadriennal, on a une sole, dont moitié
est en trèfle ordinaire et l'autre en trèfle de Suède, celui-
ci est bon à faucher lorsque le premier est déjà trop
dur pour être consommé en vert ; enfin un autre de ses
mérites est, que la première coupe en est très-considérable, et la seconde bien moindre, il y a donc un grand
avantage à le cultiver dans les pays nombreux de France,
où les secondes coupes de trèfle ordinaire ne produisent
que peu, à cause des sécheresses.

Le trèfle hybride donne, malgré sa faible seconde
coupe, autant que le trèfle ordinaire, et les animaux
l'aiment autant.

J'ai visité une des fermes voisines de la ferme régionale; le métayer m'a dit qu'il cultivait trente hectares et pouvait se tirer d'affaire. Il se plaignait de ce que le trèfle ne réussissait pas chez lui; je lui ai demandé s'il avait pu chauler ses terres; il m'a dit que non; voilà lui ai-je dit la raison de la non réussite du trèfle. Ce métayer a le tort de ne pas faire de trèfle incarnat, qui peut venir sans chaux, quoiqu'elle lui profite; les épis du froment témoignent aussi, par leur peu de longueur, le manque de calcaire.

Ce brave homme qui ne cultive pas mal, pour sa position, a deux jeunes bœufs Parthenais pour sa charrue, il les revend au bout de l'année et en rachète de plus jeunes. Il a sept vaches ou élèves; si ses vaches étaient d'une plus grande espèce, elles pourraient remplacer les bœufs pour ses travaux agricoles, comme cela a lieu avec grand avantage dans tant de pays, où les terres ne sont pas trop fortes; lorsque les vaches sont bien nourries, et qu'elles ne travaillent que des demi-journées, le lait ne diminue que fort peu et il fournit autant de beurre, que si les vaches ne travaillaient pas.

Mon brave métayer se tire d'affaire, par la culture des choux vaches et des navets, qui, avec de la paille, nourrissent son petit cheptel.

M. Rieffel a eu la bonté de me donner son économe M. Poillot, un de ses anciens élèves, comme le sont plusieurs des professeurs et employés de la ferme régionale, pour me conduire au couvent des trappistes de la Meilleraye.

M. Poillot m'a fait remarquer un très-vieux châtaignier, à côté de notre chemin; il a été formé par deux arbres se touchant le plus gros a absorbé l'autre qui a fini par être étouffé, malgré son diamètre d'environ un mètre à l'endroit où il sort du milieu de l'autre, c'est-à-dire à quatre mètres au-dessus du sol ; celui qui a survécu, a huit branches qui ayant touché terre, s'y sont marcottées ; cinq ont formé autant d'arbres, dont un, assez gros et élevé.

Étant arrivé au monastère, que j'avais déjà visité en 1829, le père trappiste, qui dirige la culture, a eu la complaisance de nous conduire dans ses champs, malgré une chaleur extrême. On cultive deux cents hectares, dont 40, en froment qui donneront, cette année, vingt hectolitres par hectare, d'après les prévisions ; il n'y a que 10 hectares, en avoine. On a drainé un grand pré et un champ fort étendu, on se loue infiniment des résultats de cette amélioration.

Le jardin potager a douze hectares d'étendue, la pépinière d'arbres fruitiers et forestiers compris ; ils ont un très-bon débit des jeunes arbres.

Les beaux espaliers et les treilles, qui garnissent une grande étendue de murs, sont couverts de beaux fruits et de grappes, fort longues. Mais la treille est atteinte par l'oïdium ; on a employé le soufre en poudre, cette année, pour la première fois ; mais non pas trois fois comme cela est recommandé ; les quenouilles sont belles, mais n'ont presque pas de fruits.

On a creusé un puits, large et profond, dans un champ élevé et excessivement humide ; cette opération a fourni beaucoup d'eau, qu'on a amenée en creusant un chenal à travers une carrière de grosses pierres, qui a dans une partie, de quatre à cinq mètres de profondeur ; après ce grand ouvrage, on a pu amener l'eau sortant de ce puits, dans le jardin, de manière à submerger les carreaux de légumes.

On cultive dans ce vaste jardin une grande étendue en angélique ; fournissant une grande fabrique d'angélique confite, située à Châteaubriant ; et aussi des confiseurs à Nantes. Un carré du jardin pas bien grand, a été coupé deux fois cet été et en a fourni pour plus de 400 fr.; cette plante aime une terre argileuse et a besoin d'être beaucoup arrosée.

Nous avons appris de notre guide, que le monastère avait trois chutes d'eau sortant d'un grand et bel étang, elles font marcher trois moulins à farine, un brocard pour piler l'écorce de chêne, et une machine à battre.

L'étable contient un beau taureau Durham, avec une vache et une génisse de pure race; on nous a dit que la vache donnait, à nouveau lait, plus de vingt litres; il s'y trouve aussi de belles vaches Cotentines et des Parthenaises.

J'ai été étonné de voir beaucoup de frères, qui paraissaient fort jeunes; ils devaient bien souffrir de l'excessive chaleur qui nous accablait, eux qui étaient affublés d'un épais froc de couleur brune, leur pendant jusqu'aux pieds.

Après avoir déjeuné dans le réfectoire des étrangers, où ces bons pères ont souvent des hôtes qu'ils hébergent même plusieurs jours, nous allâmes à Nort, où je pris congé de M. Poillot; je montai dans un lourd bateau à vapeur qui mit trois heures pour nous faire faire huit lieues; heureusement l'Erdre est une rivière charmante, qui s'élargit souvent comme un lac et dont les bords sont ornés de nombreux châteaux et de jolies habitations entourées de parcs, puis des villages avec leurs églises; de beaux arbres et de délicieux bosquets; c'est une ravissante excursion.

Je suis parti le 24 août pour Saint-Nazaire, par le chemin de fer qui vient d'être ouvert; distance de soixante-cinq kilomètres, entre ce port et Nantes.

Le gouvernement vient d'y construire un bassin à flot, qui est la cause de la transformation d'un misérable bourg, en une jolie ville maritime ; on y construit de tous côtés des maisons, parmi lesquelles il s'en trouve beaucoup qui ne dépareraient pas les belles rues de Paris ; on y voit de beaux magasins et d'élégants cafés ; mais jusqu'à présent, une pauvre auberge de village, est le seul refuge où les voyageurs puissent se mettre à couvert et manger ; aucun hôtel n'a été encore monté.

J'ai entendu dire à des voyageurs, qui se trouvaient dans le même wagon que moi, que les difficultés éprouvées par les grands navires de commerce pour remonter la Loire jusqu'à Nantes, amèneraient en peu d'années, le haut commerce à venir se fixer à Saint-Nazaire.

Le pays parcouru par le chemin de fer, lorsqu'il s'éloigne de la Loire n'est ni beau ni fertile ; en se rapprochant du nouveau port, il est excessivement plat, mais en très-bon fonds de terre d'alluvion ; il est couvert de prés rapportant peu ; mais qui pourraient produire d'excellentes récoltes ; ces prés sont maintenant tellement brûlés par l'interminable sécheresse régnante, qu'on n'y voit plus la moindre verdure, ils sont d'une couleur brune ; le malheureux bétail qui les parcourt, est brûlé par le soleil, ahîmé par les mouches, et ne trouve pas un brin d'herbe verte.

Le bassin à flot à peine achevé, contient une douzaine de beaux navires, d'un assez fort tonnage ; une bonne partie de ces bâtiments venait d'apporter de nos colonies du sucre brut, qui sera raffiné à Nantes par les deux grandes raffineries de la maison Nicolas Céesar, qui à elles seules, en font autant que toutes les autres raffineries établies à Nantes.

J'ai appris, dans cette excursion, qu'il y avait par mois deux bateaux à vapeur, faisant la traversée de Nantes à Londres ; un autre va une fois par mois à Liverpool ; ces bâtiments faciliteront l'importation de taureaux Durham et de béliers Southdown, ou Shropshire, qui conviennent le mieux au centre et au midi de la France ; je ne parle pas des verrats, car M. Pavy, propriétaire de la ferme de Girardet (Indre-et-Loire), est en mesure de fournir une des meilleures espèces de porcs de l'Angleterre ; ils sont de couleur blanche ; l'espèce noire, la plus perfectionnée connue en Angleterre, est la race de Suffolk qu'on peut se procurer chez M. Wolton, Bellfarm, Keopacc, Woodbridge, Suffolk ; cette dernière arrive à un plus grand poids que l'espèce blanche, à moins de donner les mâles Middlesex de M. Pavy, aux grandes truies du Yorkshire ; il faut choisir celles-ci, à petites oreilles verticales.

Étant arrivé à Angers, par le chemin de fer, j'en suis parti pour Château-Gontier, dans une diligence qui ne met que trois heures pour faire onze lieues.

Les trente-trois lieues parcourues dans cette journée, m'ont laissé apercevoir des terres et des prés brûlés par le soleil ; des chanvres n'ayant que la moitié de leur longueur habituelle ; des choux desséchés, et point de navets, qui ordinairement sont levés à cette époque.

Ce trajet, offre souvent des points de vue pittoresques.

J'ai visité le soir même, M. Stubenrauch, fabricant de machines à battre ; celles à deux chevaux, qui n'ont pas de tarare, battent de quatre à cinq hectolitres par heure et coûtent 500 fr. ; celles qui exigent une force de quatre chevaux battent le double de froment, et se payent 700 fr., aussi avec le manége ; il a vendu plus de deux cents machines à battre, dans le courant de l'année.

M. Stubenrauch fabrique une nouvelle machine à battre mise en mouvement par quatre chevaux ; se transportant d'une place à l'autre bien plus facilement que les précédentes, mais elle ne bat pas plus ; elle coûte 900 fr., car elle est portée par quatre roues ; il ne faut qu'un cheval pour la conduire d'une ferme à l'autre. Il fabrique aussi d'excellentes bascules; celles qui pèsent jusqu'à trois mille kilogrammes, ne coûtent que 280 fr.

J'ai fait une visite à M. de la Tullaye, un des fils du marquis de ce nom, très-grand propriétaire demeurant au château de Meignane à huit kilomètres de Château-Gontier.

M. de la Tullaye le fils ne cultive qu'une très-petite ferme, 2 hectares de prés, en terrain sec, et 10 hectares en terres labourables, 2 sont en luzernes, 3 en froment, 2 en betteraves et 3 en avoine ou orge.

M. de la Tullaye est marié et habite Château-Gontier; mais il vient tous les jours voir son beau bétail Durham, qui descend en totalité d'une vache maintenant âgée de dix ans, achetée par M. de Sainte-Marie, en Angleterre, et qui a avorté dans son voyage pour venir en France; comme elle avait encore avorté deux fois à la vacherie impériale du Pin, elle a été vendue à M. de la Tullaye pour 515 fr. quoiqu'il eût été prévenu de ces fâcheux antécédents; Rachel c'est le nom de cette vache, a donné quatre génisses à son intelligent et très-soigneux acqué-reur; elle nourrit la dernière âgée de six mois, elle est pleine de trois mois. Rachel a donné en outre un taureau âgé de vingt mois; M. de la Tullaye en demande 2000 fr.; Rachel est à vendre pour 3000 fr., étant pleine et avec sa génisse de six mois; la première fille de Rachel a déjà donné trois produits; sa seconde fille, ainsi que la troi-sième, ont donné chacune deux produits; cela fait sept produits venant des trois filles de Rachel; quatre sont des mâles, et trois des femelles.

M. de la Tullaye a vendu trois de ces sept produits; ce sont une vache âgée de trente mois pour 2500 fr., un veau mâle de deux mois pour 700 fr., et une génisse de trois mois pour 600 fr.

Il a encore dans son étable, à peu près telle qu'elle était, lorsqu'il s'est mis à cultiver, quatre vaches, trois taureaux, un veau mâle de couleur blanche, âgé de huit mois, une génisse de même poil et même âge; deux de ses taureaux sont à vendre, à 2000 fr. chacun; l'un a vingt mois, et l'autre dix-huit. Deux vaches de pays, fournissent du lait au ménage qui conduit la petite ferme; le père, la mère et le fils de quatorze ans, réunis ont pour gages 365 fr.; leurs deux vaches complètent ces gages.

On laisse têter ici les veaux jusqu'à cinq ou six mois; une fois sevrés on leur donne un litre d'avoine à chacun de leurs trois repas; on laisse cette ration aux femelles jusqu'à ce qu'elles soient pleines, et aux taureaux, jusqu'à ce qu'on les vende.

Les vaches n'ont chez M. de la Tullaye, que de l'herbe à l'étable, en été, du foin et des racines en hiver.

Les bêtes destinées à concourir, ont de l'avoine et de la farine d'orge.

M. de la Tullaye a quatre truies New-Leicester, dont les petits se vendent à six semaines 100 fr.; deux de ces truies avaient chacune neuf petits.

Je me suis rendu, en sortant de là, chez M. Gernigon près de Château-Gontier; il m'a fait voir une vingtaine de magnifiques Durham; sa petite culture d'ici, se compose de 10 hectares en prés ou pâtures, et de 3 hectares en betteraves; il a monté à Lizieux, une vacherie Durham de compte à demi avec M. de la Tréhonnais; ils y ont trente bêtes venues d'Angleterre.

Je suis allé ensuite chez M. de Souvray qui demeure hors la ville; ils avaient, lui et M. Gernigon, fait venir d'Angleterre des Dishley de chez M. Sanday de Holm-pierre-Pont, et des Southdown de chez M. Jonas Webb, les deux plus fameux éleveurs de l'Angleterre; enfin des Cotswold, de je ne sais quel troupeau, afin de pouvoir fournir aux cultivateurs ces trois races si renommées ; mais cette spéculation n'a pas réussi, parce qu'il n'y a pas de bêtes ovines dans cette partie de la France ; ces MM. vont vendre, à l'enchère, ce qui leur reste de ces bêtes à laine, la vente va se faire le jour de l'Exposition de l'Association des éleveurs de l'ouest. Cette Société s'est formée, afin de contribuer à l'amélioration du bétail.

On a annoncé, par affiches répandues au loin, qu'on exposerait, ce jour-là à Château-Gontier, dix-huit taureaux et trente-deux vaches ou génisses, de pure race Durham, des bêtes croisées et des cochons New-Leicester.

M. de Souvray a chez lui, quatre vaches Durham dont deux sont de couleur blanche ; ces dernières lui donnent lorsqu'elles sont fraîches de lait, cinquante litres entre elles deux.

J'ai fait chez M. de Souvray, la connaissance du comte de la Valette, qui a aussi fait venir d'Angleterre, de très-beaux Durham, qu'il y est allé choisir lui-même.

Il a eu la bonté de me proposer de m'emmener chez lui, à trois lieues de Château-Gontier, et à même distance de Laval, afin de me faire voir son bétail ; j'ai accepté avec reconnaissance, et nous sommes partis dans une petite et très-légère voiture attelée de deux bidets Bretons ; ils n'ont fait qu'un temps de galop pour nous conduire à son château, situé sur les bords de la Mayenne dans une charmante position.

Nous fûmes bientôt rejoints par trois de ses amis, dont deux frères MM. de Danne ; ces MM. cultivent une île de la Loire ; ils sont aussi éleveurs de Durham.

M. de la Valette ne cultive que quelques hectares de mauvaises terres, pour avoir des racines ; mais il récolte de bons prés.

Son beau taureau acheté chez M. Jonas Webb, mais qui provenait d'une vache achetée pleine, à la vente de lord Ducy, lui a coûté 5000 fr. ; il avait acheté, chez le même éleveur quatre vaches, et a augmenté depuis son étable, de trois vaches et de deux fort belles génisses, pleines maintenant ; il les a achetées à de grands prix lors de l'Exposition de 1856 à Paris.

Il a actuellement quinze bêtes Durham, de pure race, et une jolie vache Bretonne qui lui a donné une superbe génisse croisée Durham.

Une de ses vaches Durham lui donne vingt litres de lait, pendant trois mois, après avoir vêlé.

Il a encore une fort belle vache Hollandaise qui donne, fraîche vêlée, jusqu'à trente-cinq litres de lait ; elle a reçu son taureau, fils du Duc-d'Oxford, fameux taureau de lord Ducy.

M. de la Valette a un autre taureau Durham pour ses fermiers et ses métayers, au nombre de dix-neuf ; dix sont en petites métairies situées sur la pente, fort roide de la côte, qui descend de la route à la rivière ; les neuf autres fermes sont sur le plateau, en bon fonds ; elles sont louées pour douze ans de 60 à 70 fr. par hectare ; les pauvres terres, louées à moitié, produisent depuis plusieurs années au propriétaire, une moyenne d'environ 140 fr. par hectare ; aussi M. de la Valette met-il les fermes, en métairies, à mesure que les baux expirent.

Le comte m'a fait visiter trois de ses métayers, et deux de ses fermiers ; le bétail des premiers est bien plus beau et plus nombreux, que celui des seconds ; cela tient à ce que les fermiers sont plus négligents, à mener leurs vaches au taureau Durham du château ; ils n'y sont pas forcés, comme le sont les métayers ; ceux-ci sur des fermes de dix à douze hectares, n'ont cependant, qu'un hectare de pré, ou à peu près ; ce qui ne les empêche pas d'avoir bien près d'un gros animal par hectare ; une autre raison du produit supérieur des métairies, est que les métayers sont liés par leurs baux et doivent suivre les instructions du propriétaire, tandis que les fermiers ne sont pas obligés à se laisser diriger par lui.

Le propriétaire partage tous les produits, tels que les cochons, le peu de bêtes à laine qu'ils ont, et même la graine de trèfle, dont on fait beaucoup dans ce pays, pour l'exportation en Angleterre.

Les métayers payent la moitié des engrais qu'on achète pour leur ferme, excepté ceux destinés aux prés naturels, qui sont à la charge du propriétaire ; il est d'usage dans ce pays que le propriétaire fournisse 100 fr. pour l'engrais donné tous les trois ans à chaque hectare de pré des métairies ; mais le métayer paye l'impôt de la ferme.

On met chaque année, pour environ 200 fr. d'engrais acheté, par métairie de onze à douze hectares ; le propriétaire en paye moitié, ainsi que moitié des semences.

La terre de M. de la Valette contient, à peu près six cents hectares ; il tient quelques béliers et brebis Cotswold, pour servir les brebis des fermes et métairies.

Ces braves gens élèvent beaucoup de bétail croisé Durham, en proportion de l'étendue de leurs cultures ; ces bêtes sont vendues vers l'âge de trente mois, de 650 à 750 fr. ; à trois ans et demi elles valent jusqu'à 900 fr. ; ce sont des herbagers normands qui les achètent. C'est ce beau bétail qui monte autant les prix des loyers et augmente la moitié des propriétaires qui savent administrer.

Les machines à battre de Stubenvauch, employées ici, battent aussi la graine de trèfle ; j'ai été étonné lorsqu'on m'a dit, qu'elles en battent jusqu'à vingt-cinq hectolitres par jour.

M. de la Valette construit des communs, on peut le dire sans exagération, avec grand luxe ; on achève deux étables, chacune pour douze bêtes, une autre étable pour trois taureaux et des boxes pour y mettre les veaux en liberté.

Dans une grande pièce voisine, la nourriture des animaux sera coupée, mélangée et fermentée.

Plusieurs écuries destinées aux chevaux de luxe, une belle sellerie de grandes remises, etc., rien n'est oublié.

Les boiseries de toutes ces pièces, employées aux séparations des animaux en stalles, aux mangeoires, aux portes et fenêtres, sont d'une grande épaisseur, très-solides et faites en très-beau bois de chêne.

Les plafonds sont formés de petites voûtes très-légères et extrêmement solides; pour les faire on a posé à tous les deux mètres des tringles en fer, qui servent à relier les basses-gouttes, et à supporter les voûtes faites avec deux genres de briques à rainures d'une nouvelle invention. Comme preuve de leur solidité, on a chargé un mètre carré de huit mille kilogrammes, sans que la voûte ait cédé sous ce poids énorme; ces plafonds en voûtes, tout minces qu'ils sont, deviennent impénétrables à l'air infect des écuries.

MM. de Dannes sont quatre frères; les deux qui ont loué une île de la Loire, située un peu au-dessus d'Angers, ne sont pas mariés; cette île, dont l'étendue est d'environ deux cents hectares, est louée à raison de 90 fr. l'hectare; ces MM. ne cultivent qu'une trentaine d'hectares, car les terres sont très-fortes; le reste est en prés ou herbages.

Cette île est sujette à être inondée, dans les grandes crues de la Loire; ces crues détruisent les récoltes de foin, lorsqu'elles arrivent tard; mais elles fertilisent le sol d'une manière très-remarquable.

Ces MM. ont fait venir d'Angleterre, une vingtaine de Durham, pour faire des élèves de cette excellente race, dans leurs herbages.

Le père de ces MM., le comte de Danne, grand propriétaire dont le château est situé entre le Lyon d'Angers et Château-Gontier, a des métayers qui font travailler leurs jeunes bœufs croisés Durham jusqu'à l'âge de trois ans et demi ou quatre ans; ils les vendent ensuite aux normands dans les prix moyens de 500 fr. la pièce.

Je me suis rendu, de Château-Gontier à Châteauneuf-sur-Sarthe, en suivant pendant assez longtemps la charmante vallée de la Mayenne.

M. Théodore Jubin que je venais visiter, m'a conduit dans quatre de ses neuf métairies; celles que nous visitions sont situées sur la rive droite de la Sarthe; elles lui rapportent en moyenne au moins 100 fr. l'hectare; leur étendue est en tout de cent trente hectares de terres très-fertiles; les trois autres, placées sur la rive gauche, sont moins fertiles.

On y voit de fort beaux choux de Poitou, sans qu'on leur ait consacré une très-forte fumure; ce résultat est dû à un labour très-profond, la charrue étant suivie par une fouilleuse.

Les métayers de M. Jubin, qui sont dirigés par lui dans leur culture, ont près d'une grosse bête par hectare.

D'après l'usage du pays, tous les produits d'une métairie sont partagés entre le propriétaire et le cultivateur; M. Jubin loge fort bien ses gens et leurs animaux, en grande partie des croisés Durham-Manceaux.

On laboure, dans les métairies de M. Jubin, avec des bœufs croisés Durham, qu'on vend aux normands à l'âge de cinq et six ans dans les prix de 5 à 600 fr. la pièce.

Pour établir de bonnes luzernières, M. Jubin fait plusieurs années de suite des récoltes sarclées dans la même terre, après l'avoir défoncée, bien fumée, marnée ou chaulée; cela lui réussit à merveille.

M. Jubin ayant rapporté de Londres, en 1851, une vingtaine de variétés des plus beaux fromens que j'avais pu me procurer chez les meilleurs cultivateurs d'Angleterre et d'Écosse, les a cultivés comparativement pendant quatre ou cinq années, afin de choisir les sortes les plus productives ; depuis lors, il en a conservé quelques espèces, qu'il vend pour la semence, et dont il se trouve à merveille dans ses cultures.

Il a semé des lupins à fleurs jaunes, dans ses fermes de la rive gauche, qui ont des terres sablonneuses peu fertiles ; ils y ont réussi à merveille ; il va en augmenter la culture et fera beaucoup de semence, pour les répandre autant que possible dans les pauvres terres non calcaires.

Je suis parti de chez M. Jubin pour Angers, traversant alternativement des terres sablonneuses et maigres, et, ensuite des terres très-riches et bien cultivées ; cette différence de fertilité et de bonne et médiocre culture, s'est répétée plusieurs fois, dans ce trajet ; autour d'Angers, on voit une culture maraîchère fort bien conduite, et énormément de pépinières ; celles de M. André Leroy s'étendent sur plus de cent vingt hectares.

N'ayant pas trouvé chez lui cet habile horticulteur et arboriculteur, j'ai visité un jardinier-fleuriste, M. Rousseau, qui a de très-belles treilles, couvertes d'une quantité d'énormes grappes de raisins ; il m'a dit que le soufre pulvérisé avait empêché l'oïdium de sévir chez lui, depuis plusieurs années qu'il a appris à bien s'en servir ; il soufre les bourgeons de la vigne dès qu'ils ont atteint la longueur du petit doigt ; il recommence l'opération lorsque la vigne est en fleur, et enfin lorsque les grains de raisins sont gros comme du plomb à lièvre.

J'ai vu bien des treilles malades dans ce voyage ; mais surtout à Château-Gontier et à Châteauneuf-sur-Sarthe, elles étaient perdues par l'oïdium ; ayant questionné bien des personnes dont les treilles étaient ainsi abîmées, pour savoir si elles les avaient soufrées, elles m'ont toutes répondu négativement.

Je me suis ensuite rendu chez M. Bouton-l'Évesque, dont la propriété très-fertile, est située contre la digue de la rive droite de la Loire, à un kilomètre des Ponts-de-Cé.

La Loire ayant rompu la digue vis-à-vis de la maison de campagne de M. Bouton-l'Évesque, il a été obligé de démolir sa maison et l'a remplacée par une belle construction placée près d'une grande pièce d'eau, formée par la chute de la Loire par-dessus la digue rompue.

Quoique le maître de cette belle habitation fût absent, je visitai pour la seconde fois ses étables, qui contiennent neuf vaches Durham et une Hollandaise; il s'y trouvait six veaux de lait et quatre taureaux Durham, dont le plus jeune n'a que dix mois; ils sont à vendre; mais on n'a pu m'en faire connaître les prix.

J'ai vu ensuite une douzaine de chevaux et de poulains de pur sang, qui m'ont paru fort beaux.

En faisant cette excursion, j'ai vu des lins et des chanvres de toute beauté et des chaumes de froment qui annonçaient une très-belle récolte.

En partant d'Angers, on ne voit plus de belles cultures de plantes textiles, car le chemin de fer vous fait passer le long des ardoisières; mais une fois qu'on a rejoint les bords de la Loire, la culture de ces plantes, et surtout du chanvre, augmente. C'est au point que les deux tiers de ces riches terres d'alluvion, dont l'hectare se loue de 4 à 500 fr., et se vend de 8 à 10 000 fr., en sont couvertes; plus haut vers la station des Rosières, les chanvres ne se rencontrent plus beaucoup; ils sont remplacés par le colza, par des cultures maraîchères et des champs de semenceaux; on voit des vignes cultivées sur un rang, en contre-espalier, séparé de l'autre rang par un champ large d'une dizaine de mètres; on voit dans d'autres lieux, des arbres fruitiers, dont une partie sert de supports à des ceps de vignes; c'est très-agréable à voir, mais cela donne de pauvre vin.

J'oubliais de dire que, non loin d'Angers, j'avais vu quelques champs couverts d'une énorme quantité de melons, et aussi de grands champs de semenceaux d'oignons.

J'ai pensé souvent que cette culture du chanvre, si productive puisqu'elle permet de louer les terres jusqu'à plus de 400 fr. l'hectare, pourrait s'introduire sur les excellentes terres d'alluvion, qu'on trouve fréquemment sur les bords du Cher et de l'Indre, ainsi que sur certains plateaux du Berri, dont les excellentes terres calcaires ont parfois plus d'un mètre de profondeur, sur un sous-sol de très-bonne marne.

On cultive avec beaucoup de succès, le chanvre dans le voisinage de Saint-Amand, département du Cher; pourquoi la culture du chanvre ne réussirait-elle pas, en se rapprochant de la Touraine? où elle est si lucrative, pour les petits fermiers qui alternent le chanvre avec le froment! On ne peut arguer du manque d'engrais, depuis qu'avec de l'argent, on peut se procurer autant de guano qu'on en désire. Je connais d'excellents cultivateurs qui se servent avec succès de guano, pour la culture du chanvre; et ce qui prouve encore mieux, que le guano est une bonne fumure pour le chanvre, c'est que M. Adolphe Salvat, au château de Nozieux près Blois, cultive depuis nombre d'années, le chanvre assez en grand, en fournissant la terre aux petits cultivateurs ses voisins, à condition qu'ils la bêcheront, et sèmeront le chanvre après avoir mis cinq ou six cents kilogrammes de guano par hectare; enfin, ces braves gens doivent arracher le

chanvre, et le mettre en bottes partagées en deux lots ;
ces lots sont tirés au sort. Quant au guano, il se paye
par moitié.

Un propriétaire qui aurait de ces terres si fertiles et
qui voudrait y introduire la culture du chanvre, devrait
d'abord construire une demi-douzaine de maisons dans
le genre de celles qui logent les cultivateurs de chanvre
sur les bords de la Loire ; il attacherait à chacune de ces
maisons, de deux à quatre hectares suivant le nombre
de bras des ménages qu'il aurait recrutés sur les bords
de la Loire, dans la partie où la culture du chanvre est
le mieux entendue, comme à la Chapelle-sur-Loire, entre
Tours et Saumur ; comme ces gens payent leurs terres de
3 à 400 fr. l'hectare pour une année, ils ne demande-
raient pas mieux que de venir en louer, à côté d'une gentille
maison, à raison de 150 à 200 fr. l'hectare ; ils feraient
donc une excellente affaire ainsi que le propriétaire.

Je me suis rendu le 25 août, de Saumur à la grande
terre de Champ-Denier, près Loudun. C'est la propriété de
Mᵐᵉ Ardouin, veuve d'un banquier bien connu de Paris.

On vient de refaire presque complétement l'ancien
château, construit par le père de Mᵐᵉ Ardouin ; la nouvelle construction qui a bien des tours et bien des tou-
relles, est en pierres de taille tendres, qu'on est en train
de couvrir de sculptures.

L'architecte se nomme M. Caumont, de Paris.

Le régisseur, ancien officier polonais et élève de Grignon, m'a fait visiter une des cinq fermes qu'il fait valoir. Il en réédifie les bâtiments et y tient beaucoup de
vaches Schwitz, Cotentines et Parthenaises ; elles sont en
bon état, mais en général de petite taille, ainsi que les
élèves croisés qui en proviennent ; les veaux ne sont pas
assez bien nourris pour arriver à une bonne taille ; ils
sont fort maigres.

Il ne cultive que des céréales et des prairies artificielles.

Ses terres sont en partie, fortes; mais la plus grande partie de celles que j'ai vues, sont des sables assez bons, sur un sous-sol de marne argileuse et imperméable. Il serait essentiel de les drainer et ensuite de les défoncer aussi profondément que possible, afin de mélanger cette marne argileuse avec le sable, on ferait ainsi d'excellentes terres; je crois d'après l'épaisseur de la couche de sable, qu'on y parviendrait en se servant d'une bonne charrue, attelée de quatre bêtes, suivie par la charrue n° 1 de Bodin, attelée de six bœufs; on pourrait ainsi ramener la marne à la surface; et là où le sable serait trop épais, on mettrait des hommes armés de bêches derrière la grande charrue; chaque homme aurait un certain nombre de mètres à parcourir en rétrogradant; il enfoncerait sa bêche dans le fond du sillon de la seconde charrue, et en répandrait le contenu à la surface; je l'ai vu faire ainsi sur les bords du Rhin et dans d'autres lieux, afin de ramener à la surface la bonne terre que la rivière avait recouvert de sable.

Le régisseur n'a cherché jusqu'à cette heure à assainir ses terres, que par des fossés; il m'a dit qu'il désirerait essayer du drainage, mais qu'il ne savait où trouver une personne en état de diriger cette amélioration; je lui ai indiqué M. Houdellière, ingénieur civil demeurant entre la ville de l'Aigle et l'abbaye de la Trappe de Mortagne.

Cet ingénieur, sorti anciennement de l'École centrale de Paris, a déjà drainé des centaines d'hectares avec un succès complet.

Le régisseur de la terre de Champ-Denier a des appointements fixes, et 20 p. % du bénéfice net; il a commencé par cultiver deux fermes; le produit net l'a décidé à prendre entre ses mains de nouvelles fermes, à mesure que les anciennes, se trouvaient en bon état de production ; il est décidé à ajouter à sa culture toutes les fermes de cette vaste propriété, dont les fermiers sont excessivement arriérés.

J'ai été très-étonné, en apprenant du régisseur qu'il n'avait ni troupeau de brebis et élèves, ni même des moutons de passage, qu'on nourrit s'ils sont jeunes, pendant six mois pour faire du fumier ; on les revend ensuite si on n'ose pas les garder davantage, de crainte de leur voir contracter la cachexie aqueuse ; si les moutons sont vieux on les engraisse pour la boucherie, et on les remplace plus tard par d'autres ; cette manière d'agir est ordinairement adoptée, dans tous les pays à sous-sol imperméable.

Je l'ai aussi fortement engagé à se procurer un taureau Durham bien écussonné, ce qui ne serait pas difficile ; M. de Laville-Leroulx au château de la Guéritaude, près Montbazon (Indre-et-Loire), a de beaux Durham de pure race, et a toujours, un certain nombre de jeunes taureaux à vendre ; M. Adolphe Salvat au château de Nozieux près Blois, a une superbe vacherie Durham, d'une espèce abondante en lait.

Je suis persuadé que les croisés Durham, ainsi que des croisés Southdown, réussiraient à merveille dans une propriété où j'ai vu de beaux trèfles et de belles luzernes, et dont les chaumes épais, annoncent la fertilité de la terre ; sur une culture d'environ trois cents hectares on pourrait avoir un grand troupeau, qui vivrait en grande partie, sur les herbages qui ne sont pas fauchables, et sur les chaumes dans lesquels on aurait semé de la lupuline et du trèfle blanc. Dans les plus mauvais sables non calcaires, on ferait bien de semer des lupins jaunes pour les moutons ; ils fournissent sans fumure, de quatre à cinq mille kilogrammes d'un fourrage amer, qui empêche les bêtes à laine de contracter la cachexie. La serradelle, ainsi que la grande spergule, sont encore deux plantes, qui produisent beaucoup de bonne nourriture dans les sables, mais il leur faut un peu de fumier, ou deux à trois cents kilogrammes de guano par hectare.

Les moutons, outre la grande quantité d'excellent fumier qu'ils produisent, empêchent les terres de se salir autant; car en broutant les herbes, ils les empêchent de produire de la graine.

Je suis revenu sur mes pas et j'ai couché à Fontevrault, afin de visiter le lendemain un excellent cultivateur; M. Marquet le cadet, dirige depuis plus de douze ans, une culture très-bien entendue, à laquelle il emploie les plus grands des six cents garçons repris de justice, détenus à la maison centrale de Fontevrault; M. Marquet l'aîné en est le directeur depuis quelques années.

J'ai rencontré à Fontevrault M. Boistel, inspecteur général d'agriculture, qui était venu pour inspecter la culture dirigée par M. Marquet Junior; il est aussi chargé de l'inspection des cultures attachées aux autres maisons centrales; je suis persuadé que M. Boistel n'en trouvera pas, qui soit mieux dirigée que celle-ci.

Nous sommes partis le 26 de bonne heure, M. Marquet et moi, pour visiter les quatre fermes de M. Marquet, et dont la première est sous sa direction depuis quinze ans; lorsqu'il l'a prise, elle était en grande partie couverte de bruyères; maintenant, elle contient une vigne et forme en grande partie des jardins-maraîchers, dont les produits sont consommés par les habitants de la maison centrale; M. Marquet a employé ses enfants dans les jours pluvieux, à creuser d'immenses caves, dans lesquelles ils pouvaient travailler à couvert; ces caves servent à conserver les pommes de terre et autres légumes. Cette ferme a été relouée, à la fin de son premier bail de neuf ans, 100 fr. l'hectare.

Les trois autres fermes ont une étendue d'environ 400 hectares; 60 sont en bois; 140 en bruyères; 100 en bruyères récemment défrichées à la charrue et ensemencées; enfin 100 hectares, étaient pleins de roches et d'énormes pierres, dont une grande quantité ont dû être minées pour les sortir des champs. Ces pierres ont été cassées par ses élèves pour les routes, pendant les jours de pluie. A cet effet, M. Marquet a fait construire des hangars étroits et longs, couverts en papier goudronné; il peut les démonter et remonter facilement; on les place le long des grosses pierres et quartiers de roches rangés en lignes droites, de manière à pouvoir les faire casser; les enfants se trouvent ainsi à couvert. A mesure qu'on extrait les roches et qu'on en débarrasse le champ, on le défonce partout à cinquante centimètres; on nivelle, on draine, on chaule, et on fume bien; aussi les récoltes sont-elles déjà belles dans la partie de ces cent hectares mise en culture.

M. Marquet dit, que la moyenne de ses froments lui donnera vingt-cinq hectolitres par hectare; les trois quarts en sont déjà battus, par la machine à battre de Lotz mise en mouvement par la vapeur, il l'a louée moyennant trois hectolitres pour cent de battus; Lotz fournit deux chauffeurs, le charbon et l'huile; M. Marquet met cinquante-cinq gamins à servir cette machine, qui bat environ cent hectolitres de froment par jour; les chauffeurs ne sont pas nourris par la ferme; en comptant les journées des garçons seulement à 30 centimes, cela fait la somme de. . . . . 16 f. 50 c.

La valeur des trois hectolitres à 20 fr., fait   60   »

Passer deux fois au tarare, une fois au trieur, cela coûte. 23   50

                              100 f.   » c.

ou 1 fr. par hectolitre. La paille, bien secouée, est mise en meules et le froment est porté au grenier, après avoir été bien nettoyé.

J'ai vu aussi de belles récoltes sarclées, très-bien nettoyées, et tenues fort meubles ; il ne leur manque que de la pluie pour devenir très-productives.

M. Marquet nourrit deux cent vingt-cinq bêtes bovines, les veaux compris ; ces bêtes sont des races suivantes : Cotentines, Flamandes, Choletaises, Bretonnes, Hollandaises, et enfin de la race du Suffolk sans cornes. Il y a en outre des bêtes, provenant de croisements entre ces diverses races ; il lui faudrait un taureau Durham bien écussonné ; en l'achetant jeune, ce ne serait qu'une dépense de 2 à 300 fr., qui lui rentrerait en moins de deux ans, avec un grand bénéfice par l'amélioration des élèves.

Il n'a que des porcs de la race Craonnaise ; mais il m'a dit qu'il allait en avoir de chez M. Pavy.

J'étais étonné de ne point voir de troupeau de bêtes à laine sur une ferme de quatre cents hectares, qui a beaucoup de bruyères, dans son voisinage ; M. Marquet m'a dit qu'il allait acheter des brebis du pays, auxquelles il donnera des béliers Southdown.

Il a loué cinquante hectares de bruyères communales pour douze années ; elles touchent les fermes qu'il cultive ; il pourra y envoyer son futur troupeau et y faucher des litières ; si elles ne contiennent pas de roches et de grosses pierres, et qu'on puisse les défricher à la charrue, sans être forcé de les défoncer, ce qui est fort coûteux, il aurait un grand avantage à les défricher au moyen du noir animal ; il y ferait d'abord beaucoup de colzas.

Pour obtenir la jouissance de ces bruyères, il s'est engagé à faire un chemin vicinal, dont la commune avait grand besoin.

M. Marquet a de beau chanvre.

Il a découvert dans la propriété qu'il dirige, une carrière de belles pierres de taille, tendres; c'est un tuf calcaire, comme celui des bords de la Loire et du Cher; cette carrière dans laquelle il emploie, depuis trois ans, huit de ses garçons et seize hommes, a déjà livré une immense. quantité de ces pierres de taille au public; comme elle est enfoncée assez profondément sous terre, il a établi un double chemin de fer; un cheval monte un chariot chargé, tandis qu'un autre chariot vide descend dans la carrière.

M. Marquet a fait avec ses deux cents colons, des travaux gigantesques, l'immense quantité de roches, extraites de la terre à l'aide de la mine, forme des tas sans nombre d'énormes pierres superposées. Il a défoncé ainsi environ cent hectares au moins, à soixante centimètres, et l'extraction des roches l'a même forcé de défoncer bonne partie de ces terres, à plus d'un mètre de profondeur.

Il a défoncé complétement à un mètre, un grand jardin, et il a fait faire une grande pièce d'eau, qui réunit et conserve l'eau de pluie, servant à arroser le jardin et à irriguer des prés de nouvelle création.

Il a creusé à côté de toutes les grandes pièces de terre, des places où il transporte les fumiers à mesure qu'on les sort des étables; ensuite il les fait arroser avec les vidanges de plus de deux mille prisonniers, et d'environ cinq cents employés ou soldats, attachés à la maison centrale; il fait recouvrir ses fumiers ainsi améliorés, de bonne terre argileuse, afin d'empêcher l'évaporation de l'ammoniaque.

M. Marquet a fait drainer une partie de ses terres les plus humides, avec de petites pierres; mais comme il trouve que ce drainage revient plus cher que celui fait avec des tuyaux, il compte dorénavant remplacer les pierres par des tuyaux.

Il emploie en guise de marne, les débris provenant de l'extraction de ses pierres de taille; ce tuf contient plus de vingt pour cent de calcaire.

Il vient de faire construire un très-grand bâtiment, dont le rez-de-chaussée forme une étable pour quatre-vingt-dix bêtes à cornes; les étages supérieurs logeront les deux cents colons qu'il emploie, mais qui jusqu'à cette heure, couchent dans un des bâtiments de la maison centrale. Cela leur fait faire inutilement deux lieues par jour et par tous les temps, avant et après avoir travaillé.

M. Marquet emploie les instruments de culture de la fabrique de M. Bodin, de Rennes; il en est très-satisfait, et s'est chargé d'un dépôt de ces instruments, mais sans vouloir rien accepter pour l'embarras que cette vente lui donne; il l'a fait dans l'intérêt des cultivateurs du pays qu'il habite; ils profitent volontiers de cette facilité, et se fournissent ainsi d'excellentes charrues et de bons instruments d'agriculture, très-bien faits, solides, et à bon marché.

M. Marquet avait été placé, il y a longtemps, à la tête de la colonie de Mettray; mais y ayant été gêné dans la direction de sa culture, il a préféré revenir à Fontevrault; il y a repris son ancienne direction dont la rétribution n'est que moitié de celle de Mettray, tant il est désintéressé; depuis lors, on lui a donné une direction bien mieux rétribuée en Corse; mais il y a fait une grave maladie, et est encore revenu ici, où il reste toujours, avec de bien faibles appointements.

M. Marquet m'a fait visiter la ferme de Mettray, dans laquelle il a commencé à cultiver, il y a quinze ans; elle n'est pas la propriété de la maison centrale, mais louée 100 fr. l'hectare; on y construit malgré cela, un moulin de quatre paires de meules, qui moudra la farine consommée dans ce vaste établissement pénitencier.

J'y ai vu de fort beau bétail, dont une grande partie va aller occuper l'étable modèle, établie dans le plus grand domaine; je dis étable modèle, car elle m'a paru mériter d'être copiée, tant elle est commode pour les animaux et pour les personnes chargées de les soigner; les mangeoires sont faites en ciment romain.

Les deux lignes de bétail se font face; les deux mangeoires parallèles sont séparées par un corridor par lequel on porte la nourriture des bêtes; on les sert à droite et à gauche; les animaux sont attachés de manière à ne pouvoir s'attaquer les uns les autres en mangeant.

Le sol de l'étable est creusé de quarante-cinq centimètres, afin de pouvoir y laisser le fumier pendant un mois, sous les animaux.

Il y a dans la cour une place à fumier, et au milieu une citerne à purin et une pompe, qui permet d'arroser le tas de fumier très-facilement.

Revenu à Saumur, j'ai visité M. Rocher, fabricant d'un engrais appelé noir animalisé; il a créé depuis vingt ans, un établissement considérable, pour ce genre de fabrication.

Il emploie en totalité les vidanges de la ville, après les avoir fait sécher au soleil; il achète une quantité de chevaux ne pouvant plus travailler, et il les fait abattre; on lui amène les animaux crevés; après les avoir dépouillés, on sépare le mieux possible, les chairs des os qui sont enterrés dans de grands tas de poudrette; la fermentation les a bientôt blanchis; ils sont bouillis, ensuite, pour en extraire la graisse; après cela on les met dans des caisses en fonte, dans lesquelles on les fait chauffer, en ne dépassant pas soixante degrés de chaleur; ils se pulvérisent alors très-facilement, ainsi que les chairs desséchées à l'aide de quatre paires de meules. Ce produit est mélangé à la poudrette; on finit par y adjoindre de la tourbe pulvérisée, qui a servi à absorber les vidanges liquides et les urines. C'est le côté faible de l'affaire, car le transport, au loin, de la tourbe, ne peut être payé par ses qualités fertilisantes et l'on doit craindre, qu'il ne s'y trouve trop de tourbe.

Son engrais vendu comme le plus azoté, coûte 17 fr. l'hectolitre ; la seconde qualité se paye 15 fr. et la troisième 12 fr.

M. Rocher m'a dit qu'il vendait chaque année plus de cent mille hectolitres de ces divers engrais, ce qui lui donne 100 000 fr., à raison de 1 fr. de bénéfice par hectolitre.

On pourrait avoir une bonne opinion de ces engrais, s'il n'y entrait pas plus ou moins de tourbe ; ensuite je trouve que 17 fr. pour un hectolitre de cet engrais qui ne doit peser, je crois, que cinquante ou soixante kilogrammes, se vend bien plus cher que le guano à 35 fr. les cent kilogrammes ; il ne peut pas lui être comparé sous le rapport de la fertilité.

M. Rocher dit qu'il faut cinq hectolitres de son engrais n° 1 par hectare de bruyères défrichées ; son n° 2 convient aux céréales ; et son n° 3 convient mieux aux prés.

Si j'étais à sa portée, j'essayerais ses engrais dans plusieurs récoltes, en n'en fumant jamais qu'un are ; je pourrais ainsi semer, récolter, battre, et peser facilement les essais comparatifs, entre cet engrais et les autres engrais déjà appréciés ; c'est de cette manière qu'on arrive à savoir, quel est celui des engrais qu'on peut se procurer, qui paye le mieux la somme dépensée.

Je me suis rendu de Saumur à Port-Boulet, et j'ai vu entre ces deux villes, beaucoup de vignes plantées en lignes simples, séparées par des champs larges d'au moins dix mètres, cultivés à la charrue ; il y avait beaucoup de très-beau chanvre, qui n'est pas récolté là, comme dans les environs d'Angers, où on arrache en même temps le chanvre mâle et le chanvre femelle, tandis que dans cette partie de mon voyage, on laisse le chanvre femelle pour en tirer la graine.

Je suis allé ensuite, par un omnibus à Chinon; j'ai remarqué pendant ce trajet, d'environ vingt kilomètres, que les térrains sablonneux de ces environs, sont assez bien cultivés par de petits propriétaires ou fermiers; deux lieues plus loin que Chinon, en me rendant à Sainte-Maure, station sur la ligne du chemin de fer de Bordeaux à Tours, on trouve une plus grande culture assez médiocre. En s'approchant de Sainte-Maure, la culture est moins mauvaise et les terres sont meilleures; elles sont calcaires.

Le conducteur de l'omnibus m'apprit que le propriétaire d'un château que nous apercevions, était un grand et bon cultivateur. C'est le marquis de Quinemont; il engraisse beaucoup de bœufs; il a un troupeau de Mérinos, et fabrique, avec des associés, une immense quantité de chaux hydraulique, dans une douzaine de fours; une trentaine de mètres cubes de chaux, sont expédiés chaque jour par la station de Sainte-Maure, située à deux lieues de chez lui.

Je suis arrivé tard à Tours, et j'en repartis le lendemain pour les bords du Cher.

J'ai visité le 21 septembre, M. Févet, directeur d'une grande distillerie, près de la commune de Thenay, dans les environs de Pont-le-Voy; ce M., qui est de Lille, est un excellent cultivateur; sa ferme contient une centaine d'hectares; ses terres sont en général peu convenables à la culture de la betterave, à cause de la très-grande perméabilité du sous-sol, formé d'un sable calcaire. En outre, l'extrême sécheresse de plusieurs mois d'été, assez habituelle dans le centre de la France, l'a engagé à planter cinquante hectares en topinambours; ils sont très-beaux et nets de mauvaises herbes; il n'espère cependant à cause de la sécheresse exceptionnelle de cette année, récolter qu'une moyenne de vingt mille kilogrammes par hectare; il a obtenu jusqu'à quarante mille kilogrammes sur la même étendue dans ses meilleures terres les années précédentes.

M. Févet avait l'an dernier, irrigué avec des vinasses un champ de topinambours; leurs tiges ont été énormes, mais les tubercules fort petits.

Cette année, il a semé les mêmes quatre hectares, en betteraves qu'il a aussi irriguées avec des vinasses; elles sont très-grosses, et il les estime à cinquante mille kilogrammes l'hectare; les feuilles de ces racines, sont très-larges et abondantes; ce qui m'a paru extraordinaire, c'est que la maladie de cette plante qui en brûle le cœur, s'y est montrée dans deux ou trois petites places différentes.

M. Févet distille pendant l'année entière; lorsque les topinambours et betteraves sont finis, il se met à distiller des céréales ou du sarrasin, lorsque cela n'est pas défendu et que le prix du grain l'y encourage; cet été il a distillé du riz et une espèce de millet venu de l'Orient, nommé dary; il en a semé un peu sur couche, qu'il m'a fait voir; cette plante a une grappe ressemblant à une tête de sorgho dont les graines seraient rapprochées; mais la tige n'a que cinquante centimètres de longueur.

M. Févet a construit une étable pour cent bêtes à cornes placées sur deux rangs face à face; elles ne sont séparées que par les mangeoires et râteliers; ces derniers sont accolés à une poutre, qui forme un passage pour le bouvier; armé d'un crochet, il affourage ses bêtes en attirant de droite et de gauche alternativement, de la paille dans les râteliers. C'est le seul fourrage que ce bétail reçoive, avec les résidus de distillation qui complètent sa nourri-

ture ; un fût, de la contenance de huit hectolitres, monté
sur deux roues, et conduit par deux bœufs, amène les
résidus de la distillerie au pignon supérieur de l'étable ;
là, on vide ce fût dans un réservoir qui sert à laisser
refroidir suffisamment cette nourriture ; lorsque l'heure
des repas est arrivée, on lâche deux robinets qui laissent
couler les résidus dans les deux mangeoires ; la pente est
suffisante pour que chacune des cinquante bêtes attachées
à une des deux mangeoires, soit servie en un instant ; de
cette manière, un bouvier, aidé d'un garçon de quinze
ans, suffit pour soigner toute l'étable ; le plancher sur
lequel le bétail se trouve, est formé de dalles en pierres
dures ; il existe derrière chaque rang de bêtes une petite
rigole, qui conduit les urines vers le pignon inférieur de
l'étable ; là, se trouve une purinière immense placée sous
le bétail ; comme le sol sur lequel l'étable est placée a
une assez forte pente, un autre fût pareil au premier,
mais qui ne sert qu'au transport des urines, vient se placer
dans un bout de chemin creux ; il se remplit de purin,
en ouvrant seulement un grand robinet, sans employer
de pompe, ce qui sauve la perte de temps ; le bétail reçoit autant de résidus qu'il en veut, et il mange la paille
durant la nuit ; celle qui reste dans les râteliers, sert de
litière ; cet arrangement des râteliers permet à un bouvier expéditif de les remplir de fourrage en une heure.
Lorsque l'étable est complétement garnie, elle fournit
cent hectolitres d'urine pendant les vingt-quatre heures.
Cela sert à arroser les champs destinés à être semés en
froment, ainsi que les belles luzernes dont la ferme est
garnie ; on arrose également un grand verger que M. Févet
a planté d'arbres fruitiers et semé en pré, et qui se fauche
plusieurs fois ; il fournit une énorme quantité d'excellent
foin.

M. Févet prend des bêtes en pension ; des bouchers lui

amènent des animaux à engraisser, et lui payent 75 centimes par vingt-quatre heures pour les petites bêtes, et 1 fr. pour les grosses.

Il gagne plus sur les bêtes qu'il a achetées, que sur les pensionnaires; elles lui donnent maintenant de 1 fr. à 1 fr. 10 c.; mais il faut défalquer l'intérêt du capital employé et le temps mis à aller les acheter.

Les bœufs Limousins lui coûtent actuellement de 7 à 800 fr. la paire; les bêtes qui lui laissent le plus de profit sont les taureaux, réformés généralement à l'âge de trois ans.

Il n'achète plus de vaches depuis que la taxe de la viande a été établie à Paris, car elles s'y vendent mal depuis lors.

M. Févet se trouve fort bien de l'emploi de la marne, quoique ses terres soient toutes de nature calcaire, à soussol imperméable et brûlant.

Il a une nombreuse et jolie famille; l'aînée de ses filles est au couvent de Pont-le-Voy et trois de ses fils sont en pension près de Lille; enfin sa plus jeune fille n'a qu'un an.

J'ai quitté M. Févet pour visiter la ferme-école de la Charmoise, dont est directeur, M. Paul le second fils de M. Malingié, le célèbre agriculteur.

Sa récolte de froment du comté de Kent, que je crois être le Goldendrop, ou goutte d'or en français, la seule variété qu'il cultive, a été très-belle; depuis bien des années il la vend presque en totalité, comme semence à de bons prix, l'année dernière elle a valu 32 fr. l'hectolitre; cette année elle ne vaut que 23 fr., ce qui est encore un prix très-convenable; les froments des environs ne se vendent que de 17 à 18 fr. l'hectolitre.

Il y a cette année beaucoup de froment carié; cela n'arriverait pas, si les cultivateurs, voulaient prendre la peine de tremper le froment, dans un cuvier contenant une dissolution de cent vingt-cinq grammes de sulfate de cuivre, avec la quantité d'eau nécessaire pour immerger un hectolitre de froment; on doit laisser tremper au moins douze heures, et au plus vingt-quatre; non-seulement ce grain ne souffrirait jamais de la carie, mais gonflé dans l'eau il lèverait bien plus tôt, et serait en moins de temps, hors de l'atteinte des souris, des oiseaux, et des insectes.

Trouvant que les betteraves sont souvent attaquées chez lui par une maladie qui fait mourir les jeunes feuilles du cœur, M. Malingié en a diminué infiniment la culture; il les a remplacées par une grande culture de topinambours; ils n'ont pas été fumés, aussi sont-ils bien loin de ressembler à ceux de M. Févet. Les betteraves de la Charmoise sont belles, malgré l'extrême sécheresse, et, s'il survient comme habituellement des pluies en septembre, elles seront d'un bon produit.

M. Malingié avait semé l'an dernier un hectare de sorgho de la Chine, qui a d'abord souffert infiniment de la sécheresse de l'été; mais dans le mois d'octobre, il a profité de quelques pluies qui l'ont fait arriver à une hauteur de près de trois mètres; ce fourrage si abondant, ayant été consommé avidement par toutes les espèces d'animaux, il en a fait aussi cette année, il est d'une grande épaisseur, et ses feuilles sont presque aussi larges que celles du maïs. Ses tiges, très-succulentes sont dévorées par ses vaches et ses bêtes à laine, après avoir été passées par le hache-paille; M. Malingié en estime le produit à plus de soixante mille kilogrammes par hectare.

Il a été ainsi que M. Févet, obligé de faire arracher les pommes de terre Chardon; elles formaient de nouveaux tubercules après une pluie; l'année dernière, il en avait vendu comme semence pour plus de 7000 fr., car cette variété de pommes de terre est extrêmement productive et très-recherchée, elle valait alors 12 fr. l'hectolitre; il n'en a pas encore vendu cette année.

La récolte de colza de la Charmoise a été fort bonne; M. Malingié en a vendu pour près de 8000 fr.

Le troupeau, si connu sous le nom de race Charmoise, est réellement très-beau et s'élève à plus de neuf cents têtes; ses brebis sont admirables; M. de Tascher vient de lui en acheter vingt, pour la somme de 2000 fr.

Ses agneaux sont également très-beaux; il engraisse les mâles et vend les plus gras maintenant, 30 fr. la pièce à des bouchers de Blois. Les fermiers du voisinage lui payent ses jeunes béliers jusqu'à 200 fr., et il ne lui en reste que peu, à vendre.

M. Malingié cultive deux variétés de maïs, que lui a envoyé M. Dupeyrat, directeur de la ferme-école du département des Landes; l'une de ces espèces est à épis courts et blancs; elle est cultivée dans les sables des Landes; l'autre est à épis assez longs, mais à petits grains de couleur jaune.

M. Malingié m'a dit que M. Daveluy, aussi des environs de Lille, et qui est directeur de la ferme-école des Hubaudières non loin de Bléré (Indre-et-Loire), a planté cinquante hectares de topinambours pour en faire de l'alcool, et qu'il en était si content, qu'il se décide à doubler l'étendue de cette culture.

M. Malingié s'étant trouvé gêné, par la grande sécheresse de l'été pour nourrir son grand troupeau, a fait élaguer ses peupliers; dont les feuilles ont été singulièrement appréciées par ses bêtes à laine; on fait maintenant des fagots avec les branches dépouillées de leurs feuilles. Son troupeau vit actuellement sur des champs de sarrasin.

Il repique beaucoup de choux branchus du Poitou qui

alimenteront ses bêtes au printemps prochain ; il a semé aussi beaucoup de colza, pour être pâturé à la même époque, et du trèfle incarnat qui servira plus tard.

Il est fâcheux que ses colzas, semés pour replant, aient levé trop clair, par suite de la sécheresse ; cela empêchera M. Malingié d'en obtenir l'année prochaine autant d'argent, qu'il en a obtenu cette année-ci.

Il a acheté une grande quantité de tourteaux de colzas, à 12 fr. les cent kilogrammes ; ils serviront à nourrir son troupeau cet hiver ; il les fera dissoudre dans de l'eau, et le bouillon servira à humecter les balles et la paille hachée, formant la nourriture des bêtes à laine ; il y ajoute des racines.

M. Malingié n'a qu'une douzaine de vaches, ou élèves, de la petite race Bretonne de couleur noire et blanche ; il ferait mieux de changer son petit taureau Breton, contre un Durham bien écussonné ; M. Rieffel, directeur de la ferme régionale de Grand-Jouan, obtient par ce croisement beaucoup de vaches donnant plus de trois mille litres de lait dans trois cent soixante-cinq jours ; et ces vaches produiront un jour deux fois autant de viande que les Bretonnes.

J'ai quitté ce jeune et aimable ménage, enchanté de ce que j'avais vu dans ses champs, et frappé de l'ordre et de la propreté régnant dans la ferme-école, ainsi que dans les cours.

J'ai aperçu avec plaisir en traversant la plaine de Pont-le-Voy, un drainage en train d'exécution ; j'ai vu aussi un grand champ de betteraves ; ce sont deux choses excellentes faites par un fermier du pays ; il m'a dit avoir vendu ses betteraves 18 fr. les mille kilogrammes, rendus à la distillerie de M. Févet.

J'ai vu avec plaisir chez un belge, le sieur Salmain, un des métayers de ma belle-sœur, au château de la Bâsme, un beau champ de betteraves, plusieurs hectares de colzas et des navets très-beaux; il les avait semés de suite après une des rares ondées tombées cet été si brûlant; sa terre était fumée, labourée, et prête à être semée après une pluie; cela prouve qu'un bon cultivateur peut suppléer quelquefois par sa prévoyance, aux grandes difficultés que présentent souvent les circonstances atmosphériques.

Revenu au château de Chissay chez le comte de Baillon, près de la ville de Montrichard, j'ai fait ma visite habituelle au sieur Denys Lussaudeau, il habite le hameau de Beaune, à moitié chemin de Chissay à Montrichard (Loir-et-Cher), les propriétaires ayant le projet de planter des vignes, devraient visiter cet excellent vigneron, qui a trouvé le moyen d'établir des vignes en dépensant peu, qui n'exigent point d'échalas, et dont la culture à bras, ne coûte que le quart de l'ancienne culture en usage sur les bords du Cher.

Denys Lussaudeau simple vigneron et journalier il y a vingt-cinq ans, lorsqu'il hérita de son père des terres valant alors un millier d'écus. Il comprit que ce qu'il y avait de mieux à faire, c'était de les transformer en vignes, mais se dit-il, si je les plante comme c'est l'usage dans ce pays, c'est-à-dire à raison de neuf mille pieds par hectare, je serai obligé d'employer tout mon temps à les soigner, je ne pourrai travailler pour les autres à la tâche ou à la journée, et ne devant récolter du vin qu'au bout de cinq ou six ans, je mourrai de faim avant l'époque où mes vignes seront en production; après avoir beaucoup cherché, il trouva un moyen de planter ses vignes, tout en gagnant de quoi vivre, et voici à quoi il est arrivé après plusieurs tâtonnements.

Lussaudeau a loué une charrue attelée, il a tiré un sillon à deux mètres du bord d'un de ses champs, sa femme

le suivait armée d'une gaule longue de deux mètres,
qu'elle posait sur le sillon que son mari venait de tracer,
elle tirait de son giron une crossette, c'est une portion
de cep dont moitié est en bois de l'année précédente, et
l'autre partie de l'année même, elle enfonçait cette bou-
ture au bout de la gaule, et recommençait ainsi tous les
deux mètres en avançant, lorsqu'elle fut arrivée au bout
du sillon, son mari recommença un autre sillon servant
à fermer le premier.

Il tira ensuite un second sillon à douze mètres du premier, et recommença la même opération, jusqu'à ce que
toutes ses terres fussent transformées en vignes, séparées
par des champs larges de dix mètres.

Il cultiva ensuite l'entre-deux des lignes de ceps, comme
des champs ordinaires, prenant garde de ne pas appro-
cher de trop près les lignes de ceps, afin de ne pas les
arracher, au bout de deux ou trois ans, il laissa un mètre
de terrain de chaque côté des lignes de ceps, sans les
labourer à la charrue, devant le faire à bras dorénavant ;
la cinquième année lorsque les ceps qui étaient tous de
l'espèce connue dans le pays sous le nom de cot, dont
on suppose que le vrai nom est cahors, eurent poussé
des branches longues de plusieurs mètres, connues dans
le pays sous le nom de verges, qui lorsqu'on laboure les
entre-deux des lignes de ceps, sont allongées des deux
côtés des lignes de ceps, sur les deux mètres cultivés à
bras, Lussaudeau adopta alors l'assolement suivant pour
ses champs de dix mètres de large. Un des deux qui
bordent chaque ligne, est semé après avoir été fumé et
labouré, en froment, l'autre champ de dix mètres, doit
être en prairie artificielle, devant être fauchée, le fourrage enlevé, la terre labourée, bien hersée et roulée, pour
la Saint-Jean au plus tard, on étend alors les verges sur
cette terre en demi-jachère, en les supportant sur des

brins de fagot, ayant autant que possible une petite fourche
à un des bouts; l'autre bout doit être pointu, ces supports doivent être assez longs, pour qu'une fois bien en-
foncés en terre, ils aient encore trente-trois centimètres
hors de terre; deux ou trois de ces brins de fagot, seront
employés à supporter les verges. Une fois la vendange
terminée on allonge les verges sur les côtés de la ligne
de ceps, on fume le champ qui était garni par les verges,
et on sème le froment.

Le cot est le meilleur cépage, soit pour donner du vin,
soit pour être mangé, il a besoin d'être taillé en longues
verges, car il ne produit de raisin que sur du bois de
deux à trois ans, on laisse sur les ceps de deux à trois
verges, suivant leur vigueur, et on supprime après la vendange la verge ayant porté trois ans, elle est remplacée
par la verge de l'année.

Presque toutes les vignes qu'on plante dans les communes
environnant Chissay, le sont à la manière de Lussaudeau.

Les vignes plantées de cette manière donnent après
cinq années de plantation, au moins autant de vin que
celles dirigées à l'ancienne manière, c'est-à-dire qui portent un cep par chaque mètre carré.

Un hectare planté à la manière de Lussaudeau, produit
dans l'année du froment sur trente-sept ares et demi,
une coupe de prairie artificielle sur même étendue, enfin on n'aura que vingt-cinq ares à cultiver à bras, et le
produit en vin, sera pareil à celui d'un hectare cultivé
entièrement à bras, une autre chose à remarquer, c'est
que le froment étant récolté lors de la vendange, les voitures peuvent toujours être à côté des vendangeurs.

Maître Denys, comme on le nomme dans le pays, a
hérité 5 ou 6000 fr. de ses parents ou de ceux de sa
femme; il a maintenant plus de 60 000 fr. de fortune. A

la vérité, il a toujours travaillé énormément, et économisé comme s'il était pauvre.

Il n'a eu qu'une fille, qu'il a mariée encore fort jeune; il n'a eu que sa femme pour aide, et il louait un domestique à l'année.

Il m'a dit qu'il venait de récolter cent quarante pièces de vin, dont on ne lui offre que 80 fr., tandis que celui de l'année dernière, avait été vendu 125 fr.

Il a récolté cette année, sur un hectare de ses vignes plantées à sa manière, ce qu'on nomme ici plantées en chintre, près de quarante pièces, contenant chacune deux cent quarante-cinq litres de vin.

M. le Maître, l'adjoint de la commune de Chissay, qui plante ses vignes selon la même méthode, m'a dit qu'on récolte ainsi au moins autant de vin que dans l'ancien système; on n'a que le quart de dépense en main-d'œuvre et on évite celle en échalas.

M. le Maître, à qui j'avais conseillé d'essayer du guano, m'a dit qu'il en avait été très-content, et qu'il venait d'en faire venir mille kilogrammes; il a ajouté qu'une dizaine d'habitants des environs, en avaient aussi fait venir.

Je lui ai aussi conseillé d'essayer des chiffons de laine, comme fumure des terres ainsi que des vignes il m'a dit qu'il allait le faire.

Un tonnelier de Saint-Georges, commune voisine, m'a dit qu'il avait récolté sur deux hectares de vignes bien soignées, quarante pièces de vin; dont le premier envoi fait à Paris, lui avait rapporté, tous frais défalqués, 92 fr.; le second envoi, 87 fr. et le troisième envoi 82 fr.; il a gardé six pièces, afin de voir s'il n'y a pas d'avantage à le conserver une année.

Le beau-père de ce tonnelier, excellent cultivateur, n'a récolté que vingt pièces sur cent trente ares; sa vigne se trouve dans un canton, où la pyrale se répand toujours davantage depuis trois ans.

Le port d'une pièce de vin, partant des communes de Chissay ou de Saint-Georges, deux communes séparées par le Cher, dont la station du chemin de fer la plus rapprochée est à Amboise, distance de seize kilomètres, est de 14 fr. pour la rendre à Paris par chemin de fer, il n'est que de 12 fr. en lui faisant faire le trajet par eau, en rejoignant la Loire par le Cher, et la Seine par le canal de Briare, mais le voyage par eau est très-long ce qui est un grand inconvénient.

En me promenant dans la vallée du Cher, entre Saint-Georges et Chenonceau, je vis trois personnes, le mari, la femme, et leur fils unique, arracher des betteraves, longues jaunes d'Allemagne, et les charger dans un petit tombereau attelé d'un petit mulet, je m'approchai de ces braves gens, et leur fis mon compliment, sur leurs belles et bonnes racines, ainsi que sur la grande propreté de leur champ; ils me dirent qu'ils avaient repiqué, ces betteraves après avoir récolté dans le même champ, de la vesce d'hiver, qui devait servir avec les betteraves à nourrir leur mulet et une vache; ce brave homme me fit voir un autre de ses champs, qui portait des navets, venus après du froment; le tombereau plein de betteraves, le sieur Gaudron l'emmena, et je l'accompagnai, après avoir salué sa femme et son fils, en marchant, je le questionnai sur diverses choses, entre autres sur le prix des terres; il me dit, qu'on venait de vendre bien des terres, l'année précédente; les bonnes récoltes de vin, ainsi que les hauts prix auxquels on les avait vendus, a élevé énormément le prix des terres; dans les meilleurs fonds en terre d'alluvion, mais sujettes à être inondées, elles s'étaient vendues jusqu'à 3750 fr. l'hectare; les plus mauvaises composées de sables peu profonds, sur pierrailles calcaires, ne produisant presque rien en culture, mais pouvant se planter en vignes, avaient obtenu un prix de 750 fr.; ces mauvaises terres, une fois transformées en vignes productives, ce qui demandera cinq ou six ans, bien du travail et de l'engrais, se vendront alors aussi cher, que les meilleures terres.

Lorsque nous fûmes arrivés près de sa maison, le sieur Gaudron m'engagea à entrer; pendant qu'il déchargeait son tombereau, je vis avec plaisir que sa cour était fort propre, qu'on avait soigneusement relevé, d'un côté le fumier, et d'un autre la boue; ailleurs, se trouvait un chaumier; la moitié de la cour avait été transformée en un petit jardin entouré de treilles; il s'y trouvait des légumes; sous ses deux croisées, fleurissaient de belles touffes de chrysanthèmes; la chambre et les meubles, étaient très-propres; le cellier contenait trente et quelques pièces de vin, qu'il ne vendait pas, n'en ayant pu trouver que 70 fr., et espérant un meilleur prix l'année suivante. Il m'a dit que l'année dernière, ses deux hectares de vignes lui avaient donné quarante et une pièces de vin, vendues 102 fr., ce qui forme la somme de 4182 fr.

Le sieur Gaudron sème chaque année, un hectare en froment, ou en seigle; il m'a dit qu'il avait été le premier dans sa commune, à planter des betteraves en plein champ.

Son mulet conduit quatre pièces de vin à la station du chemin de fer; il laboure tout seul, avec une petite charrue, même ses bonnes terres d'alluvion.

Il m'a dit que les inondations de deux années de suite, lui avaient occasionné de grandes pertes, en proportion de sa petite fortune; son froment avait été détruit; il l'avait remplacé par des pommes de terre; une seconde inondation dans la même année, les avait fait pourrir.

Ce brave homme m'a dit encore, qu'il pensait marier son fils à une cousine, fille unique et que ce jeune ménage ne serait pas à plaindre ; cela m'a rappelé, que j'avais déjà remarqué que les habitants aisés des bords du Cher, n'ont la plupart qu'un enfant, et j'ai ouï dire par plusieurs personnes qui habitent la vallée de la Loire, qu'il en était de même de leur côté ; ces paysans se sont mis à imiter ce qui se fait maintenant trop souvent, chez bien des habitants riches des villes, de s'en tenir à un, ou au plus, à deux enfants.

Étant revenu à Paris, j'ai visité vers la fin de novembre, M. Germain lorrain comme moi, et ancien major de cavalerie, attaché fort longtemps aux remontes de l'armée ; s'étant fixé à Beauvais, il s'est ennuyé bientôt de ne pouvoir employer son activité ; il a donc acheté, à environ, deux kilomètres de la ville et sur les bords du Therin, des prés tourbeux et des plantations de peupliers et autres bois blancs, dont on avait garni ces marais pour en tirer quelque parti ; M. Germain est parvenu petit à petit, à être propriétaire d'une vingtaine d'hectares, qui lui ont coûté à peu près 40 000 fr.

Il a arraché les bois et cultive avec l'intention de faire plus tard des prés ; il cherche à niveler ses défrichements, qui sont ordinairement formés en planches bombées lorsqu'on les plante en bois ; ses attelages sont occupés à amener de la ville toutes les bonnes terres et les débris de démolition, qu'il peut se procurer.

Il s'est construit un chalet qui lui a coûté 5 000 fr. en n'estimant ni les bois qu'il a trouvés chez lui, ni les charrois faits par ses chevaux au nombre de dix, y compris les poulains.

M. Germain passe à peu près toute la journée dans sa propriété, qui l'intéresse d'autant plus, qu'il l'a complétement transformée par ses travaux améliorateurs.

Il a une dizaine de vaches laitières, dont il envoie le lait en ville; son troupeau de bêtes à laine, contient une centaine de bêtes; tout ce bétail, sans oublier les cochons qu'il élève, lui donne une quantité considérable de bon fumier, auquel il en ajoute beaucoup d'autre qu'il achète en ville; il finira par faire d'excellents prés, en les couvrant de bonne terre et d'engrais et en les drainant, ce qu'il est en train de faire.

M. Germain est devenu un zélé et intelligent cultivateur, et le grand exercice que cela lui fait faire, convient parfaitement à sa santé.

Je me suis rendu après cette visite, au château de Frocourt à six kilomètres de l'autre côté de Beauvais, chez M. Gibert, l'ancien receveur général de l'Oise, mon beau-frère; ne l'ayant point trouvé chez lui, je n'y suis resté que vingt-quatre heures, afin de visiter sa grande et très-bonne culture.

M. de Longueval, son régisseur, est du département du Nord; il dirige fort bien cette culture qui s'étend sur environ cent quatre-vingts hectares, composés en grande partie, de bonnes terres.

M. Gibert a été le premier à essayer le drainage, dans ce département; il est entré résolûment, dans ce genre d'améliorations, comme dans tous les autres.

On suit chez lui l'assolement quadriennal; il a monté une distillerie, qui est mise en mouvement par une machine à vapeur de la force de dix chevaux; la vapeur sert aussi la machine à battre, le hache-paille, un cylindre qui sert à enlever la poussière, des balles et des fourrages coupés.

M. Gibert a un excellent comptable, et la tenue de ses livres, lui permet de savoir s'il y a avantage à tenir des vaches, des bêtes à laine, ou des cochons.

Ici, le compte des vingt-quatre vaches Cotentines dont

le lait est vendu 10 centimes, est en perte ; je pense que la principale cause de ce déficit est, qu'on croit ne devoir leur allouer qu'une nourriture, dont la valeur ne doit pas dépasser 40 centimes par vingt-quatre heures ; les bœufs de travail de la sucrerie de Bresle, dépensent 1 fr. 20 c.; une vache de grande taille, et donnant du lait, mange autant qu'un bœuf de travail ; si elle n'est pas bien nourrie, son lait diminue ; si une bonne laitière abondamment nourrie, ne peut pas payer avec son lait, ce qu'elle mange, son logement, les soins qu'on lui donne, et l'intérêt, à 10 p. %, du capital d'acquisition, c'est que le lait ne peut pas se vendre au prix qu'il coûte ; car le fumier doit rester pour bénéfice ; dans ce cas on ne doit tenir que le nombre de vaches suffisant, pour la consommation de la ferme.

Le troupeau se compose de trois cent quatre-vingts brebis et de leur suite ; il donne du bénéfice ; il est fâcheux qu'il ne soit pas homogène. Les bêtes ne sont pareilles ni en taille, ni en laine ; cela tient à la souche ; je veux dire aux brebis avec lesquelles on a commencé le troupeau ; on les avait prises dans deux espèces, des Mérinos, et des Picardes ; on leur a donné en 1852, des béliers Southdown, choisis dans un des meilleurs troupeaux d'Angleterre, celui de M. Rigden fermier près de Bryghton ; plus tard on leur adjoignit, au lieu de béliers purs Southdown, des croisés Southdown-Mérinos, qui étaient devenus plus grands que leurs pères ; plus tard encore on fit revenir comme la première fois, deux nouveaux béliers Southdown de la race du plus fameux éleveur de cette excellente race, M. Jonas Webb, fermier à Babraham, près Cambridge ; ces béliers avaient été élevés par M. Hutchison, de Peterhead en Écosse, qui avait eu des béliers et des brebis de Jonas Webb.

M. Hutchison ne fait payer ses béliers que 150 à 200 fr.,

ne pouvant pas en trouver des prix aussi élevés, que les meilleurs éleveurs anglais ; car il habite le nord de l'Écosse, où il n'existe pas d'autres troupeaux de bêtes à laine que le sien ; le port des béliers expédiés en France, varie suivant les distances, de 50 à 60 fr.

Je crois qu'un cultivateur, qui voudrait former un bon troupeau de bêtes croisées, devrait s'il cultive bien et s'il a des terres fertiles, choisir dans des troupeaux Métis-mérinos, les brebis les moins hautes sur jambes, et les plus larges de poitrine, leur donner un bélier Cotswold, acheté dans les environs de l'École d'agriculture située près la ville de Cirencester ; il le payera dans les prix de 200 fr. On en vend même dans ce pays, qui dépassent 1000 fr. ; notre éleveur donnera aux brebis, provenant de ce croisement, des béliers Southdown, qu'il pourra acheter dans les ventes publiques de Grand-Jouan près Nantes, dans celles d'Alfort près Paris, dans celles de Fouilleuse près Saint-Cloud ; il pourra encore s'en procurer, à l'amiable dans la ferme, impériale, comme la précédente, de Vincennes, ou chez le comte de Pourtalès près de Dourdan ; et chez M. de Béhagne, au château de Dampierre près Gien (Loiret). Si notre éleveur ne craignait pas trop la dépense, il pourrait faire mieux encore ; il ferait venir des environs de Stafford, une couple de béliers de la belle et forte race de Shropshire, à figure et pattes noires ; elle donne plus de viande et plus de laine que les Southdown, et on l'a dit aussi, plus rustique ; mais il faut y mettre au moins 200 fr. ; on en vend jusqu'au prix de 1000 fr., car elle est devenue très à la mode.

M. Holland, grand propriétaire au château de Humbleton, près de la station d'Ashclursh qui n'est pas fort loin de la ville de Glocester, en a un fort beau troupeau ; M. Bird (Sampson) fermier demeurant à deux milles de la ville de Stafford, en a de plus beaux encore ;

mais ils dépassent de beaucoup les prix de ceux de M. Holland.

Le régisseur de M. Gibert a vendu, à 26 fr. la pièce au mois de juillet l'an dernier, les agneaux mâles venus en décembre.

Mon beau-frère a des oies de Toulouse de la plus grande espèce ; il avait fait venir des œufs dont plus de la moitié a manqué ; son régisseur vend la paire de ces oies 35 fr.

Étant retourné à Beauvais, j'ai visité la petite culture du frère Menay, supérieur des frères des écoles chrétiennes. Il a monté un très-beau pensionnat, où il y a place pour quatre cents élèves.

Le frère Menay dirige aussi l'école normale, aux élèves de laquelle cet excellent M. Gossin, donne de si bonnes leçons d'agriculture tant en classe que sur le terrain.

J'ai vu dans la ferme que le frère Menay fait valoir pour l'instruction de ses élèves, de très-beaux cochons des espèces suivantes : du *Prince-Albert,* du duc de Bedford, et du capitaine Gunter. Le frère Menay s'est adressé directement par écrit au prince, au duc, et au capitaine, en les priant de lui faire le cadeau d'une paire de porcelets âgés de deux mois, pour servir à l'instruction agricole de ses élèves ; il a aussi écrit une lettre à M. Jonas Webb pour avoir un bélier et deux brebis Southdown. Ces seigneurs ont tous les trois envoyé les porcelets au frère des écoles chrétiennes ; et le grand fermier a agi aussi en grand seigneur. Il se trouve encore dans cette ferme, des cochons des races Essex et du Yorkshire.

Cette petite culture si bien montée en cochons et en moutons, a aussi des oies de Toulouse et plusieurs des meilleures espèces de volailles, telles que Crève-Cœur, Brahma-Poutra, Cochinchinois, etc., etc. Les amateurs peuvent donc s'adresser au frère Menay, pour se procurer ces belles et bonnes races.

J'y ai vu aussi une vacherie de dix têtes, dont une Hollandaise et une Fribourgeoise.

On m'a dit que les Brahma-Poutra s'élevaient bien plus facilement que les Cochinchinois, et étaient bien meilleurs à manger.

On a été ici, enchanté des résultats de la culture du sorgho de Chine, comme quantité de produits, et qualité de nourriture.

Je me suis rendu de Beauvais à Bresle, qui se trouve à moitié chemin de cette ville à Clermont.

M. Hette, fabricant de sucre et distillateur, est aussi un excellent cultivateur; il s'est formé, en étudiant sous un de nos meilleurs agriculteurs français, M. Decrombecque, maire de la ville de Lens (Pas-de-Calais).

Il a récolté cette année sur deux cents hectares, semés en froment, une moyenne de vingt-huit hectolitres; l'an dernier elle était de trente-deux.

Il a fait deux cent cinquante hectares de betteraves, dont le produit moyen a été de trente-six mille kilogrammes; sa fabrication de sucre et sa distillation s'exerceront sur seize millions de kilogrammes de ces racines, en y comprenant les betteraves achetées, qui lui ont coûté de 21 à 22 fr. les mille kilogrammes, il m'a dit qu'au prix actuel des alcools, il aurait de la perte sur cette partie de sa fabrication.

M. Hette a loué il y a deux ans pour 3000 fr., une ferme avec cinquante hectares formés d'anciennes tourbières; il en a extrait des restants de tourbe, a égalisé le terrain, l'a drainé, et a arraché les bois blancs qui en couvraient une partie; il a semé les parties les plus basses, en prés, et cultive sur le reste des betteraves pour être distillées; elles ont produit à l'hectare trente-trois mille.

kilogrammes, qui lui donnent 3,90 p. %; les betteraves, récoltées dans les bonnes terres calcaires, donnent 4,60 d'alcool rectifié à 90 degrés.

M. Hette pour gagner de la place près de son usine, a transporté dans cette ferme, sa porcherie; elle contient vingt-deux toits, garnis chacun de six porcs, mis à l'engrais. Il y tient aussi cent cinquante jeunes cochons âgés de deux à quatre mois, et a dans sa porcherie près de la ferme, soixante truies et environ deux cents jeunes porcelets.

Ses truies lui donnent deux fois l'an, de sept à neuf petits.

Ses verrats au nombre de huit, sont ainsi que les truies, de diverses races anglaises.

On nourrit cette énorme quantité de cochons, avec une pâtée composée pour un quart de la totalité de la chair des chevaux, qu'on abat à cet effet; et pour les autres trois quarts d'une certaine quantité de tourteaux d'œillette et de tourteaux de colza; de seigle bouilli; de farine d'orge; de son; enfin, de résidus de distillation.

M. Hette a établi un abattoir, pour tuer les chevaux destinés à ses porcs; il les paye en moyenne, de 20 à 22 fr.; l'abattoir a un plancher garni d'asphalte, afin que le sang s'écoule plus facilement dans une citerne, et aussi pour qu'on puisse le tenir plus facilement propre.

Les peaux sont vendues, cette année, de 17 à 18 fr.; les os des jambes, se vendent de 24 à 28 fr. les 100 kilogrammes, aux fabricants de tabletterie. Il emploie les autres os, dans sa fabrique de noir animal.

M. Hette a acheté de hazard, un petit générateur qui lui a coûté 150 fr.; il l'a placé dans la pièce servant à faire la cuisine des cochons; celle-ci se fait dans quatre cuves cerclées en fer; elles contiennent chacune, un serpentin qui y amène la vapeur; dans l'une de ces cuves,

on met les os desquels on a détaché les chairs ; ce qui
en est resté après les os, s'en sépare par la cuisson et
forme avec la moelle et de l'eau, un épais bouillon, qui
sert à l'alimentation des porcelets, au moment où on les
sèvre, ou bien à nourrir les truies qui n'ont pas assez de
lait pour le nombre ou la taille de leurs petits.

La seconde cuve sert à faire cuire les chairs avec des
résidus de distillation.

La troisième contient du seigle qu'on fait bouillir jusqu'à ce qu'il crève. On met des tourteaux d'œillette et de
colza dans la quatrième, et l'on ajoute du contenu de ces
deux dernières, ce qu'il faut pour améliorer la nourriture qui se trouve dans la seconde, suivant l'espèce d'animaux qu'il s'agit de nourrir.

La cuisine des cochons et des truies placée contre la
cour de ferme, est organisée de même ; elle profite de la
vapeur perdue d'une machine à vapeur de la force de dix chevaux, qui fait marcher la machine à battre, le hache-paille,
l'aplatisseur d'avoine, le laveur de racines, la pompe,
enfin une paire de meules, faisant de la farine pour la
ferme, pour les animaux, et pour une partie des ouvriers
de la sucrerie.

Le petit générateur de la ferme des tourbes, est chauffé
avec des escarbilles qu'on sépare des cendres de l'usine,
au moyen d'un cylindre en tôle, percé de petits trous ;
les cendres de charbon de terre, servent de litières.

Il existe près de la ferme des tourbières, deux pièces
d'eau qu'une belle source alimente ; il les a entourées d'un
pré qui servira de pâture aux chevaux devant être abattus.

M. Hette a mis dans une des deux pièces d'eau, pour
500 fr. de sangsues ; elles sont alimentées par le sang
desdits chevaux, qu'on attache de temps en temps dans la
pièce d'eau des sangsues ; on donne au cheval quelque

chose à manger, afin qu'il se tienne tranquille pendant que les sangsues le piquent.

On a essayé dans ces terres tourbeuses, qui ont généralement un mètre de profondeur sur un sous-sol de sable argileux et imperméable, la culture du sorgho à balais, qui y a réussi ; mais ses tiges coriaces, et moins grosses que celles du sorgho à sucre, venu à côté de l'autre, ne conviennent pas trop à la nourriture du bétail, à moins de les couper jeunes.

La moelle des grosses tiges de la seconde espèce, est très-sucrée, quoique venue dans la tourbe qui doit être pleine d'acidité.

M. Hette compte aussi cultiver, dans ses terres tourbeuses, des choux vaches ; je pense que les colzas y viendraient également bien.

La machine à battre, de la ferme de Bresle, a été singulièrement améliorée par M. Hette ; il y a adapté des courroies sans fin, garnies de godets, destinés à ramener les ôtons sous les batteurs ; d'autres godets remontent le froment sortant du premier tarare, dans le second, d'où il est transporté dans un tricur vachon, qui achève de le rendre complétement propre.

Le bétail des six fermes cultivées par M. Hette, se compose de trente-trois chevaux de travail, de deux cents bœufs occupés aux transports aussi bien qu'aux labours, six vaches à lait, et environ trois mille bêtes à laine, qui parquent dans la bonne saison, et qu'on vend aux bouchers, à mesure qu'elles sont assez grasses.

La très-nombreuse porcherie dont j'ai parlé, contribue aussi beaucoup à l'augmentation de la masse des fumiers.

M. Hette a adopté depuis quelques années, la méthode de conserver une bonne partie de ses betteraves, sur un terrain bien égoutté, à côté de la sucrerie ; les racines y sont formées en immenses tas, ayant plus de deux mètres de hauteur ; on y a établi des courants d'air afin d'éviter leur échauffement ; ces tas de racines sont entourés de grands fossés ; les terres extraites de ces fossés soutiennent les côtés des tas de betteraves ; elles restent ainsi exposés à l'air et au froid, sans risquer de souffrir de la gelée ; on ne met qu'un peu de paille longue par-dessus les racines.

Les résidus de distillerie et les pulpes de sucrerie, sont déposés dans un immense silo dans lequel on les amène sur une des voies du chemin de fer, que M. Hette a établi dans les cours de l'usine sur une longueur de six cents mètres, et qui a coûté 2000 fr.

Les divers hangars qu'on a construits dans les fermes, ont coûté 4 fr. 50 c. le mètre en superficie.

Les sarclages à la main, faits après les passages de la houe à cheval, sont donnés à la tâche à raison de 50 à 54 fr. par hectare ; l'arrachage des racines revient à 20 ou 24 fr.

Le maïs américain connu et cultivé fort en grand, dans le nord de l'Allemagne sous le nom de maïs à dents de cheval, a fourni un certain nombre d'épis arrivés à complète maturité, sous le climat de Beauvais, à la vérité par une année très-chaude ; ses tiges avaient trois mètres de hauteur ; cela prouve que si on voulait cultiver cette variété de maïs dans le midi de la France, elle mûrirait tous les ans, et les cultivateurs de ce pays, en fourniraient la graine au reste de la France, et même à l'Allemagne ; elle serait à un prix moins élevé que celle qui arrive tous les ans de l'Amérique du sud, à Hambourg et dans les autres ports allemands. Cette variété de maïs donne bien le double de nourriture verte, des autres espèces.

Il est bien extraordinaire que la culture du maïs pour fourrage vert, soit si répandue en Allemagne et principalement au nord de cette contrée, tandis qu'elle ne soit en usage que dans le midi de la France. Le sorgho de Chine commence à se répandre dans notre pays ; il produit énormément, mais n'est bon à couper en vert, que pour la fin d'août ; il arrive pour remplacer le maïs.

Des affaires m'ayant appelé à Bourges, au commencement de mars 1858, j'eus le temps, en passant à Vierzon, de faire une petite visite à M. Gérard, fabricant de machines à battre, qui demeure tout près de la gare du chemin de fer ; il était absent ; mais Mme Gérard m'a fait voir un nouveau magasin qu'ils viennent de construire ; il est plein de machines, telles, que sept machines à battre de différents modèles et différents prix, de tarares, hache-paille, coupe-racines, etc., etc.

Mme Gérard m'a dit que son mari était allé à Paris, pour livrer plusieurs machines à battre et pour prendre un brevet d'invention, pour un nouveau genre de manége. Ses machines à battre coûtent de 900 fr. à 2500 fr. ; elles sont très-bien soignées, et paraissent fort solides.

M. Gérard était en 1847, un simple ouvrier venu de Lorraine, avec une machine à battre de Hofman, de Nancy, qu'il était chargé de monter près de Romorantin, chez M. Mariotte ; il est resté dans le Berri, d'abord pour raccommoder et améliorer les machines à battre très-imparfaites, qui s'y trouvaient alors ; ensuite il est arrivé peu à peu par son intelligence, son activité et son grand ordre, à être propriétaire de deux maisons, et à employer une trentaine d'ouvriers à fabriquer de bonnes machines, dont il trouve un débit facile.

Lorsqu'il s'est trouvé en état de nourrir une famille, il est allé dans son pays les Vosges, chercher une brave femme, sans fortune, qui dirige bien son établissement, pendant les fréquentes absences, auxquelles ses affaires l'obligent.

En continuant mon voyage, je me suis trouvé pour la

seconde fois avec M. Réaut, qui après avoir été pendant quelques années conducteur de travaux, avait eu ainsi l'occasion de parcourir souvent la Sologne dans ses diverses parties; c'est ainsi qu'il fut amené à prendre l'entreprise de la fourniture de la marne, aux habitants à portée du chemin de fer, entre Orléans et Vierzon; cette entreprise a été la cause première, de l'avantage dont jouit maintenant une partie de la Sologne, d'avoir la marne à prix réduit; il m'a dit qu'il avait écrit une pétition, qui faisait ressortir les grands avantages que la marne à un prix abordable, offrirait aux riverains du chemin de fer; après avoir marné leurs terres, ils pourraient cultiver avec succès, le froment et le trèfle.

Il avait colporté cette pétition dans la plupart des communes avoisinant cette ligne; il avait pu réunir ainsi plusieurs milliers de signatures, qui ont attiré l'attention de l'Empereur sur le bien qui en résulterait pour ce pays; cela avait amené un arrangement pour sept années, qui permet à la société d'Orléans de transporter, à peu près sans bénéfice, la marne aux différentes stations qui se trouvent entre ces deux villes.

M. Réaut a ajouté, que cinq années de cet arrangement étaient déjà écoulées, et qu'on avait vendu pendant ce temps, une moyenne de vingt-cinq à trente mille mètres de marne, chaque année.

On remarque effectivement en traversant la Sologne en chemin de fer, qu'on marne beaucoup, et l'on aperçoit fréquemment des champs de froment ou de trèfle, ce qui ne se voyait pas il y a quelques années.

M. Réaut m'a dit, que si l'arrangement qui met le chemin d'Orléans en état de fournir la marne à prix réduit n'était pas continué, il s'occuperait de former une société, qui établirait des fours à chaux, dans les carrières à pierres à chaux grasse, les plus rapprochées dudit

chemin de fer; il était persuadé, que cette société pourrait livrer la chaux à des prix qui permettraient de
chauler, à raison de cent hectolitres par hectare, à meilleur marché, que le marnage à raison de cinquante mètres
cubes par hectare ; voici le calcul fait par M. Réaut :
M. de Gomigny, me dit-il, paye les cinquante mètres de
marne, pris à la station 125 fr., il paye pour les transporter à une lieue, à raison de 2 fr. 50 c. le mètre encore 125 fr. ; ainsi pour le marnage complet à raison de
cinquante mètres, cela coûte 250 fr. ; l'hectolitre de
chaux peut se faire à 75 centimes dans une carrière pas
trop éloignée de la Loire ou du Cher, deux rivières qui
transportent le charbon ou anthracite, de manière à ce
qu'ils ne coûtent pas trop cher ; mettons à 1 fr. l'hectolitre de chaux, transporté à une des stations dudit chemin
de fer ; si l'on trouve qu'on porte son prix trop bas mettons même 1 fr. 50 c. ; cent hectolitres de chaux, soit dix
mètres cubes à transporter à une lieue, à raison de 2 fr.
50 c. le mètre, cela fait 25 fr. de port pour les cent hectolitres de chaux ; elle a coûté 150 fr., c'est donc un
prix total de 175 fr. pour le chaulage, contre 250 fr.
pour le marnage ; le bénéfice ou pour mieux dire l'économie, serait bien plus grande, s'il y avait une distance
plus grande à parcourir.

M. Réaut blâmait l'exécution du grand canal de la Sologne ; il a coûté bien de l'argent pour les cinq lieues
qui sont au moment d'être achevées ; il croit qu'on
l'amènera jusqu'au chemin de fer, mais qu'il n'ira pas
plus loin.

M. Réaut m'a dit encore, qu'il avait présenté au ministère de l'agriculture, un mémoire ou projet, au moyen
duquel on pourrait marner toute la Sologne, dit-il, avec
moins d'argent qu'il n'en faudra pour achever ledit canal
jusqu'au chemin de fer. Il s'agirait d'après lui, d'établir

de petits chemins de fer portatifs, à partir de tous les points en Sologne, où la marne existe en assez grande abondance, pour marner tout le rayon environnant ; M. Réaut assure, lui qui connaît fort bien toutes les parties de la Sologne, qu'il y a des marnières, partout dans ce pays, à moins de vingt kilomètres les unes des autres ; par conséquent, toutes les terres de la Sologne peuvent être marnées et, par là être rendues fertiles, en allant chercher la marne au plus à dix kilomètres de distance de chacune des marnières. M. Réaut dit que pour faire des chemins destinés à être changés de place, selon le besoin, il n'y a qu'à faire un fossé le long de la ligne qu'il doit suivre ; les terres qui en proviendront, serviront, étant transportées par les wagons, dans les lieux qui auront besoin d'être ramenés à un niveau convenable ; il assure que 5 fr. par mètre courant, seraient plus que suffisants pour établir ces chemins de fer provisoires ; ils rendraient de bien grands services. Ayant dit adieu à M. Réaut, dont la conversation m'avait fort intéressé, je me suis arrêté à la station de Salbris, pour faire une visite à M. le comte de Gomigny, que je n'ai pas trouvé ; il est au moment de terminer le marnage de cent vingt hectares composant deux fermes, qu'il a louées 20 fr. l'hectare, à un M. venu du Limousin pour se fixer près de Salbris ; il y a acheté une belle ferme, entourée de quatre hectares, pour 10 000 fr., quoiqu'elle eût coûté à celui qui venait de la faire construire, plus de 30 000 fr. ; pour le payement, les fonds lui avaient manqué ; il s'est donc trouvé exproprié.

Le comte s'est engagé à marner les cent vingt hectares à raison de quarante mètres l'hectare ; il prend la marne à la station du chemin de fer à Salbris, où elle se paye 2 fr. 50 c. le mètre, et il lui en coûte 2 fr. par mètre cube pour la transporter sur les champs de ces deux fermes, qui sont les plus rapprochés de la station ; ainsi M. de Gomigny dépense 180 fr. par hectare pour un loyer de 20 fr. ou enfin 21 600 fr. pour marner cent vingt hectares qui sont loués pour neuf années, 2 400 fr.

Il a mis des métayers du pays dans ses quatre autres fermes, construites aussi nouvellement ; elles lui ont coûté les unes dans les autres 11 000 fr., en y employant tous les matériaux encore convenables des anciennes fermes.

M. de Gomigny marne les soixante hectares de chacune de ces quatre fermes, à raison de cinquante mètres par hectare ; cela lui coûte, à cause du plus grand éloignement des terres, de la station, 5 fr. par mètre de marne, ou 15 000 fr. par métairie et, pour les quatre.   60 000 f.

Pour les deux fermes louées au distillateur.   21 600

Enfin pour la construction des six nouvelles fermes. 66 000

Total. . . . . 147 600 f.

dépense totale des constructions et marnages pour les six fermes ; si les métayers peuvent lui donner à peu près le même loyer que le distillateur, en n'estimant pas la valeur de ses pauvres sables, il aura près de 5 p. %, c'est-à-dire 7 200 fr. de rente au lieu de 7 500 fr.

Si nous comptons le loyer de ces mauvais sables à 5 fr., ce qui me paraît trop cher, l'intérêt des 150 000 fr. dépensés à bâtir les six fermes neuves, et à marner les trois cent soixante hectares serait encore de $3\frac{3}{4}$ p. %.

Le comte de Gomigny, en achetant la terre de Salbris qui se compose de mille cinq cents hectares, dans lesquels il n'y avait pas cent quarante hectares de bois, a ôté à ses six fermes solognotes, qui couvraient une étendue d'environ mille trois cent soixante hectares, mille hectares qu'il a plantés ou semés en bois. Ces bois n'étant au plus qu'à une lieue d'une station du chemin de fer et à quarante-quatre lieues de Paris, donneront, en moins de vingt ans, un grand revenu.

J'ai fait ensuite une visite à M. Nouel Lecomte, neveu de feu M. Malingié ; ce jeune homme est un remarquable fermier qui cultive la ferme de l'Isle, commune de Saint-Denis-en-Val, à six kilomètres d'Orléans ; il m'a fait voir six hectares de colzas d'une beauté extraordinaire ; ils ont été cultivés à la manière flamande ; sa ferme n'est que de cent huit hectares, dont moitié en fort bonnes terres, et le reste en sables de Sologne. Il a là-dessus, 30 hectares de beaux froments, 2 de seigle pour récolter, 3 d'avoine d'hiver, et autant de printemps, 2 en navettes d'hiver ainsi que 2 en seigle-fourrage, (ces 4 hectares seront consommés vers le 10 ou le 15 mai) ; 2 hectares de trèfle incarnat hâtif, qui iront jusqu'au 15 juin ; 2 autres d'incarnat tardif allant jusqu'au 15 juillet ; alors 2 hectares de maïs-fourrage commenceront à donner et iront jusqu'au 10 ou 15 septembre ; à cette époque on entamera le sorgho de Chine, semé sur 4 hectares, qui nourriront tout son bétail jusqu'au 15 novembre, en le coupant au fur et à mesure et même une quinzaine après de fortes gelées. Ce bétail se compose de onze chevaux, de quatre-vingts à cent vaches à l'engrais, et trois cents bêtes à laine ; mais, comme il vient d'acheter des brebis Berrichonnes, auxquelles il va donner des béliers Charmoises, il n'engraissera plus que soixante à soixante-dix vaches et augmentera son troupeau.

Il n'achète que de fortes vaches, qui lui coûtent maintenant de 220 à 300 fr. par tête, suivant leur poids et l'état où elles sont. Elles sont vendues aux bouchers d'Orléans au poids net ; cela vaut maintenant 1 fr. 35 c. le kilogramme ; il envoie toujours quelqu'un de confiance, pour vérifier le poids net de la bête.

Ses étables ayant été construites en partie le long des

murs qui entourent une vaste cour, se trouvent éloignées l'une de l'autre ; il a donc été forcé d'établir deux manéges à un cheval, pour faire tourner ses deux coupe-racines, et ses deux hache-paille, qui servent à couper tous les fourrages verts et secs ; ces manéges font encore tourner un aplatisseur d'avoine et un concasseur de tourteaux ; la ration des tourteaux de colza est d'un kilogramme et demi par tête ; il donne douze litres de drêche, vingt kilogrammes de betteraves et des balles de grains, ou de la paille hachée ; lorsqu'on donne du fourrage vert, on n'ajoute point de tourteaux.

M. Nouel a fait construire dans la cour de la ferme, une citerne à purin en briques et ciment ; elle n'est pas couverte ; il a fait poser deux briques en forme de V le long des murs extérieurs de ses vacheries, pour que les urines puissent se rendre dans la purinière ; il les conduit dans des tonneaux montés sur des roues à larges jantes, sur les prairies artificielles.

Ses étables sont planchéiées, il se sert pour litière, de sable gras pris sur les bords de la Loire, qui est peu éloignée de la ferme.

Un petit cheval fait tourner les deux petits manéges l'un après l'autre, il suffit à couper tous les fourrages, à écraser toute l'avoine et les tourteaux consommés dans la ferme.

Les coupe-racines et l'aplatisseur d'avoine, sont faits à Orléans. Les premiers coûtent 180 fr. chacun, et on coupe avec un d'eux, mille kilogrammes de racines par heure.

Ce sont les quatre vachers qui préparent eux-mêmes, toute la nourriture qu'on fait fermenter.

M. Nouel sème seize hectares d'un mélange composé de vesces, pois, gesces, seigle, orge et avoine d'hiver, pour nourriture sèche ; ce mélange de diverses plantes a le double avantage, de plaire davantage aux bêtes, et de mieux réussir, car si une partie des plantes souffre des rigueurs de l'hiver, les autres, qui ont mieux résisté, prennent leur place.

Il mélange à ses trèfles, un peu de ray-grass d'Italie.

M. Nouel a aussi des luzernes.

Ses chevaux reçoivent, lorsqu'ils sont au vert, six litres d'avoine aplatie, qui remplissent un décalitre ; ainsi préparée, elle est parfaitement digérée, ce qui n'arriverait pas, si elle était donnée entière, surtout lorsque les chevaux sont nourris avec du vert. En hiver, il ne leur donne point d'avoine ; elle est remplacée par un demi-hectolitre de carottes, pesant à peu près vingt-cinq kilogrammes et vingt litres de drêche ; ils sont en très-bon état, tout en travaillant très-fort.

M. Nouel sème une partie du sorgho de Chine, sur le champ de navettes d'hiver qui viennent d'être consommées en vert ; l'autre partie est semée après le seigle-fourrage et le trèfle incarnat hâtif ; il est essentiel pour cette plante, ainsi que pour le maïs, de fumer fortement, et de ne pas semer, tant que le froid est encore à craindre.

Cet excellent agriculteur, fume toutes ses récoltes excepté les céréales, à raison de soixante mille kilogrammes de fumier de bêtes à l'engrais, ou avec quatre ou cinq mille kilogrammes de laine provenant, de deux manufactures de couvertures ; ou bien avec d'autres engrais que le voisinage de la ville, lui permet de se procurer à bon marché.

M. Nouel vient de passer avec M. Vial distillateur à Orléans un marché, par lequel il s'est engagé à lui rendre à la ville, le produit de dix hectares de topinambours, et d'autant d'hectares de betteraves ; cela lui permettra de ramener les engrais par retour des voitures.

En me rendant de l'Isle à Orléans, ayant aperçu dans

un grand enclos touchant une maison de campagne, de très-beaux colzas; mon cocher me dit que la personne à qui cette maison appartenait, cultivait fort bien et engraissait des bœufs; je descendis pour voir cette étable, dont les propriétaires passent l'hiver en ville; et voici ce que j'appris de l'homme qui conduit cette petite culture, dirigée par le maître.

L'enclos s'étend sur quinze hectares; on engraisse en hiver une cinquantaine de fortes vaches, et en été, une trentaine; on remplace à mesure celles qui sont enlevées par les bouchers.

On achète tous les résidus de la distillerie de M. Vial et une quantité considérable de drêche, qui est conservée dans des tonneaux défoncés, on la recouvre avec du sable de rivière, afin qu'elle ne s'altère pas.

La nourriture est fermentée et se compose pour chaque bête, de deux kilogrammes de tourteaux de colza, de quinze litres de drêche, de quatre à cinq kilogrammes de balles de colzas ou de froment, le tout, humecté de résidus; on donne de quarante à quarante-cinq kilogrammes de ce mélange par tête, suivant le poids de l'animal.

L'assolement est froment, et colza; il y a une luzernière. Le maître valet de cette petite culture modèle, m'a dit que les cultivateurs voisins suivaient ce bon exemple; effectivement, cette partie du val de la Loire, est bien cultivée.

TABLE DES MATIÈRES.

PAGES.

croisé Southdown, 40 vaches Cotentines et taureau Durham, 12 truies Anglaises. — Leçons d'agriculture de M. Gossin à Beauvais. Institut des frères de la doctrine chrétienne, leur culture et bétail de choix. Cochons des meilleures races Anglaises, volailles choisies. Culture du marquis de Selve, marais desséchés, taches de terres salées improductives, emplois de guano, instruments perfectionnés. Variétés de céréales plus productives.

20 Culture au château de la Motte-Beuvron, M. Laverge, chef de culture, partisan du drainage, du marnage; chaulages moins dispendieux, fabrication économique de la chaux. Roue hydraulique pour une machine à battre. Le comte de Gomigny au château de Salbris, grands semis de bois, M. Paul Malingié, pommes de terre Chardon.

MM. Massé, Charles Malingié, Poisson, conversations agricoles intéressantes en chemin pour le Concours régional de Châteauroux. Pleuro-pneumonie et inoculation ; remède contre le sang de rate des bêtes à laine. Durham de M. Salvat, de M. Tachard, du marquis de Vogué. Southdown de MM. de Behague, de Bondy, Lejeune et Masquellier. Cochons de M. Pavy. Belle exposition de machines agricoles. Visites de quelques cultivateurs de ces environs. Terre du baron de Larochefoucault.

30 M. Saulnier, régisseur, bonne culture, troupeau croisé Kent et Berri. Emplois du guano. M. Daveluy, ferme-école, 40 hectolitres de topinambours. Terre de la Brosse, M. Lejeune, troupeau de 1100 têtes, de croisés Southdown et Berri. Culture de M. Laveaux, distillerie de betteraves, grands drainages et grands marnages. M. Durand, de Lançon, ses grands défrichements de bruyères, fort belles avoines d'hiver. Défrichement fait avec des bœufs, plus cher que celui fait avec des chevaux.

M. Brisset, pâturage dans les bois. La Quézardière, culture de M. Duquesnoy près Saint-Aignan. Distillerie de pommes de terre, datant de seize ans. Choux vaches. MM. Thomassin venus de la Normandie, défrichent beaucoup de bruyères avec du noir animal. Adresses pour avoir du véritable guano du Pérou.

Visité MM. Fournier près Écueillé, M. de Sainteville leur voisin, a défriché comme eux énormément de bruyères.

40 M. Lebigre un autre voisin venu comme les premiers des en-

virons de Paris, cultive aussi en grand. Grande culture belge dans la terre d'Argy. Comptabilité en partie double. Fabrication de chaux sans four.

M. Crombez, propriétaire de 5800 hectares, terre de Lancôsme, deux forges, semis de bois, desséchements de nombreux étangs, diminution de l'étendue des fermes, au nombre de trente-six. Irrigations. Fermier belge.

Terre de Sainte-Thérèse, 800 hectares, très-belle basse-cour, ferme très-bien montée en instruments perfectionnés. Transformation de grands étangs en prés. Ville de Mézières-en-Brennes, énormes étangs desséchés, mis en prés ou cultivés.

50 Le comte de Basterot au château de la Choletière, M. d'Alméno la cultive à merveille, bonne comptabilité. Rouleau Croskyll. Bonnes variétés de froments et de maïs. Drainage. Trappe de Fontgombaut, colonie agricole, 180 jeunes colons. Inondation, digue pour l'éviter. Défoncement à 14 pouces, superbes récoltes.

Le comte de Poix, terre de Bénavant, excellente culture, irrigations au moyen de turbines, fumure de guano, béliers Southdown, chevaux de pur sang, beaux poulains, marnage très-coûteux, plantation de vignes pour être cultivée à la charrue. Château de Ruffec près du Blanc, M. René Bethmont, fils du célèbre avocat, cultive quatre grandes fermes. Grands défrichements de bruyères, détails de drainage, fabrique de tuyaux, chaulage, four à chaux, détail du prix de revient de l'anthracite. Compost de chaux et terre. Noir animal, 15 hectares en récoltes sarclées. Château de la Barre au comte de Bondy, vallée de la Creuse.

60 M. Favret régisseur cultive quatre fermes et a 10 métayers. Tuilerie, tuyaux de drainage, construction de routes et chemins de culture, nombreux fours à chaux à Chabenet. M. Mauduit cultivateur berrichon très-progressif et expéditif. Visites à plusieurs agriculteurs, MM. Pomeroux, de Montlevic, comte de Mausabré, sables convenables à la culture des lupins blancs et jaunes, grand drainage de prés. Culture par métayers de M. Valette fort bien dirigée et profitable, 5000 fr. nets au lieu d'un bail de 2000 fr., et la propriété s'améliore au lieu de se détériorer. Fours à chaux à Ambrault, elle se vend 95 c. l'hectolitre.

M. Juqueau, lauréat de la prime d'honneur de l'Indre. Beau

troupeau croisé, de béliers d'Alfort avec Berri, vignes bien soignées.

70 Château de la Ferté-Reuilly, deux fermiers belges, très-bonne culture, belles récoltes en céréales, trèfles et luzernes, en lin, colzas et racines. Beau bétail, vaches Hollandaises, loyer plus que doublé par ces fermiers belges. Les deux cultures de MM. Durand près Lignières, beau bétail croisé Durham, drainage, chaulage, guano. Nourriture à l'étable, instruments perfectionnés. Lupins, vignes cultivées à la charrue, et séparées par des céréales. Verger bien établi, pruniers d'Agen, mélanges de plantes fourrages.

M. Auclerc excellent cultivateur berrichon et grand propriétaire. Superbe bétail Durham, ses nombreux métayers croisent Durham. M. Auclerc vend des Durham pur sang. Le revenu des dix métairies de M. Auclerc, s'est quadruplé en trente-cinq ans.

Ferme de Verrières, M. Charles Malingié, beau troupeau Charmoise de 700 têtes, bonnes terres calcaires brûlées par l'excessive sécheresse.

80 Forges de Mazières près Bourges, construites par le marquis de Vogué, qui y cultive une ferme ; bêtes à laine Southdown et Chéviot de pure race. Vaches Ayrshire, rouleau Croskyll. Superbe château de Laverdine, construit par M. Lalouel de Sourdeval le père ; terres des plus fertiles ainsi que prés et herbages, beaux bois, sucrerie et distillerie de betteraves, 150 hectares de ces racines, fermage de 70 fr. Bélier Cotswold avec brebis du Berri, très-beaux produits, vendus à quatorze mois 35 fr. la pièce. Le fumier reste un mois sous le bétail, vacherie Charollaise et aussi Bretonne ; on fait ici d'excellent fromage façon Camambert. Tout le fourrage passe par le hache-paille. Fabrique de tuyaux. M. Choumery maître de poste à la Charité. Culture de 480 hectares, très-belle bouverie nouvellement construite. Très-grande et belle sucrerie de Blangy, près Nevers.

Culture de M. Massé à Marteau, très-belle vacherie Charollaise, four à chaux, dont l'hectolitre coûte 75 c., chaulages de 200, 250 et même 300 hectolitres à l'hectare. Terre de Loroy à M. Lupin, il cultive six grandes fermes, croisement Durham, béliers Dishley et béliers Southdown. Verrats et truies de races Anglaises. Terre de la Jouanne à M. Goëtz, prés faits dans des sables maigres, brûlés par la sécheresse.

90 M. de Béhague, château de Dampierre, semis de 800 hectares
de bois, tuilerie et fabrique de tuyaux, on les vend 15 fr. le
mille. Four à chaux. Bonne manière de faire cultiver par
domestiques. Troupeau Southdown, et bêtes à cornes Durham de pur sang. Cochons New-Leicester. Culture en grand
de lupins jaunes. Grandes irrigations, et grands drainages.

Château de Chenailles à M. Bobé, superbe troupeau Mérinos ;
énorme et excellente culture. Bois immenses semés par
M. Bobé le père et M. son fils, à partir de l'année 1800.
Ferme de l'Isle près Orléans, cultivée d'une manière très-
remarquable par M. Nouel, 5 hectares de sorgho sucré,
énorme et excellent fourrage. Grande culture de récoltes
sarclées très-fortement fumées. Engraissement de bêtes à
cornes bien entendu et fort en grand, beau troupeau Charmoise. Nourriture préparée après avoir été passée au hache-
paille. Fumure avec des déchets de laine, du guano, râpures
d'os et de cornes. Grande ferme des Hubeaudières en pleine
Sologne, cultivée par M. Ménard avec trente ans de bail.
Fabrique d'excellents fromages, 40 vaches castrées. Création
de prés, drainages, arrosages de purin, et guano, destruction
des récoltes par le gibier gros ou petit, et par suite, procès ;
formation de clôtures contre les lapins. Procès gagné par
le fermier. Levier pour arracher les jeunes pins. Fanage
perfectionné. Lait de Beuvones. Défoncement de la terre.
Construction en pisé.

100 M. Gustave Salvat, vente de son bétail croisé Durham. Château
de Nozieux à M. Adolphe Salvat, terre de 6000 fr. l'hectare
louée 200 fr., inondations, récoltes dérobées, magnifique
vacherie Durham de pur sang. Ferme de la Maison-Rouge
cultivée par M. Laburte, excellentes terres d'alluvion, sujettes aux inondations.

Ferme de la Bâsme cultivée par un belge qui est à moitié et
très-bien conduite. Froment pour les sables. Culture d'un
curé.

Château du Roger, M. Févet, grande distillerie de grains, belle
culture de vignes, étable de 100 bêtes à cornes à l'engrais,
prend les bœufs en pension. Arrosements au purin. Topinambours et leur produit. M. de Mézillac à Pont-le-Voy.
Orge chevalier, plantation des pommes de terre avant l'hiver.

Ferme-école de la Charmoise, M. Paul Malingié, superbe
troupeau, pommes de terre Chardon.

110 Château de Montchemin à M. Allibert, bonne culture, adresse
d'un bon éleveur de Southdown en Écosse, pour avoir des
béliers à bon marché.

Colonie agricole et pénitencière de Mettray, M. Demetz fondateur, M. Minangoin directeur de la culture. Fabrique
d'instruments aratoires. Betteraves élevées sur couche et
repiquées. 700 colons dont M. le Directeur est fort content;
le chant de 300 de ces colons est réellement beau. On peut
en s'adressant à M. Demetz, obtenir une vingtaine de colons
avec leur instituteur, à condition de les loger, nourrir, et de
fournir une somme de 500 fr. pour appointements de l'instituteur, M. Demetz s'engagerait à fournir pour 600 fr. tout
l'attirail de leur mobilier. L'hospice des enfants trouvés de
Paris dans lequel on pourrait choisir les 20 enfants, payerait
70 c. par jour et par enfant, cet arrangement pourrait convenir à des cultivateurs manquant de bras pour les sarclages.
Visite à M. Trousseau fermier au château Duplessis près
Mettray. Grande et bonne culture, bonnes espèces de froments. Culture anglaise du ray-grass d'Italie. Instruments
servant à peler les chaumes. Le colza consommé en vert
active la lutte des brebis. Culture de la Bellangerie, M. Brochard régisseur. 90 bœufs à l'engrais, superbe étable, litière
de tuf en miettes. Tourteaux de colza bouillis excellents
pour la production du lait.

120 Superbe château de l'Orfrasière à M. Manuel, M. Hingot régisseur belge. Grande distillerie de betteraves. Fabrique de
tuyaux, grand troupeau Southdown, vacherie Durham de
pur sang. Semoir à engrais liquides de Chandler. Filet pour
parquer les moutons, ses grands inconvénients, 80 colons
de Mettray loués à M. Manuel. Ferme de Girardet à
M. Pavy, porcherie hors ligne. Prix des porcelets, nourriture économique des truies. Troupeau Southdown. Instruments de culture anglais. Juments et poulains de pur sang.
Arrivé au Lude chez M. Destrichet, il a desséché et irrigué
des prés marécageux, établi une noria pour élever l'eau,
belles récoltes sarclées dans de mauvais sables, après fumure de guano. Beau bétail croisé Durham. Il a machine à
faner, râteau à cheval, hache-paille, charrues américaines.
Magnifique château du comte de Talhouet, de beaux Durham ; anciens prés irrigués, on a voulu en faire de nouveaux
sur de mauvais sables, sans les fumer, comptant sur l'irri-

gation, mais ils sont manqués, formation de prés en campine.

130 M. le comte de la Pouaze excellent cultivateur et administrateur, 1 250 hectares cultivés par lui, ou transformés en métairies de 30 à 40 hectares, au lieu de fermes de 60 à 80. Ces cultures sont dirigées par le comte. Assolements en terres fertiles et en terres maigres. Emploi considérable de chaux, 40 hectolitres tous les deux ans et de très-bons résultats, même dans les sables. Prés cendrés. Conseils aux propriétaires de terres en pays où la culture est arriérée, d'aller visiter MM. de la Pouaze et de Tracy, pour étudier leurs excellentes cultures et manières d'administrer. Prix des bonnes terres d'alluvion sur les bords du Loir, et leur produit étant bien cultivées.

Culture de M. de Sainte-Marie, inspecteur général d'agriculture. Vacherie Durham remarquable. Porcherie de même. Boxes pour chevaux, vaches et veaux. M. Ulbissain chef de culture. Beaux croisements Durham-Bretons.

140 Culture remarquable du vicomte de Charnacé, le lauréat du Concours régional du Mans. Très-belle étable de croisés Durham. Drainages. Irrigation. Défoncement et arrachage de pierres. Laiterie à visiter, vases en zinc. Grand emploi de chaux dans les terres, son prix élevé, sa fabrication économique sans fours. Bonne culture des fermiers voisins. Visite au comte du Buat, très-bon cultivateur et éleveur de Durham ; il vend des taureaux à des fermiers du pays, à plus de 2000 fr. la pièce. Étable modèle. Bélier et brebis Dishley. Cochons anglais. Excellents bœufs de labour, détestables pour l'engrais. Pétrin mécanique. Ferme-école du Camp. M. Chrétien directeur. Vacherie Durham propriété du Gouvernement. Machine à moissonner de Dray. Grand nombre de bons régisseurs élèves de cette ferme-école.

150 M. Guichard cultivateur voisin. Beau bétail croisé Durham. Bœufs croisés Durham bons travailleurs. Chaux vendue à 1 fr. 50 c. l'hectolitre, elle coûte au fabricant au plus le tiers de ce prix. Visité la culture de M. Bary, près la Ferté-Bernard, ensuite celle du maître de poste M. Girard. Belle ferme nouvellement construite. Herbages engraissant 200 bêtes à cornes par an et nourrissant 20 grands poulains. Culture de M. du Grip, il a changé par le drainage, de

grandes pâtures marécageuses en bons prés. Drainage très-difficile et remarquable, par M. Harel draineur et irrigateur du département de la Sarthe.

Concours de l'Association agricole des cinq départements de la Normandie, à Alençon, présidé par M. de Caumont. Visite faite par un grand nombre de messieurs au comte de Seraincourt. Il nourrit dix espèces de bêtes à cornes achetées au Concours agricole de Paris en 1856, le nombre de ces bêtes s'élève au chiffre de 180. Le parc du comte contient un haras de 40 chevaux.

160 Juments ou poulains de pur sang. Visité la culture de M. Pichon-Premelé, près la ville de Sées. Excellentes terres et herbages. Bons instruments. Défense des vaches Durham accusées d'être mauvaises laitières, et des bœufs croisés Durham d'être mauvais travailleurs. Visite au vicomte de Caudecoste près l'Aigle, il m'a conduit à la Trappe de Mortagne, on vient d'y établir une colonie agricole de 200 enfants. Revenu à l'Aigle j'y ai visité l'excellente culture de M. Cécire, maître d'hôtel et de poste. Taureau et vache Durham et des bêtes croisées. Beau troupeau Mérinos. Cochons Anglais et Normands. Magnifiques récoltes de tous genres.

170 Château de Chêne-Brun au comte des Brosses. Bonne culture. Beaux prés irrigués. Distillerie de betteraves. Grand moulin. Troupeau Mérinos. Vaches Cotentines. Charrue Dombasle. Rouleau Croskyll. Visité le haras du Pin. La vacherie impériale contient 23 taureaux Durham, des vaches admirables. Bonne culture. Belles espèces de froments anglais. Charmante habitation et superbe bétail de M. de Saint-Pierre. Ferme nouvellement reconstruite et très-commode. M. le baron de Corbet, directeur du haras. Superbes écuries. 140 étalons. Passé par Argentan, pays fertile. Arrivé au château de Durcet, chez le marquis de Torcy. 92 bêtes à cornes Durham, dont environ un quart de pur sang, et le reste à sept huitièmes de sang.

180 Ferme-école de Domfront, MM. Louvel frères, elle a été construite sur un bois qu'ils ont défriché. Manière de pulvériser les os. Bétail croisé Durham. Potager et pépinière très-bien conduits. Ces MM. construisent des fermes pour les louer, à ceux de leurs élèves qu'ils en jugent dignes.

Voyage de Domfront à Avranches. Terre du comte de Saint-

Germain. M. Théot, petit mais habile fermier et éleveur. Château de la Crêne près Pontorson, au marquis de Verdun.

190 De beaux Durham de pur sang, ainsi que des Dishley, et un bélier Southdown. Cochons New-Leicester. Relais de mer qu'on établit dans la baie du Mont-Saint-Michel. Visite au comte Doynel de Quincey. Culture d'un relais de mer, formé entièrement de tangue ou sable coquillier. Récoltes superbes. Façon de moyettes normandes. Immense quantité de charrettes venant de loin, pour chercher de la tangue pour fertiliser la terre. Arrivé à Dol de Bretagne. M. Rame maître de poste. Son fils élève de Grignon, a monté une distillerie de betteraves et une tuilerie et four à chaux, il vend 8 fr. la barrique de chaux, de 175 litres. Le froment anglais blanc à paille rouge, verse difficilement. Visite à MM. Hervey, fermiers anglais. Excellente culture. Bon semoir ne coûtant que 120 fr.

200 Magnifiques plantations faites par M. de Lorgeril, il a organisé le plus ancien Comice agricole de France. Ajoncs passés au hache-paille. Excellente nourriture. On lui a élevé un monument en granit. Son fils, ancien capitaine d'état-major, cultive une ferme; il sème des ajoncs qu'on fauche tous les ans. Arrivé à Rennes, visité de suite M. Bodin. Ferme et fabrique des Trois-Croix. Beau bétail de divers croisements. Terres fortes médiocres. 98 fr. de loyer l'hectare. Béliers Dishley, et de race Southdown. Étables peu chères et très-commodes. Meules très-bien faites par les vingt élèves de l'École agricole. Labour à 0m,80 de profondeur par deux charrues se suivant. Froments semés en lignes à 0m,33 de distance. Produits de 30 à 45 hectolitres par hectare. Les labours de défoncement détruisent l'avoine à chapelets. Pont magnifique à Dinan. Grande étendue de bruyères en bon fonds. Cabanes sans croisées. 60 centimes prix de la journée d'un homme sans être nourri, dans une année où le froment est fort cher. Visité les défrichements de bruyères de M. Hougoumar. Défoncements à la bêche à 0m,60 de profondeur, pour faire des prés et des taillis de châtaigniers. Fort belles récoltes, en tous genres. Couché à Lamballe. Bonne culture entre cette ville et Saint-Brieuc, de même que jusqu'à Guingamp. Mais en allant du côté de Lannion, le pays redevient misérable et sauvage. Château de Kerduel

au général comte de Champagny. Belle et bonne culture. Troupeau Southdown.

210 Voyage de Morlaix et de là à Saint-Pol-de-Léon et Roscoff. Grande et belle culture maraîchère, avec peu de fumier, qui est remplacé par les herbes marines et la tangue. Landerneau. Charmant voyage en bateau à vapeur, pour me rendre à Brest, de là chez MM. de Pompery, demeurant au bout de la baie de Brest, hommes du plus grand mérite, se consacrant depuis quinze ans tout entiers, à l'instruction des cultivateurs bas-bretons, ils ont réussi d'une manière tout à fait extraordinaire, et des plus méritantes, ils ont créé un Comice agricole et leurs voisins bas-bretons, cultivent mieux que cela n'a lieu, dans une grande partie de la France où l'on cultive bien.

220 MM. de Kerjégu au château de Trévarez. Terre contenant 2 500 hectares. Ils ont la ferme-école du Finistère, dont M. Leroux élève de Grignon est le sous-directeur. Voyage de Quimper en petite charrette. Visité un relais de mer, construit par MM. de Crézoles et du Plessis-Grénédan. Dépenses faites pour se mettre à l'abri de la marée. Immense quantité d'herbes marines jetées sur la côte, formant d'excellentes litières après avoir été séchées et de l'engrais, en les mêlant fraîches avec le fumier. Grande terre à M. de Kersaint. Visité la terre de M. du Couédic près de Quimperlé. Ses belles irrigations. Emploi des vidanges, et des urines des coins de rues de la ville, pour fertiliser la terre du Lézardeau. Ferme-école de Saint-Gildas près Pont-Château. M. Delauze propriétaire et directeur. M. Cormery sous-directeur.

230 Assainissement de grands marais tourbeux, qu'on écobue souvent. La plantation de pommes de terre avant l'hiver, empêche la maladie. Défrichement de bruyères donnant trois bonnes récoltes, sarrasin, colza et froment, sur le premier labour, mais à la suite de beaucoup et de forts hersages. On défriche ainsi depuis plusieurs années avec succès, on forme ainsi des métairies donnant un revenu très-considérable du capital employé. M. Delauze a un taureau Durham. Il a formé un Comice agricole. Course de Pont-Château à Nozay et Grand-Jouan. Ferme régionale. M. Rieffel directeur, excellent cultivateur et éleveur. Cette propriété qui en 1825 n'était qu'une bruyère, a été achetée

alors à 40 fr. l'hectare, elle est en partie partagée en métairies d'environ 30 hectares, dont le produit moyen est d'une quarantaine de francs par hectare. Création de bois de pins comme abris, contre les violents vents marins. Superbes vacheries de diverses races. Croisements très-profitables. Très-beau troupeau en partie Southdown et en partie de bêtes croisées. Une vache Durham, donnant plus de 4 000 litres de lait en trois cent soixante-cinq jours, et plusieurs vaches croisées Durham, en donnant au moins 3 000. Inoculation de la pleuropneumonie exudative. Nourriture des vaches laitières. Vente aux bouchers de veaux croisés Durham, à 1 fr. le kilo poids vivant. On peut acheter aux deux ventes annuelles de Grand-Jouan, des taureaux Durham d'un an pour 3 à 500 fr. Nourriture des veaux à divers âges.

Le prix de vente des béliers Southdown, arrive ordinairement de 100 à 150 fr., celui des brebis de cette race, à 100 fr., et celui des belles brebis croisées, à 30 fr.

Machines à battre locomobiles de Garett, qui battent en dix heures avec quatre chevaux qu'on rechange deux fois par demi-journée, de 60 à 70 hectolitres sans être vannés. Récoltes moyennes en froments dans ces sables allant de 20 à 25 hectolitres par hectare. Sel comme amendement pour les betteraves. Mélange de plusieurs variétés de froment augmente notablement le produit. Chaulage des terres tous les huit ans. Lupins à fleurs jaunes. M. Rieffel est très-content de la serradelle, comme bon et abondant fourrage pour terres sableuses. État-major de la ferme régionale.

240 La ferme régionale n'a pas de grange, on est forcé comme c'est l'usage dans l'ouest et le midi de la France, de battre de suite après moisson. Machine à faire des tuyaux. Trèfle hybride ou de Suède et ses qualités.

Vaches qui travaillent. Mérite des choux à vaches. Vieux châtaignier fort extraordinaire, près la Trappe de la Meilleraye que j'ai visitée pour la seconde fois. On y est très-content du résultat des drainages. Immense jardin et pépinières. Culture de l'angélique pour les confiseurs, elle est très-productive. Bateau à vapeur sur l'Erdre. Trajet charmant. Nantes. Visité Saint-Nazaire, où l'on vient de construire un bassin à flot. Bateaux à vapeur allant deux fois par mois à Londres et une fois à Liverpool. Voyage d'Angers, et après, celui de Château-Gontier. M. Stubenrauch fabricant de machines à battre, dont celles à quatre chevaux ne coûtent que 8 et 900 fr., et celles à deux chevaux, 500. Ces machines si bon marché battent de 50 à 80 ou 100 hectolitres de froment par jour, mais ne vannent pas.

Petite culture de M. de la Tullaye le fils. Superbe bétail Durham provenant d'une seule vache. On donne aux veaux une fois sevrés à cinq ou six mois, un litre d'avoine à chacun de leurs trois repas, les mâles jusqu'au moment de leur vente, et les femelles jusqu'à ce qu'elles soient pleines. Autre petite culture et de très-remarquables Durham, chez M. Gernigon près Château-Gontier. M. de Souvray, ses bêtes à laine anglaises. Vente annuelle par l'Association des éleveurs de l'ouest.

250 Très-belle vacherie Durham du comte de la Valette, produit de ses fermes, comparé à celui de ses métairies, qui s'élèvent au nombre de dix-neuf. Châteauneuf sur Sarthe, M. Théodore Jubin, améliore la culture de ses métayers, a des taureaux Durham, leur bétail approche du nombre d'une tête par hectare, ils ont de belles récoltes sarclées, et cultivent les meilleures espèces de froments anglais. M. Leroy a autour d'Angers 120 hectares en pépinières. Bonne manière d'employer le soufre contre l'oïdium. Remarquable culture de M. Bouton-l'Évesque près les Ponts-de-Cé, belle et nombreuse vacherie Durham, chevaux de pur sang. Bonnes terres d'alluvion des bords de la Loire, se louant jusqu'à 500 fr. l'hectare et se vendant 10000 fr. Assolement alterne des petits cultivateurs de ce pays, froment et chanvre, cette culture se fait à moitié avec les vignerons des environs de Blois, en mettant 5 à 600 kilogrammes de guano par hectare, dont les vignerons payent moitié. Conseil aux propriétaires des excellentes terres d'alluvion des bords du Cher et de l'Indre. Visite au château de Champ-Denier près Loudun, le régisseur élève de Grignon, cultive cinq fermes. On devrait ici défoncer les terres à sous-sol de marne argileuse, pour en couvrir la surface sablonneuse. Le drainage serait très-utile.

260. Maison centrale de Fontevrault, M. Marquet, directeur de la culture de quatre fermes, y emploie depuis douze ans 200 jeunes colons. Ils ont fait des travaux immenses. Vaches de six races diverses et des croisements ; emplois des vidanges

de 2000 prisonniers et de 500 employés ou soldats. Il fait du drainage. Il vient de construire une étable qu'on peut donner comme modèle. M. Rocher fabricant d'engrais à Saumur. Je suis passé par Chinon et Sainte-Maure, j'ai appris dans ce trajet, que M. le marquis de Quinemont, cultivait en grand, et fabrique fort en grand de la chaux hydraulique. M. Févet cultivateur flamand fixé près Pont-le-Voy, grande distillerie, 50 hectares de topinambours. Il engraisse 100 bêtes à cornes à la fois, dans une seule étable.

270 Ferme-école de la Charmoise, M. Paul Malingié directeur, chaulage du froment au sulfate de cuivre. Sorgho sucré excellente nourriture en vert. Beau troupeau. Métayers flamands belges, dans la terre de la Bâsme. MM. Salmain cultivent fort bien, ils ont de belles betteraves, de beaux colzas et navets, malgré l'extrême sécheresse.

Culture de la vigne du sieur Denys Lussaudeau près Montrichard, très-bonne à imiter lorsqu'il s'agit de planter des vignes, car elle est très-économique à établir, à cultiver à la charrue, n'employant pas d'échalas, et elle est enfin très-productive.

Visité un petit propriétaire et vigneron des bords du Cher.

280 Revenu à Paris, je me rendis à Beauvais, où je visitais M. Germain, ancien militaire devenu un bon cultivateur. Culture du château de Frocourt, drainage, belle vacherie, fort beau troupeau croisé Southdown. Distillerie de betteraves. Machine à vapeur. Comptabilité agricole. Adresses d'éleveurs de béliers Southdown de pure race. Race Shropshire, préférée maintenant au Southdown par un grand nombre de cultivateurs anglais. Oies de Toulouse espèce énorme.

Culture du frère Menay près Beauvais, M. Gossin excellent professeur d'agriculture. Il existe dans cette petite ferme des cochons des meilleures races d'Angleterre, ainsi que des volailles Françaises et Anglaises, dont on peut se procurer là, des élèves pour la reproduction. Visite à M. Hette fabricant de sucre et distillateur à Bresles, récolte moyenne de 28 hectolitres en froment, sur 200 hectares. Porcherie énorme et manière de la bien nourrir, sans trop dépenser. Sorgho sucré et betteraves, venant fort bien dans les terres tourbeuses, mais ces dernières ne conviennent que pour la distillation. Manière économique de conserver les betteraves sans les mettre en silos. Petit chemin de fer dans les cours de l'usine et leur prix. Maïs à dents de cheval, pour fourrage.

290 M. Gérard fabricant de machines à battre à Vierzon. Transport de la marne à prix réduits sur le chemin de fer d'Orléans à Vierzon. M. Réaut fournisseur de cette marne, il prétend que 100 hectolitres de chaux coûteraient beaucoup moins cher que 50 mètres de marne, et que l'économie du chaulage serait d'autant plus grande que son transport serait plus éloigné.

Plantations et semis de bois du comte de Gomigny à Salbris et les grands marnages qu'il est en train de faire.

M. Nouel-Lecomte, fermier commune de Saint-Denis-en-Val près Orléans, excellent cultivateur élève de son oncle feu M. Malingié, engraisseur très-expérimenté. Aplatisseur d'avoine. Sa grande économie. Fumures de 4 à 5000 kilos de déchets de laine de fabriques de couvertures, par hectare. J'ai encore visité un autre engraisseur à la porte d'Orléans.

ERRATA.

Page 81 : Lalonel, *lisez :* Lalouel

Page 223 : cinquième ligne, suis persuadé je que, *lisez :* je suis persuadé que